"十二五"职业教育国家规划教材（修订版）

经全国职业教育教材审定委员会审定

特种加工技术

第2版

主　编　李玉青

副主编　王姗珊　于　洋

参　编　孙佳明　崔　迪　李桂娇

王敬艳　刘　宁　孙增晖

李楠舟

机械工业出版社

CHINA MACHINE PRESS

本书是“十二五”职业教育国家规划教材修订版，是根据《教育部关于“十二五”职业教育教材建设的若干意见》及教育部新颁布的《高等职业学校专业教学标准（试行）》，同时参考电切削操作工职业资格标准编写的。本书作为机械类特种加工教材全面介绍了特种加工概述、电火花加工技术、电火花线切割加工技术、电化学加工技术、快速成型技术、激光加工技术和等离子体加工技术。全书注重实用性，强调动手操作。为便于教学，本书配套有电子助教课件、二维码等教学资源，选择本书作为教材的教师可登录机械工业出版社教育服务网（http：//www. cmpedu. com），注册后免费下载。

本书可作为高等职业院校数控技术、模具设计与制造专业及相关专业教材，也可作为特种加工岗位培训教材。

图书在版编目（CIP）数据

特种加工技术/李玉青主编 .—2 版（修订本）. —北京：机械工业出版社，2021. 3（2025. 1 重印）

“十二五”职业教育国家规划教材

ISBN 978-7-111-67584-6

Ⅰ. ①特… Ⅱ. ①李… Ⅲ. ①特种加工－高等职业教育－教材
Ⅳ. ①TG66

中国版本图书馆 CIP 数据核字（2021）第 033076 号

机械工业出版社（北京市百万庄大街 22 号　邮政编码 100037）
策划编辑：汪光灿　　责任编辑：汪光灿　赵文婕
责任校对：李　婷　　封面设计：张　静
责任印制：单爱军
保定市中画美凯印刷有限公司印刷
2025 年 1 月第 2 版第 9 次印刷
184mm×260mm · 11. 25 印张 · 275 千字
标准书号：ISBN 978-7-111-67584-6
定价：36. 00 元

电话服务　　　　　　　　网络服务
客服电话：010-88361066　　机　工　官　网：www. cmpbook. com
　　　　　010-88379833　　机　工　官　博：weibo. com/cmp1952
　　　　　010-68326294　　金　　书　　网：www. golden-book. com
　机工教育服务网：www. cmpedu. com

第2版前言

本书第 1 版在高等职业教育学校的使用中，普遍反映良好。2014 年经全国职业教育教材审定委员会审定为“十二五”职业教育国家规划教材。

本书此次修订，是在保持原有风格的基础上，根据读者的反馈做了进一步改进，内容更加详尽，针对性更强，适合现阶段高职学校课程改革发展需要。

1）对书中内容进行更新，增加了特种加工技术发展中的前沿信息，并增加了激光雕刻内容。

2）在本书的各章节加入音频、视频等数字资源。

本书由长春职业技术学院李玉青任主编，王姗珊、于洋任副主编，孙佳明、崔迪、李桂娇、王敬艳、刘宁、孙增晖、李楠舟参与编写。具体分工如下：长春职业技术学院李玉青编写第 2、3 章，长春职业技术学院王姗珊、于洋编写第 5 章，长春职业技术学院孙佳明、李桂娇编写第 4 章，长春职业技术学院崔迪、王敬艳编写第 1 章，长春职业技术学院孙增晖、李楠舟编写第 6、7 章，刘宁负责音频和视频的合成等。机械工业第九设计研究院张树东为本书的编写提供了大量的素材及参考意见。

在编写过程中，编者参阅了国内公开出版的有关资料，在此对相关人员表示衷心感谢！

由于编者水平有限，书中不妥之处在所难免，恳请读者批评指正。

编　者

第1版前言

本书是按照教育部《关于开展“十二五”职业教育国家规划教材选题立项工作的通知》，经过出版社初评、申报，由教育部专家组评审确定的“十二五”职业教育国家规划教材，是根据《教育部关于“十二五”职业教育教材建设的若干意见》及教育部新颁布的《高等职业学校专业教学标准（试行)》，同时参考电切削操作工职业资格标准编写的。

本书主要介绍电火花加工技术、电火花线切割加工技术、电化学加工技术、快速成型技术、激光加工技术和等离子体加工技术。本书编写过程中力求体现实用技术与必要的理论知识相统一、应用思路与技巧相统一。本书编写模式新颖，文字简练，图文并茂，确保良好的教学效果。全书注重实用性，强调动手操作。作为特种加工技术，其加工过程与传统的机械加工完全不同。它是直接利用电能、热能、化学能及光能等作为加工能源，在不产生切削力的情况下，以低于工件硬度的工具去除工件上多余材料，达到“以柔克刚”的目的，便于实现加工过程的自动化。随着特种加工技术的迅速发展，解决了大量传统切削加工难以实现或无法实现的加工问题，在机械、电子、航空航天及国防工业中得到了广泛应用。目前特种加工已成为机械制造业中不可缺少的重要部分。

本书在内容处理上主要有以下几点说明：①本书中介绍的加工方法很多，在讲授时，应着重讲解每种加工方法的相异之处，通过比较可加深同学们对各种加工方法的理解。②本书的特点是多学科交叉、知识面宽（电火花、电化学、化学、光等方面)、知识跨度大。③特种加工方法很多，内容非常丰富，而教学课时有限。在教学过程中，应根据目前制造领域对特种加工技术的应用情况整合教学内容，重点介绍电火花加工技术、电火花线切割加工技术和快速成型技术，而其他加工技术如激光加工技术、电化学加工技术、等离子体加工技术等则可作简单介绍。④学时安排见下表。

教学内容	建议学时（32 学时）	
	理论学时	实践学时
特种加工概述	2	
电火花加工技术	4	2
电火花线切割加工技术	8	2
电化学加工技术	4	
快速成型技术	4	2
激光加工技术	2	
等离子体加工技术	2	

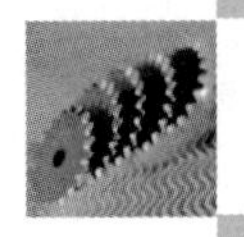

全书共7章，由长春职业技术学院李玉青主编，其他参与编写人员及具体分工如下：长春职业技术学院王敬艳编写第1章，李玉青编写第2、3、4章，王姗珊编写第5、6章，于洋、赵洪波编写第7章，李桂娇、兰天鹏和衡水学院工程技术学院李桂玲也参与了部分内容的编写。机械工业第九设计研究院张树东担任本书的主审。本书经全国职业教育教材审定委员会审定，教育部专家在评审过程中对本书提出了很多宝贵的建议，在此对他们表示衷心的感谢！

编写过程中，编者参阅了国内外出版的有关教材和资料，得到了吉林大学张长春教授的有益指导，在此一并表示衷心感谢！

由于编者水平有限，书中不妥之处在所难免，恳请读者批评指正。

编　者

目　录

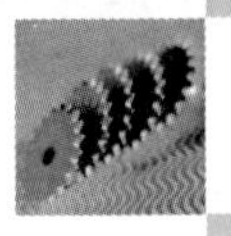

CONTENTS

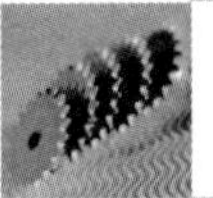

第 1 章 特种加工概述

学习目标

❖了解特种加工及其发展趋势。

❖掌握特种加工的特点及分类。

❖理解特种加工对材料可加工性和结构工艺性的影响。

1.1 特种加工及其发展趋势

1. 特种加工的由来

众所周知，蒸汽机（图 1-1）的发明效果是不可估量的。它使人类获得了一种把热能转化为机械能的机械装置，从而满足了对动力能源的需要。从那以后，工厂开始了大规模的生产，工厂工人取代了手艺工人。所以说，蒸汽机带来了科学技术史上具有伟大意义的第一次技术革命。然而，蒸汽机并不是发明出来就很快被应用到工业实际中来的，原因是气缸的制造精度不够。直到气缸镗床的研制和改进，蒸汽机的应用才得到推广。由此可见，加工方法和手段对新产品研制和社会经济发展所起的推动作用是十分巨大的。

从蒸汽机的使用到第二次世界大战，传统的切削加工方法几乎占据了整个机械加工业。切削加工就是用切削工具（包括刀具、磨具和磨料）把坯料或工件上多余的材料层切去，使工件获得规定的几何形状、尺寸和表面质量的加工方法，如车削、铣削和磨削等。任何一种切削加工都必须具备三个基本条件：切削工具、工件和切削运动。切削工具应有刃口，其材质必须比工件坚硬。

随着科学技术的进步和生产力的发展，工业、国防及航天航空业的技术产品均向高精度、高速度、高可靠性、耐腐蚀、高温高压等方向发展。为了适应产品更新换代，自 20 世纪 30 年代以后，尤其是 20 世纪 50 年代以来，新材料的研制与开发（如硬质合金、耐热钢、金刚石、半导体等各种难加工材料）对加工制造技术提出了更高的要求。人们一方面通过研究高效的加工刀具和刀具材料、自动优化切削参数、提高刀具的可靠性、开发新型切削液和在线监控系统、研制新型自动机床等途径进一步改善切削状态，

图 1-1 第一台蒸汽机

提高切削加工水平，解决了一些问题；另一方面则突破传统加工方法的束缚，不断探索，力图寻求新的加工方法。于是，一种本质上区别于传统加工方法的特种加工方法应运而生，并不断获得发展。其中，苏联科学家拉扎连科夫妇在研究开关触点受电火花放电腐蚀损坏的现象时，发现电火花放电所产生的瞬间高温对金属材料有熔化和气蚀作用，于是产生了一种新的金属加工方法——电火花加工。该方法开创了从加工机理和加工形式上脱离传统切削加工方法的先河，形成了现在统称的“特种加工（Non-Traditional Machining，NTM）”技术，即利用电能、热能、光能和化学能等，在不产生切削力的情况下，以低于工件硬度的工具去除工件上多余的材料，达到“以柔克刚”的目的。

我国特种加工技术起步较早，20世纪50年代已设计研制出电火花穿孔机床，20世纪60年代末上海电表厂的张维良工程师在阳极－机械切割的基础上发明了我国独创的快走丝线切割机床，复旦大学也研制出了电火花线切割数控系统。但是由于我国原有的工业基础薄弱，特种加工设备和整体技术水平与国际先进水平仍有不少差距，每年仍需从国外进口相当数量的特种加工设备。

2. 特种加工的发展趋势

1）加大对特种加工的基本原理、加工机理、工艺规律、加工稳定性的研究力度，同时融合电子技术、计算机技术、信息技术和精密制造技术，使加工设备向自动化和柔性化方向发展。

2）大力开发特种加工领域中的新方法，包括难加工材料、细微加工、特殊型面加工等方面，尤其是质量高、效率高、经济型的复合加工，并与适宜的制造模式相匹配，充分发挥特种加工的优势。

3）某些特种加工方法的应用会造成环境污染，甚至影响操作人员的身心健康，必须加以重视，充分做好防污、治污工作，向绿色加工方向发展。

特种加工方法的广泛应用，使得机械制造技术不断面临新的挑战，也使得特种加工技术获得了新的机遇。随着各种新型材料的不断问世和新工艺的不断提出，特种加工技术正在以崭新的面貌出现在加工制造领域。

1.2 特种加工的特点及分类

1. 特种加工的特点

特种加工无论在加工原理还是在加工形式上都与传统的切削加工有着本质的区别，主要体现在以下几点。

1）不是主要依靠机械能，而是采用其他能量（电能、热能、光能、化学能和电化学能等）去除工件上多余的材料；与加工对象的力学性能无关，故可加工各种硬、软、脆、耐腐蚀、高熔点、高强度等金属或非金属材料。

2）非接触加工，即加工时工具与工件不发生直接接触，工具与工件间不存在作用力，故可加工高耐磨、刚性低的工件和弹性工件。

3）由于加工时工具与工件不发生直接接触，故热应力、残余应力、冷作硬化等均比较小，可获得较低的表面粗糙度值，尺寸稳定性好。

4）两种或两种以上的不同类型能量可以相互组合，形成新的复合加工，更突出其优越

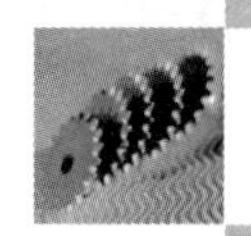

性，综合加工效果明显，且便于推广使用。

总体而言，特种加工可以加工任何硬度、强度、韧性、脆性的金属或非金属材料，且专长于加工复杂、细微表面或型腔零件。

2. 特种加工存在的问题

虽然特种加工已解决了传统切削加工难以解决的许多问题，在提高产品质量、生产率和经济效益上显示出了很大的优越性，但目前仍存在一些问题与不足。

1）有些特种加工原理（如超声波加工和激光加工等）还不十分清楚，其工艺参数的选择和加工过程的稳定性均需进一步提高。

2）有些特种加工（如电化学加工）在加工过程中会产生有毒的废渣和废气，若排放和处理不当会造成环境污染，影响人体健康。

3）有些特种加工（如快速成型和等离子弧加工等）的加工精度和生产率还有待提高。

4）有些特种加工（如电火花成形加工和电火花线切割加工等）只能加工导电材料，加工领域有待拓宽。

3. 特种加工的分类

特种加工的分类国际上还没有明确规定，目前大多数是按能量形式、作用形式和加工原理进行分类，见表 1-1。

表 1-1　特种加工的分类

加工方法		主要能量形式	作用形式	英文缩写
电火花加工	电火花成形加工	电能、热能	熔化、汽化	EDM
	电火花线切割加工	电能、热能	熔化、汽化	WEDM
电化学加工	电解加工	电化学能	阳极溶解	ECM
	电铸加工	电化学能	阴极溶解	EFM
	涂镀加工	电化学能	阴极溶解	EPM
	电解磨削	电化学能、机械能	阳极溶解、机械磨削	ECG
高能束加工	激光束加工	光能、热能	熔化、汽化	LBM
	电子束加工	电能、热能	熔化、汽化	EBM
	离子束加工	电能、机械能	切蚀	IBM
	等离子弧加工	电能、热能	熔化、汽化	PAM
物料切蚀加工	超声波加工	声能、机械能	切蚀	USM
	磨料流加工	流体能、机械能	切蚀	AFM
	液体喷射加工	流体能、机械能	切蚀	LJC
快速成型加工	光固化法	光能、化学能	增加材料	SL
	粉末烧结法	光能、热能		SLS
	叠层实体法	光能、机械能		LOM
	熔丝堆积法	电能、热能、机械能		FDM
复合加工	电化学电弧加工	电化学能	熔化、汽化腐蚀	ECAM
	电解电火花磨削	电能、热能	阳极溶解、熔化、切削	MEEC
	电化学腐蚀加工	电化学能、热能	熔化、汽化腐蚀	ECP
	超声放电加工	声能、热能、电能	熔化、切蚀	USEC
	复合电解加工	电化学能、机械能	切蚀	CECM
	复合切削加工	机械能、声能、磁能	切削	CSMM

（续）

加工方法		主要能量形式	作用形式	英文缩写
其他加工方法	化学加工	化学能	腐蚀	CM
	化学抛光	光能、化学能	光化学、腐蚀	OCM/OCC
	化学镀膜	化学能	腐蚀	CE

1）电火花加工：通过工具电极和工件电极之间脉冲放电时的电腐蚀作用，对工件进行加工的一种工艺方法。电火花成形加工是模具制造中的一种重要加工手段，如各种孔、槽等的加工；电火花线切割加工适用于各种可切割样板、冲模及钼、钨或贵重金属等的加工。

2）电化学加工：通过电化学反应去除工件材料或在其表面镀覆金属材料等的特种加工方法。其中电解加工适用于加工深孔、型腔和抛光等；电铸加工适用于形状复杂、精度高的空心零件，如波导管、注塑模具和薄壁零件等；涂镀加工适用于表面磨损、划伤和锈蚀等零件的加工，以恢复其尺寸，改善其表面性能。

3）高能束加工：利用能量密度很高的激光束、电子束或离子束等去除工件材料的特种加工方法。其中激光束加工主要应用于打孔、切割、焊接和金属表面的激光强化；电子束加工有热型和非热型两种，热型加工是利用电子束将材料的局部加热至熔化点或汽化点，适用于打孔、切割槽缝及其他结构的细微加工，非热型加工是利用电子束的化学效应进行刻蚀及大面积薄层的微细加工等；离子束加工主要用于微细加工、溅射加工和注入加工等。

4）物料切蚀加工：利用超声波、高速射流和磨料流等将材料切割成所需形状的特种加工方法。超声波加工是利用超声振动的工具在有磨料的液体介质中或干磨料中产生冲击、抛光及由此产生的气蚀作用去除材料，适用于成形加工、切割加工和超声清洗加工等；液体喷射加工是利用水或在水中加添加剂的液体，经水泵及增压器产生高速液体流，喷射到工件表面，从而达到去除材料的目的，可加工薄而软的金属及非金属材料，去除腔体零件内部毛刺，使金属表面产生塑性变形等；磨料流加工适用于去毛刺、表面清理、切割加工、雕刻、落料和打孔等。

5）快速成型加工：快速成型加工（Rapid Prototyping Machining，RPM）技术，是20世纪80年代末发展起来的新兴制造技术，是由三维CAD模型直接驱动的快速制造任意复杂形状三维实体的总称。它集成了CAD技术、数控技术、激光技术和材料技术等现代科技成果，是先进制造技术的重要组成部分。由于它可把复杂的三维制造转化为一系列二维制造的叠加，因而可以在不用模具和工具条件下生成任意复杂的零部件，极大地提高了生产率和制造柔性。

6）复合加工：同时在加工部位上采用两种或两种以上不同类型能量组合去除工件材料的特种加工方法。例如，电解电火花加工（ECDM）和电化学电弧加工（ECAM）就是两种特种加工复合而成的新的加工方法。

7）其他加工方法：包括化学加工、化学抛光和化学镀膜等。其中化学加工是利用化学溶液与金属产生化学反应，使金属腐蚀溶解，改变工件形状和尺寸的加工方法，适用于较大面积金属表面的厚度减薄加工，减薄厚度不宜过大，否则会影响加工效率。如航天工业中大型薄壁构件的内表面刻蚀；有选择地加工较浅或较深的腔体及凹槽，可加工各种徽章、招牌和商标等，但对工件窄缝、型孔等的加工精度及效率都较差；还可以进行化学下料，特别是加工栅板、圆盘、分频器、分度盘等。

常见特种加工方法的性能、用途和工艺参数见表1-2。

表 1-2　常见特种加工方法的性能、用途和工艺参数

加工方法	可加工材料	电极损耗（%）（最低/平均）	材料去除率/（mm^3/min）（平均/最高）	尺寸精度/mm（平均/最高）	表面粗糙度值 Ra/μm（平均/最高）	主要适用范围
电火花成形加工	任何导电金属材料，如硬质合金、耐热钢、不锈钢和钛合金等	0.1/10	30/3000	0.03/0.003	10/0.04	从微米尺寸的孔、槽到数米的超大型模具和工件等，如圆孔、方孔、螺纹孔及冲模、锻模、压铸模、拉丝模和塑料模等，还可以刻字、表面强化
电火花线切割加工		较小可补偿	20/200①	0.02/0.002	5/0.32	切割各种冲模和塑料模等，可切割各种样板、磁钢和硅钢片冲片，也可用于钨、钼、半导体或贵重金属的切割
电解加工		不损耗	100/10000	0.1/0.01	1.25/0.16	从细小零件到超大零件及模具，如仪表微型小轴、齿轮上的毛刺、涡轮叶片、炮管膛线、各种异形孔、锻造模、铸造模，以及抛光、去毛刺等
电解磨削		1/50	1/100	0.02/0.001	1.25/0.04	硬质合金等难加工材料的磨削，如硬质合金刀具、量具、轧辊、深孔、细长杆磨削，以及超精光整研磨和珩磨
超声波加工	任何脆性材料	0.1/10	1/50	0.03/0.005		加工、切割脆硬材料，如玻璃、石英、宝石、金刚石、半导体单晶锗、硅等，可加工型孔、型腔、深孔和槽缝等
激光束加工	任何材料	不损耗无工具	瞬时去除率高，但受功率限制，平均去除率不高	0.01/0.001	10/1.25	精密加工小孔、窄缝及成形切割、刻蚀，如金刚石拉丝模、钟表宝石轴承、喷丝板的小孔、切割钢板、石棉、纺织品、焊接和热处理
电子束加工						难加工材料上的微孔、窄缝、刻蚀、焊接，应用在中、大规模集成电路和微电子器件中
离子束加工			很低	0.01	0.01	对零件表面进行超精密、超微量加工，抛光、刻蚀、镀覆等

① 电火花线切割加工的金属去除率用 mm^2/min 为单位。

1.3 特种加工对材料可加工性和结构工艺性的影响

特种加工技术在机械制造业中的广泛应用对传统的机械制造工艺方法产生了很多重要影响，尤其是使零件的结构设计和制造工艺路线的安排产生了重大变革。

1. 提高了材料的可加工性

在特种加工技术出现之前，诸如金刚石、宝石、玻璃和陶瓷等非金属材料，以及硬质合金、淬火钢和耐热钢等合金材料，如果采用传统的切削加工方法则很难加工甚至是无法加工，但现在可以采用电火花、电解、激光等合适的特种加工方法对其进行加工，既可以满足生产率要求又可以提高加工质量。如利用特种加工技术制造金刚石刀具、硬质合金刀具及模具等，极大地拓宽了材料的应用领域。材料的可加工性不再与材料硬度、韧性、脆性和强度等成比例关系。例如，对电火花加工而言，淬火钢比未淬火钢更容易加工，更容易得到高的加工质量。

2. 对零件结构工艺的影响

由于传统切削加工方法和加工工艺的限制，零件的某些结构不得不接受一些缺陷。例如，复杂模具由于传统切削加工方法和加工工艺的限制不得不采用镶拼结构，这样就会造成应力较大且较集中，而采用电火花和线切割等加工方法则可以做成整体式，既可以避免应力集中造成的危害，又可以增大模具的整体强度。如喷气发动机涡轮可以用电火花加工得到扭曲叶片带冠整体结构；花键轴的齿根部分可以利用电解加工得到一定圆角，以减少应力集中的程度。

3. 改变了零件的典型加工工艺路线

从传统的切削加工角度来讲，除磨削之外，所有的机加工都必须在零件淬火之前进行，这是机加工工艺的基本准则，因为淬火后材料硬度大，机加工困难，加工质量差。若采用特种加工，如电火花成形加工、电火花线切割加工和电解加工等，则可以在淬火后加工，而且加工质量好。例如，在淬火前加工对刀块上的小孔，淬火时容易产生裂纹和变形，而淬火后利用电火花打孔则能保证小孔的精度。

4. 对加工工艺评价标准的影响

对于低刚度零件、微小孔、异形孔和复杂空间曲面，传统的切削加工方法由于切削力大、工具尺寸受限及刀具轨迹等原因会使加工困难甚至无法加工，而现在可以采用电火花加工、电解加工等合适的特种加工方法进行加工。这是因为：特种加工技术中工具与工件不发生直接接触，故没有宏观的切削力和工件的变形，非常适合低刚度零件的加工；工件的形状完全由工具的形状决定，最适合异形孔和复杂空间曲面的加工；激光加工、电子束加工、离子束加工等方法可以加工微小孔，甚至加工纳米级材料。

复 习 题

1. 何谓特种加工？特种加工主要有哪些加工方法？
2. 为什么特种加工能用来加工难加工的材料和形状复杂的工件？
3. 特种加工对材料的可加工性和结构工艺性有哪些影响？

第 2 章 电火花加工技术

学习目标

❖理解电火花加工的原理基础。
❖了解电火花加工的设备。
❖掌握电火花加工的工艺。
❖掌握电火花加工的方法。

2.1 电火花加工的原理基础

2.1.1 电火花加工的产生

在日常生活中，我们经常使用各种电器开关，尤其是当开关破损时，常常会伴随噼噼啪啪声，还时常见到蓝色的火花，开关处会出现小黑点，产生接触不良。1870 年，英国科学家普里斯特利（Priestley）最早发现电火花对金属的腐蚀作用，1943 年，苏联科学家拉扎连科夫妇率先对这种电腐蚀现象做进一步研究，从而发现了一种新的金属加工方法——电火花加工。

电火花加工又称电蚀加工或放电加工（EDM），其加工过程与传统的机械加工完全不同。它是利用工件电极与工具电极之间的间隙脉冲放电所产生的局部瞬时高温将工件表面材料熔化甚至汽化，逐步蚀除工件上的多余材料，以达到加工的目的。目前世界各国统称电火花加工为放电加工，简称电加工。

电火花加工是在一定的加工介质（工作液）中，通过工具电极和工件电极之间脉冲放电时的电腐蚀作用，对工件进行加工的一种工艺方法。电火花加工是模具制造中的一种重要加工手段。它利用电极和工件在工作介质（煤油）中进行小间隙的脉冲放电，使工件产生电腐蚀。由于电极和工件微观表面凹凸不平，工作介质中也混有杂质，在工件和电极间施加电压后所产生的电场强度分布很不均匀，距离最近且绝缘最差的部分最先被击穿而放电。经过连续多次的脉冲放电，最后把工件加工成与电极表面凸凹情况刚好相反的形状。

2.1.2 电火花加工的原理及特点

1. 电火花加工的原理

图 2-1 所示为电火花加工的原理，进给装置 2 保证工件 1 与工具电极 3 之间具有一定的间隙，脉冲电源输出的脉冲电压加在工件与电极上，会使工件附近的工作介质 4 逐步被电离。当工作介质被击穿时，形成放电通道，产生火花放电。由于放电时间极短且发生在工件与电极间距离最近的一点上，所以能量集中，引起金属材料的熔化或汽化，而且具有突然膨胀、爆炸的特性。爆炸力将熔化和汽化了的金属抛入工作介质中冷却，凝固成细小的圆球状颗粒。在泵 5 的作用下，循环流动的工作介质将电蚀产物从放电间隙中排出，并对电极表面进行较好的冷却。

一次脉冲放电过程一般可分为电离、放电、热膨胀、抛出金属和消电离等几个阶段，如图 2-2 所示。

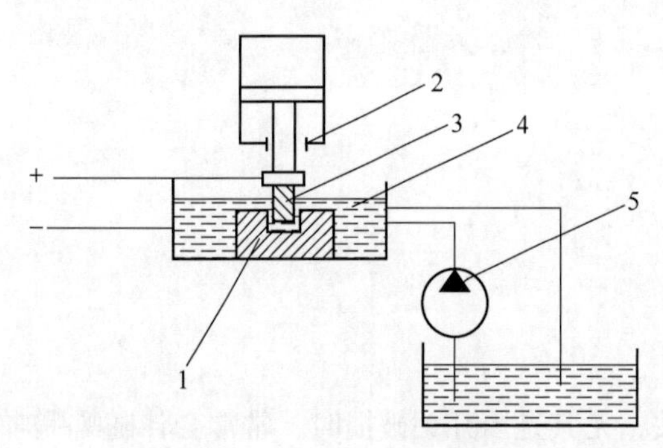

图 2-1 电火花加工原理图

1—工件 2—进给装置 3—工具电极 4—工作介质 5—泵

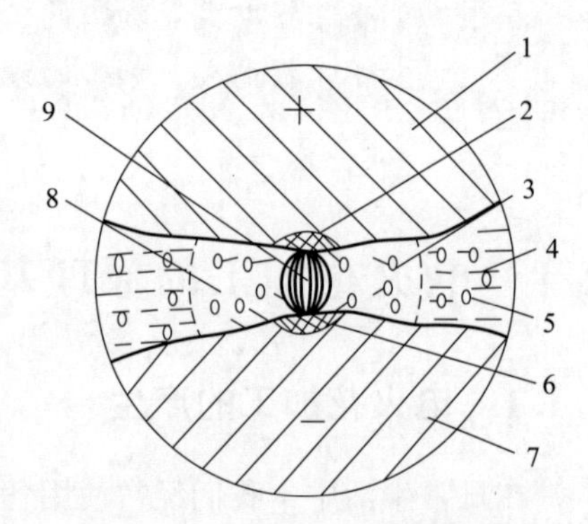

图 2-2 电火花放电微观示意图

1—阳极 2—阳极汽化、熔化区 3—熔化的金属颗粒 4—工作介质 5—凝固的金属颗粒 6—阴极汽化、熔化区 7—阴极 8—气泡 9—放电通道

（1）电离 由于工件和电极表面存在着微观的凹凸不平，在两者之间相距最近的点上电场强度最大，会使附近的工作介质首先被电离为电子和正离子。

（2）放电 在电场作用下，电子高速奔向阳极，正离子奔向阴极，产生火花放电，形成放电通道。

（3）热膨胀 由于放电通道中电子和正离子高速运动时相互碰撞，产生大量热能。阳极和阴极表面受高速电子和正离子流的撞击，启动能也转化为热能。在热源作用去的电极和工件表层金属很快熔化，甚至汽化，具有突然膨胀、爆炸的特性（可听到噼啪声）。

（4）抛出金属 热膨胀具有的爆炸力将熔化和汽化了的金属抛入附近的工作介质中冷却，凝固成细小的圆球状颗粒，其直径因脉冲能量而异。

（5）消电离 在一次脉冲放电后的停顿间歇时间，放电区的带电粒子复合为中性粒子，工作介质恢复绝缘性，以实现下一次脉冲放电。

当两电极间的间隙达到一定距离时，两电极上施加的脉冲电压将工作介质击穿，产生火花放电。在放电的微细通道中瞬时集中大量的热能，温度可高达一万摄氏度以上，压力也有

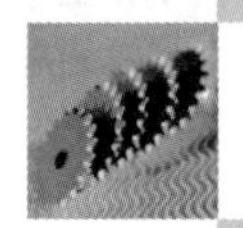

急剧变化，从而使这一点工作表面局部微量的金属材料立刻熔化、汽化，并爆炸式地飞溅到工作液中，迅速冷凝，形成固体的金属微粒，被工作液带走。这时在工件表面上便留下一个微小的凹坑痕迹，放电短暂停歇，两电极间工作液恢复绝缘状态，如图 2-3 所示。

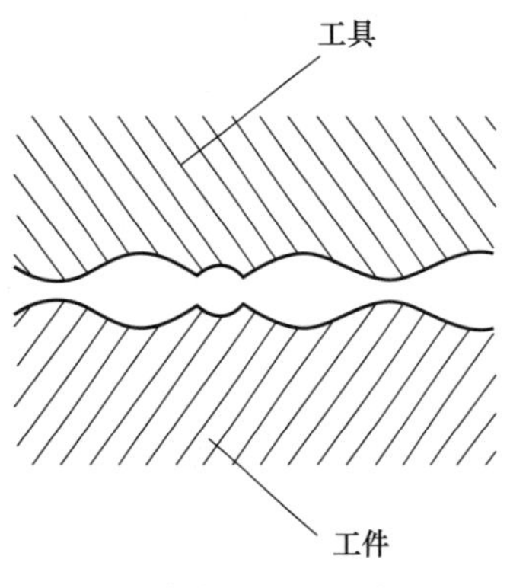

图 2-3　工件加工表面局部放大图

利用火花放电产生的电腐蚀效果来加工工件，必须解决以下几个问题。

1）工具和工件之间必须保持一定的放电间隙，其间隙数值视具体的加工条件而定，一般为 0.01～0.5mm。如果间隙过大，两极间电压可能无法击穿工作介质，无法产生电火花；反之，如果间隙过小，有可能引起短路，产生持续放电，烧毁工件。所以，需要一个伺服进给系统，来确保工件和电极之间的间隙保持一个合适的数值。

2）火花放电必须是脉冲放电，一般脉冲宽度正常时间为 t_i = 1～1000μs，而脉冲间隔停歇时间 t_o一般为 20～100μs，这样才能使放电产生的热量和腐蚀下来的金属材料被流动的工作介质带走，否则便会产生电弧放电，烧伤工件而无法达到加工的目的。所以，电火花加工需要脉冲电源。

3）火花放电必须在有一定绝缘性能的工作介质中进行（如煤油、乳化液和去离子水等），以利于产生脉冲性火花放电，同时带走放电产物并对工件进行冷却。因此，电火花加工需要工作介质循环系统。

2. 电火花加工的特点

与传统的金属切削加工相比，电火花加工有如下优点。

1）便于加工在传统切削加工中难以加工甚至是无法加工的材料，如淬火钢、硬质合金、耐热合金钢和模具钢等。因为在电火花加工中材料的蚀除是靠火花放电所产生的高热使工件材料熔化，材料的可加工性主要取决于材料本身的热力学性质，如熔点、沸点和比热容等，而几乎与材料的力学性能无关。无论材料的强度、硬度、塑性和韧性如何，都不影响加工，这样就可以突破传统切削加工刀具必须比工件硬度大的限制，实现“以柔克刚”。

2）便于加工深孔、型腔及复杂形状的工件。因为电极与工件不发生直接接触，宏观作用力小，因此适宜加工低刚度零件和进行微细加工。

3）电极材料不必比工件材料硬。目前电火花加工一般采用纯铜或石墨作为电极材料，大大降低了电极的设计与制造成本。

4）直接利用电能和热能作为加工能源，便于实现加工过程的自动化。

由于电火花加工有其独特的优点，加之电火花加工的工艺技术不断提高，目前电火花加工已在模具制造、机械、航空、电子等领域用于解决一般切削加工难以解决的实际问题。

电火花加工也有以下的局限性。

1）一般只能加工金属等导电材料。

2）加工速度较慢，效率低。应尽可能先采用传统切削加工方法去除工件上的大部分余量，再进行电火花加工，以提高生产率。

3）电火花加工中，电极也会损耗，影响加工精度。特别是在尖角和底面的电极损耗更大。但是近几年随着加工工艺技术的不断提高，粗加工的电极相对损耗率可以控制在0.1%以内。

4）电蚀产物在排除过程中常会引起二次放电，形成加工斜度，进而影响加工精度。

2.1.3 电火花加工的常用术语

以下内容是根据中国机械工程学会电加工学会公布的材料编写的。

1）放电加工：在一定的加工介质中，通过两极［工具电极（简称电极）和工件电极（简称工件）］之间的火花放电或短电弧放电的电蚀作用来对材料进行加工的方法称为放电加工。

2）电火花加工：当采用电火花脉冲放电形式来进行加工时，称为电火花加工。

3）电火花成形加工：一般指三维型腔和型面的电火花加工，用于非贯通的不通孔加工。

4）放电：电流通过绝缘介质（气体、液体或固体）的现象。

5）脉冲放电：脉冲放电是脉冲性的放电，这种放电在时间上是断续的，在空间上放电点是分散的，它是电火花加工采用的一种放电形式。

6）火花放电：工作介质被击穿后伴随着火花的放电，其特点是火花放电通道中的电流密度很大，瞬时温度很高。

7）电弧放电：电弧放电是一种渐趋稳定的放电，这种放电在时间上是连续的，在空间上是完全集中在一点或在一点的附近放电。放电加工中如遇到电弧放电，常常会引起电极和工件的烧伤。电弧放电往往是放电间隙中排屑不良或脉冲间隔过小来不及消除电离、恢复绝缘，或脉冲电源损坏变成直流放电等所引起的。

8）放电通道：又称电离通道或等离子通道，是工作介质被击穿后在两极间形成的导电等离子体通道。

9）放电间隙：放电时两电极间的距离。它是加工电路的一部分，有一个随击穿而变化的电阻。在加工过程中，放电间隙则称为加工间隙，一般为0.01~0.5mm，粗加工时间隙较大，精加工时间隙较小。

10）电蚀：在电火花放电作用下，蚀除工件材料的现象。

11）电蚀产物：工作介质中电火花放电时的生成物。它主要包括从两极上电蚀下来的金属材料微粒和从工作介质中分解出来的气体等。

12）二次放电：在已加工面上，由于金属屑等的介入而进行再次放电的现象。

13）击穿电压：放电开始或工作介质击穿时的瞬时极间电压。

14）脉冲宽度（μs）：加到放电间隙两端的电压脉冲的持续时间。方波脉冲的脉冲宽度等于放电时间。

15）放电时间（μs）：工作介质击穿后，放电间隙中通过放电电流的时间，也就是电流脉宽。

16）脉冲间隔（μs）：两个电压脉冲之间的间隔时间。

17）电参数：电火花加工过程中的电压、电流、脉冲宽度、脉冲间隔、功率和能量等参数称为电参数。

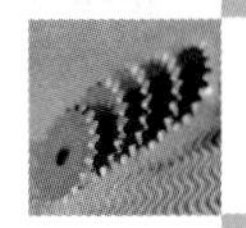

18）峰值电流（A）：间隙火花放电时脉冲电流的最大值（瞬时）。虽然峰值电流不易测量，但它是影响加工速度和表面质量等的重要参数。在设计制造脉冲电源时，每一个功率放大管的峰值电流是预先计算好的，选择峰值电流实际上是选择几个功率管进行加工。

19）极性效应：电火花加工时，即使正极和负极是同一种材料，但正负两极的蚀除量也是不同的，这种现象称为极性效应。一般短脉冲加工时，正极的蚀除量较大；反之，长脉冲加工时，则负极的蚀除量较大。

20）正极性和负极性：工件接正极，工具电极接负极，称正极性；反之，工件接负极，工具电极接正极，称负极性，又称反极性。线切割加工时，所用脉宽较窄，为了增加切割速度，减少钼丝的损耗，一般工件应接正极，称正极性加工。

21）脉冲电源：电火花加工设备的主要组成部分之一，它给放电间隙提供一定的电脉冲，是电火花加工时的能量来源，常简称电源。现在广泛采用的是晶体管脉冲电源和可控硅脉冲电源。

22）伺服进给系统：电火花加工机床的重要组成部分，用作使工具电极伺服进给，自动调节，使工具电极和工件在加工过程中保持一定的放电间隙。

23）工作介质：电火花加工时，工具和工件必须浸泡在有一定绝缘性能的液体介质中，此液体介质称为工作介质。一般将煤油作为电火花加工时的工作介质。由水、有机及无机化合物组成的乳化溶液，则作为电火花线切割加工时的工作介质。

24）电火花加工表面：电火花加工过的由许多小凹坑重叠而成的表面。

25）电火花加工表层：电火花加工表面下的一层，包括熔化层和热影响层。

26）热影响层：简称 HAZ。它是位于熔化层下面的、由于热作用改变了基体金属金相组织和性能的一层金属。

27）基体金属：位于热影响层下面的、未改变金相组织和性能的原来基体的金属。

2.2 电火花加工设备

2.2.1 机床型号、规格和分类

我国国家标准规定，电火花加工机床均用 D71 加上机床工作台面宽度的 1/10 表示。例如 D7132 中，D 表示电加工机床（若该机床为数控电加工机床，则在 D 后面加上 K，即 DK），71 表示电火花机床，32 表示机床工作台的宽度为 320mm。

世界上各个地区的电火花加工机床型号没有采用统一标准，而是由各个生产企业自行确定，如日本沙迪克（Sodick）高科技有限公司生产的 A3R、A10R，瑞士夏米尔（Charmilles）技术公司的 ROBOFORM20/30/35，中国台湾乔懋机电工业股份有限公司的 JM322/430，北京阿奇夏米尔工业电子有限公司的 SF100 等。

电火花加工机床按其大小可分为小型（D7125 以下）、中型（D7125～D7163）和大型（D7163 以上）；按其数控程度分为非数控、单轴数控和三轴数控。随着科学技术的进步，国外已经大批生产三坐标数控电火花机床以及带有工具电极库、能按程序自动更换电极的电火花加工中心，我国大部分电加工机床厂现在也正开始研制生产三坐标数控电火花加工机床。

2.2.2 电火花加工机床的结构

电火花加工机床的种类很多，尤其是随着数控电火花加工机床技术的进步，许多新型数控电火花设备应运而生且品种繁多。虽然各机床厂家生产的设备型号、规格与技术性能均有所不同，但设备的基本结构都由机床主体、脉冲电源、自动进给调节系统、工作介质循环过滤系统和数控系统部分组成，如图2-4所示。

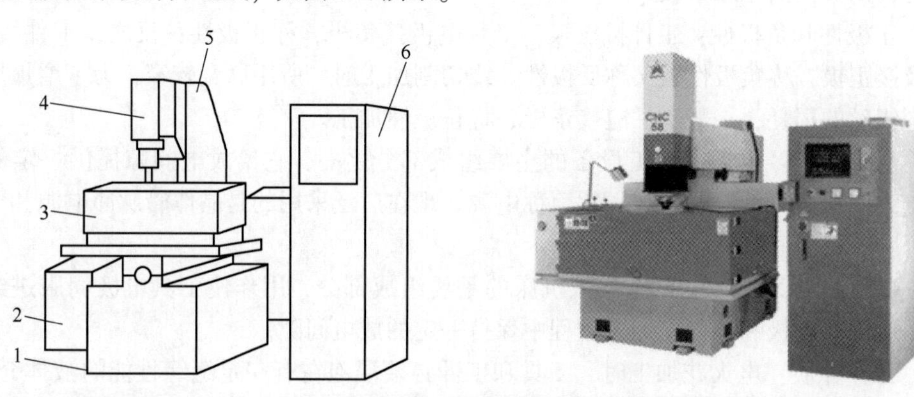

图2-4 电火花加工机床的结构与外观

1—床身 2—液压油箱 3—工作液槽 4—主轴头 5—立柱 6—数控电源柜

1. 机床主体

机床的机械部分都安放在机床主体上，主要用于夹持工具电极及支承工件，并保证它们的相对位置，实现电极在加工过程中的稳定进给。机床主体由床身、立柱、主轴头及附件、工作台等部分组成。

（1）床身与立柱 床身和立柱是电火花机床的骨架，起着支撑、定位和便于操作的作用。因为电火花加工宏观作用力极小，所以对机械系统的强度无严格要求。但为了避免变形和保证加工精度，要求床身和立柱具有必要的刚度。

床身是机床的基础件，工作台、立柱和主轴头等均安装于床身之上。床身一般为刚性较高的箱体结构，以减少放电加工时电极的频繁抬起引发的强迫振动而导致床身和立柱的变形。床身下方应采用垫铁支撑，以免导轨精度受到地基变形的影响。立柱与床身的接合面要有很强的接触刚度。因为主轴头安装在立柱的导轨上，而主轴头上又挂有一定重量的电极，如果立柱与床身接合面的刚度不足，则势必引起立柱前倾，导致机床结构的变形。

（2）工作台 工作台坐落在床身之上，主要用于支撑、装夹工件，一般由一组刚性很强的十字滑板组成，通过精密的滚珠丝杠副实现工作台纵横方向的移动，即手摇纵横方向的手轮，从而带动丝杠转动，丝杠又拖动台面运动，最终达到电极与工件间所要求的相对位置。工作台的种类有普通工作台和精密工作台。目前国内已应用精密滚珠丝杠、滚动直线导轨和高性能伺服电动机等结构，以满足精密加工的要求。

工作台上装有工作液箱。工作液箱必须具有很好的密封性，用以容纳工作液。为了保证加工过程的安全进行，加工时电极和被加工零件必须浸泡在工作液中，起冷却、排屑的作用，而且随着加工电流的加大，工作液高出零件上表面应更多，以保证放电气体的充分冷却，尤其是在大电流加工时，要杜绝放电气体带火星飞出油面。

（3）主轴头 主轴头是电火花加工机床的一个关键部件，主要用于控制工件与电极之

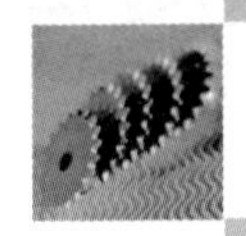

间的放电间隙。

主轴头的质量直接影响加工的工艺指标，如生产率、加工精度和表面粗糙度。因此，主轴头除结构应满足机械要求之外，还必须满足以下几点。

1）保证加工稳定性，维持最佳放电时间。

2）放电过程中，当发现短路或起弧时，主轴头能迅速抬起，使电弧中断。

3）保证主轴移动的直线性，以满足精密加工的要求。

4）主轴应有足够的刚性。

5）主轴应均匀进给而无爬行现象。

我国早期广泛采用液压伺服进给的主轴头，如 DYT-1 型和 DYT-2 型。目前普遍采用步进电动机、直流电动机和交流伺服电动机作为进给驱动的主轴头，尤其以直流电动机进给的主轴头应用最为广泛。

（4）机床附件　电火花加工机床的附件很多，常根据生产需要配置所需附件。常见的机床附件有可调节工具电极角度的夹头、平动头、油杯和永磁吸盘等。

1）可调节工具电极角度的夹头。装夹在主轴下方的工具电极，一方面需要保证电极与工件间的垂直度（主要是通过夹头中的球面铰链来完成的），另一方面需要在水平面内进行调节与转动（主要靠主轴与工具电极安装面的相对转动机构来实现），然后采用螺钉拧紧即可，其结构如图 2-5 所示。

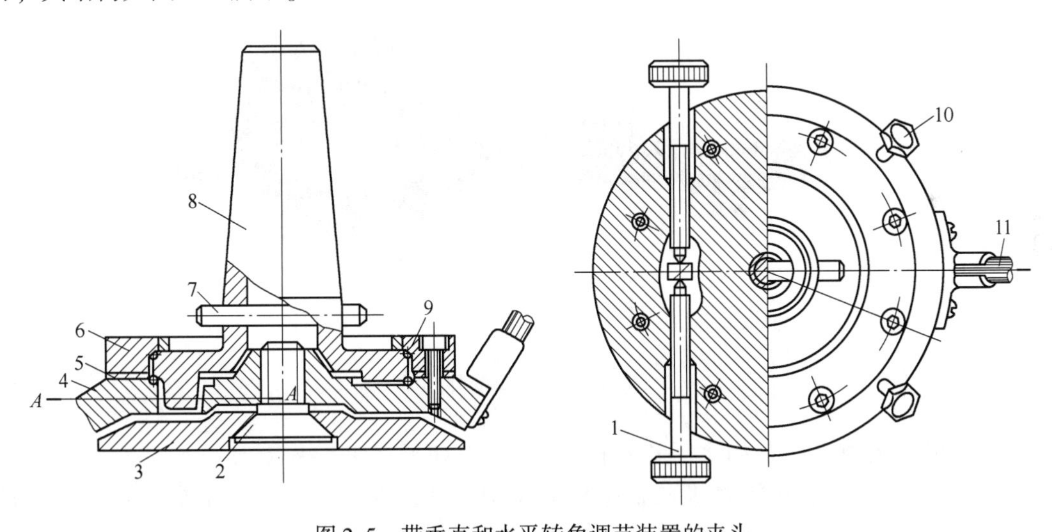

图 2-5　带垂直和水平转角调节装置的夹头

1—调节螺钉　2—球面螺钉　3—摆动法兰盘　4—调节找正架　5—调整垫　6—上压板　7—销钉　8—锥柄座　9—滚珠　10—垂直度调节螺钉　11—电源线

2）平动头。电火花加工时，粗加工的放电间隙比半精加工的放电间隙要大，而半精加工的放电间隙比精加工的放电间隙又要大一些。当用一个电极进行粗加工时，将工件的大部分余量蚀除掉后，其底面和侧壁四周表面的表面质量很差，为了将其修光，就要转换参数逐挡进行修整。但由于半精加工和精加工参数的放电间隙比粗加工参数的放电间隙小，若不采取措施，则四周侧壁就无法修光。平动头就是为修光侧壁和提高其尺寸精度而设计的。

平动头是一个可以使电极产生向外机械补偿动作的工艺附件。当采用单电极加工型腔时，可以补偿上下两个电参数之间的放电间隙和表面粗糙度值之差，从而解决型腔侧壁修光的问题。

平动头的动作原理：利用偏心机构将伺服电动机的旋转运动通过平动轨迹保持机构转化成电极上每个质点围绕其原始位置在水平面内的平面小圆周运动，许多小圆的外包络线面积就形成加工的横截面积，如图2-6所示，其中每个质点运动轨迹的半径就称为平动量，其大小可以由零逐渐调大，以补偿粗加工、半精加工和精加工的电火花放电间隙之差，从而达到修光型腔的目的。

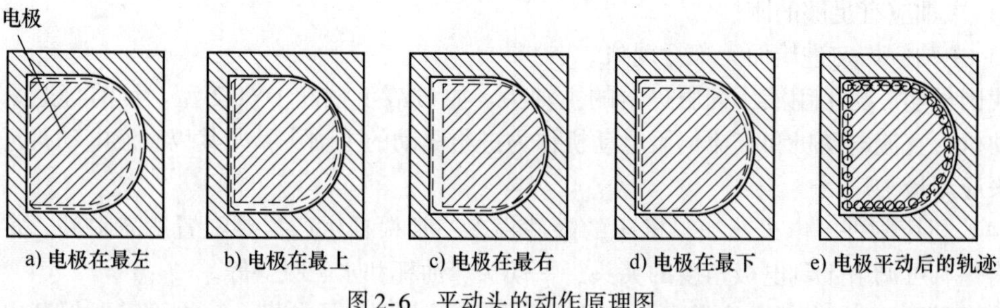

图2-6 平动头的动作原理图

目前，电火花机床上安装的平动头有机械式平动头和数控式平动头两种，其外形如图2-7所示。机械式平动头由于有平动轨迹半径存在，无法加工有清角要求的型腔；而数控式平动头可以两轴联动，能加工出具有清棱、清角的型孔和型腔。

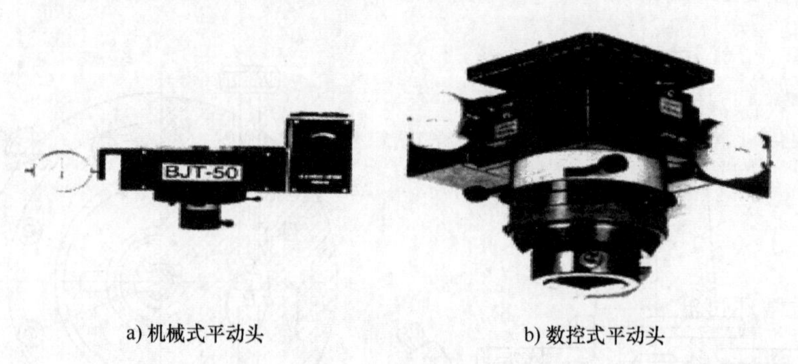

图2-7 平动头的外形

与一般电火花加工工艺相比，采用平动头电火花加工有如下特点。

① 可以通过改变轨迹半径来调整电极的作用尺寸，因此尺寸加工不再受放电间隙的限制。

② 用同一尺寸的电极，通过改变轨迹半径，可以实现转换电参数的修整，即采用一个电极就能由粗至精直接加工出一副型腔。

③ 在加工过程中，工具电极的轴线与工件的轴线相偏移，除了电极处于放电区域的部分外，工具电极与工件的间隙都不大于放电间隙，实际上减小了同时放电的面积，这有利于电蚀产物的排除，提高加工稳定性。

④ 工具电极移动方式的改变，可使加工表面的表面质量大有改善，特别是底平面处。

3）油杯。油杯是工作液做强迫循环的一个重要附件，其结构如图2-8所示，在其侧面和底边上开有冲、抽油孔，目的是使电蚀产物得以及时排出。另外，工作液在电火花放电时会被分解而产生气体，若得不到及时排放则会产生“放炮”现象，造成工具电极与工件的

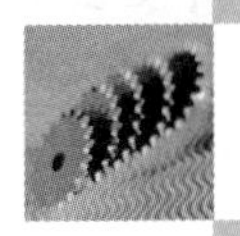

位移。因此，油杯结构的好坏会直接影响加工效果，并给加工带来麻烦。所以，油杯的结构应满足以下三点。

① 油杯要有适合的高度且不能在顶部积聚气泡，能满足加工较厚工件的电极伸出长度，在结构上应满足加工型孔的形状和尺寸要求。油杯的形状一般有圆形和长方形两种，都具备冲、抽油的条件。为防止在油杯顶部积聚气泡，抽油的抽气管应紧挨在工件底面。

② 良好的刚度与加工精度，以保证密封性，防止漏油。根据加工的实际需要，油杯的两端面平行度误差不能超过0.01mm，同时密封性要好，防止有漏油现象。

③ 如底部安装不方便，油杯底部的抽油孔可安置在靠近底部的侧面，也可省去抽油抽气管7和底板5，直接将抽油孔安装在油杯侧面的最上部。

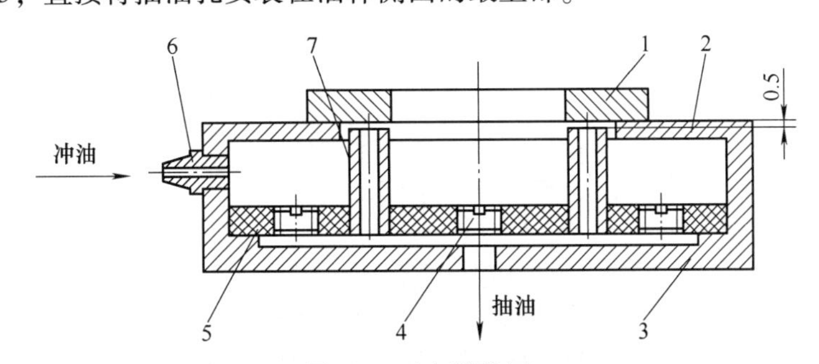

图2-8　油杯结构图

1—工件　2—油杯盖　3—油杯体　4—油塞　5—底板　6—管接头　7—抽油抽气管

4）永磁吸盘。由于电火花加工宏观作用力小，故采用永磁吸盘（图2-9）吸牢工件即可进行放电加工，其操作简单、吸附力大、便于工件装夹。永磁吸盘不用时，放在专用保管箱内，涂油防锈即可。

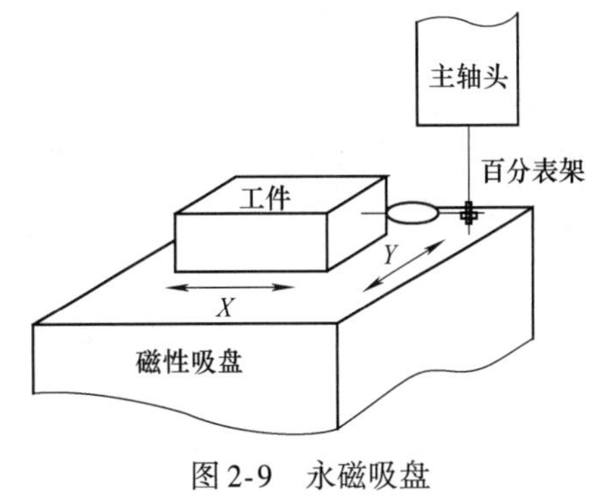

图2-9　永磁吸盘

2. 工作介质循环过滤系统

工作介质循环过滤系统是指用于电火花加工需要的工作介质储存、循环、调节、保护、过滤、再生及利用工作介质强迫循环、过滤来排除电蚀产物的装置。

电火花加工需要在工作介质中进行，目前应用最为普遍的工作介质是煤油，因其黏度低、排屑效果好同时价格相对便宜。另外，还有电火花专用油，加工效果较好，但价格偏高。只有在加工精密小孔时才选用水类介质工作液，如去离子水、蒸馏水和乳化液等。

电火花加工中的蚀除产物，一部分以气态形式抛出，其余大部分以球状固体微粒分散地悬浮在工作介质中，直径一般为几微米。随着电火花加工的进行，被蚀除的产物越来越多，充斥在电极和工件之间或黏附在电极和工件的表面上。蚀除产物的聚集，会与电极或工件形成二次放电。这就破坏了电火花加工的稳定性，降低了加工速度，影响了加工精度和表面质量。为了改善电火花加工的条件，一种方法是使电极振动，以加强排屑作用；另一种方法是对工作介质进行强迫循环过滤，以改善电极和工件之间的间隙状态。

工作介质循环过滤系统包括工作液泵、储油箱、过滤器及管道等，如图2-10所示。它既能实现冲液，又能实现抽液。其工作过程是：储油箱的工作介质首先经过粗过滤器1和单向阀 2 被吸入到涡旋泵 3 中，此时高压油经过不同形式的精过滤器 7 输向工作介质槽。溢流安全阀 5 用于控制系统的压力，使之不超过 400kPa，快速进油控制阀 11 用于快速进油。待油注满油箱时，可及时调节冲油选择阀 10，来控制工作介质的循环方式及压力。当冲油选择阀 10 在冲油位置时，补油和冲油都通，这时油杯中油的压力由压力调节阀 8 控制；当冲油选择阀 10 在抽油位置时，补油和冲油都不通，这时工作介质需穿过射流抽吸管 9，利用流体速度产生负压，达到抽油的目的。

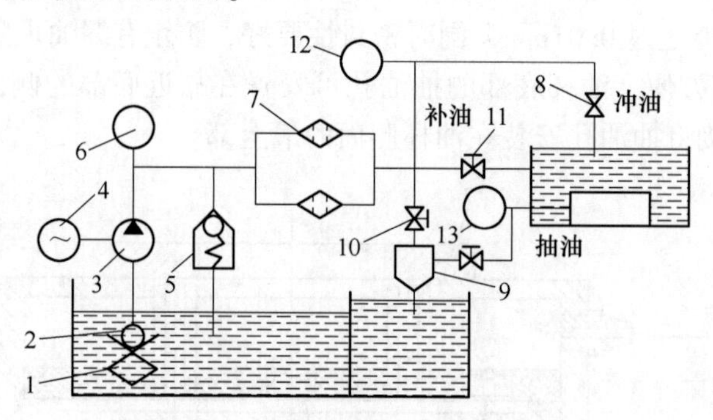

图 2-10 工作介质循环过滤系统油路

1—粗过滤器 2—单向阀 3—涡旋泵 4—电动机 5—安全阀 6—压力表 7—精过滤器 8—压力调节阀 9—射流抽吸管 10—冲油选择阀 11—快速进油控制阀 12—冲油压力表 13—抽油压力表

工作介质强迫循环方式有冲油方式和抽油方式两种，如图 2-11 所示。冲油方式比较容易实现，排屑冲刷能力强，一般经常采用，但电蚀产物会通过已加工区，进而影响加工精度；抽油方式虽然可以避免二次放电现象，提高加工精度，但是加工过程中产生的气体容易积聚在抽油回路的死角处，引起“放炮”现象，所以一般用得比较少。

过滤器：以前曾广泛采用木屑、黄沙或棉纱作为工作介质的过滤器，虽来源广、价格便宜，但过滤能力有限，且每次更换时要浪费大量煤油，现已逐步被淘汰。目前广泛使用的是纸质滤芯，如图 2-12 所示。该滤芯具有如下优点。

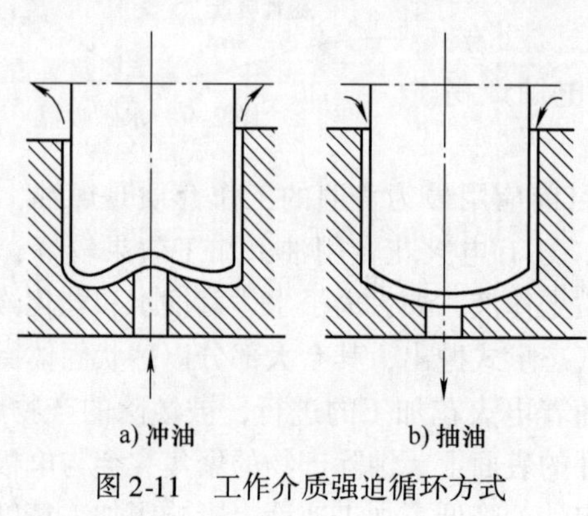

图 2-11 工作介质强迫循环方式

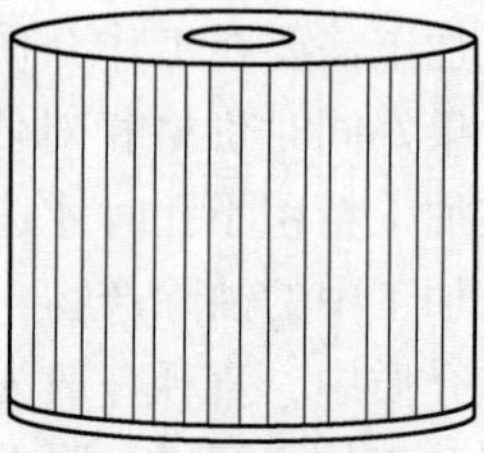

图 2-12 纸质滤芯

1）过滤精度高。

2）更换方便，耗油少。

3）过滤面积大，流量大，压力损失少。

4）常规下一般可以连续使用 250～500h，再经冲洗后可反复使用，成本大大降低。

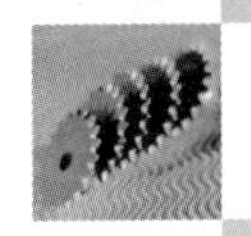

3. 电火花加工的脉冲电源

在电火花加工过程中，脉冲电源的作用是把工频电流转变成频率较高的单向脉冲电流，向工件和工具电极间隙提供所需的放电能量，以蚀除多余的金属层。脉冲电源的性能直接关系到电火花加工的加工速度、表面质量、加工精度和工具电极损耗等工艺指标，因此脉冲电源必须满足高加工速度、低电极损耗、加工过程稳定和脉冲参数便于调节的要求。如图2-13所示为其系统电路简图。

（1）电火花加工用脉冲电源的要求　电火花加工的脉冲电源输入为380V、50Hz的交流电，其输出应满足如下具体要求。

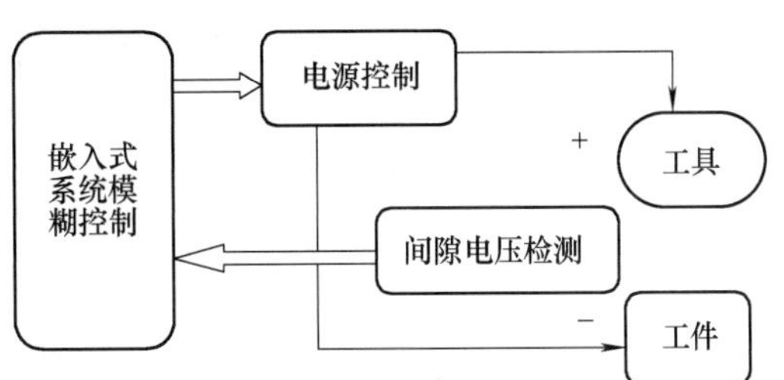

图2-13　脉冲电源系统电路简图

1）所产生的脉冲应该是单向的，最大限度地利用极性效应，以提高生产率，较少工具电极的损耗。

2）火花放电必须是短时间的脉冲放电，使放电产生的热量来不及扩散，从而有效地蚀除多余金属层，提高成型性和加工精度。

3）脉冲的主要参数（峰值电流、脉冲宽度、脉冲间歇等）有较宽的调节范围，以满足粗加工、半精加工和精加工的要求。

4）有适当的脉冲间隔时间，使放电介质有足够的时间来消除电离并冲走金属颗粒，以免引起电弧，烧伤工件。

（2）晶体管式脉冲电源　晶体管式脉冲电源是近年来发展起来的以晶体管器件作为开关元件的用途广泛的电火花加工脉冲电源。

其特点是输出功率大、电规准调节范围广、电极损耗小、脉冲波形好、易于实现多回路和自适应加工，适用于型孔、型腔、磨削等各种不同用途的加工。

其工作原理是主振级产生一定频率的脉冲波形，其脉冲特性也决定着间隙的脉冲频率、脉冲宽度和脉冲间隔；放大级用于放大主振级信号，以推动功率级晶体管。晶体管前的电阻起限流和保护功率级的作用。

近几年随着微电子技术和元件制造技术的发展，人们多采用V-MOS管和IG-BT等集成芯片和组件的大功率开关元件代替一般功率晶体管，它们只需要很小的电流就可以推动10～100A的电流和100～500V的电压。为进一步提高有效脉冲利用率，达到高速、低耗、稳定加工的目的以及满足一些特殊需要，在晶体管式脉冲电源的基础上，派生出很多新型电源，如高低压复合脉冲电源、高频分组脉冲和梳形脉冲电源、多回路脉冲电源等脉冲能量电源和自适应控制脉冲电源等。

目前普及型（经济型）电火花加工机床都采用高低压复合晶体管脉冲电源，中、高档电火花加工机床都采用微机数字化控制脉冲电源，而且内部存有电火花加工参数的数据库，可以通过微机设置和调用各挡粗加工、半精加工和精加工参数。例如，汉川机床厂和日本沙迪克高科技有限公司的电火花加工机床，其加工参数用C代码（如C320）表示和调用，三菱公司则用E代码表示。

4. 自动进给调节系统

在电火花加工设备中，自动进给调节系统占有很重要的位置，其性能直接影响加工稳定性和加工效果。

电火花加工的自动进给调节系统主要包括伺服进给系统和参数控制系统。伺服进给系统主要用于控制放电间隙的大小，而参数控制系统主要用于控制电火花加工中的各种参数（如放电电流、脉冲宽度和脉冲间隔等），以便能够获得最佳的加工工艺指标。这里主要介绍伺服进给系统的作用、要求及伺服进给调节系统的组成，对于参数控制将在下一节中具体介绍。

（1）伺服进给系统的作用 电火花加工中伺服进给系统的作用是使工具和工件之间保持一定的放电间隙。间隙过大会引起断路而无法进行加工，此时必须快速进给，尽快达到合适的加工间隙；间隙过小会引起短路而产生电弧放电，烧伤工件，此时必须快速退回，切断电弧。在实际生产中，放电间隙的变化与加工规准、加工面积和工件蚀除速度等因素有关，很难依靠人工进给，必须采用伺服进给系统。这种不等速的伺服进给系统也称为自动进给调节系统。

实际工作中，自动进给调节系统中的电动机、工作台、工件、电路中的电阻和电感都有惯性滞后现象，往往会产生“欠进给”或“过进给”，甚至引起主轴的上下振动。为了更好地发挥伺服进给系统的作用，必须对伺服进给系统提出一些必要的要求。

1）有较广的速度调节跟踪范围，以适应粗加工、半精加工和精加工的要求。

2）有足够的灵敏度和快速性，及时应对间隙变化并调整间隙。这就要求伺服进给系统的惯性、摩擦和放大倍数等尽量小。

3）有必要的稳定性，以提高抗干扰能力和避免执行机构的低速爬行现象。

4）结构简单、工作可靠。

（2）伺服进给调节系统的基本组成 电火花加工中的伺服进给调节系统主要由调节对象（即间隙）、测量环节、放大环节、比较环节和执行环节五部分组成。图 2-14 所示为伺服进给调节系统的基本组成。

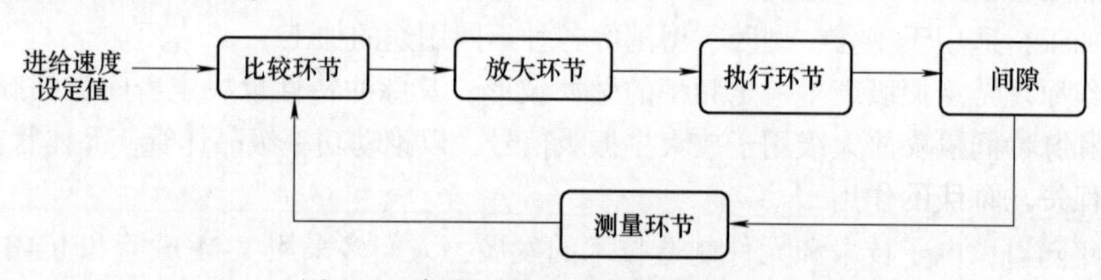

图 2-14 伺服进给调节系统的基本组成

1）测量环节：直接测量放电间隙的大小是极其困难的，甚至是不可能的，所以一般都是测量与间隙成正比的电参数，即间接测量。间隙的大小与间隙两端的电压有关，开路时电压最大，接近脉冲电源的峰值电压；而短路时电压为零。

2）比较环节：作用是将测量的结果与预先根据粗加工、半精加工和精加工参数设定的值进行比较，计算差值，确定该进还是该退，进或退的速度又是多少。

3）放大环节：由于测量环节的信号一般比较小，为了能推动执行机构，必须对信号进行放大。但要注意放大倍数不要太大，以免产生自激振荡。

4）执行环节：作用是根据控制信号的大小及时调节工具电极的进给量，保证放电间隙。对执行环节的要求是：机电常数要小，以能快速反映间隙状态的变化；机械传动间隙要小、摩擦力要小，以提高系统的灵敏性；要有较宽的调节范围，以适应各种参数和工艺条件的变化。

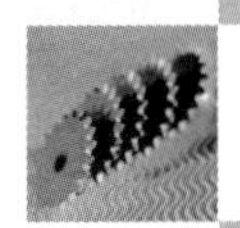

2.3 电火花加工工艺规律

电火花加工的主要工艺指标有材料的电蚀量、加工速度、电极损耗、加工精度、表面质量和表面变化层及其力学性能等。影响工艺指标的因素有很多，诸因素的变化都将引起工艺指标的相应变化。

2.3.1 影响材料电蚀量的因素

1. 极性效应对电蚀量的影响

在电火花加工过程中，工件和工具电极都会受到不同程度的电腐蚀，但由于所接电源的极性不同，两极的蚀除量也不同，即使是同种材料制成的正、负极（如采用钢作为工具电极加工钢材料），其电腐蚀程度也不相同，这种现象称为极性效应。当正极蚀除速度大于负极时，应将工件接在正极加工，称为正极性效应或正极性加工；反之，当负极蚀除速度大于正极时，则将工件接在负极加工，称为负极性效应或负极性加工，如图 2-15 所示。

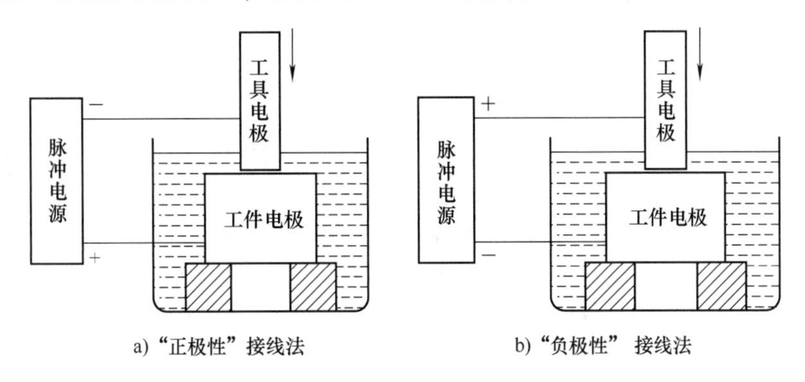

图 2-15 利用极性效应接线图

从提高生产率和减少工具电极损耗的角度来看，极性效应越显著越好。极性效应不仅与脉冲宽度有关，而且还受电极及工件材料、加工介质（工作介质）、电源种类、单个脉冲能量等多种因素的综合影响，其中主要因素是脉冲宽度。

在电场的作用下，放电通道中的电子奔向正极，正离子奔向负极。在窄脉冲宽度加工时，由于电子惯性小，运动灵活，大量的电子奔向正极，并轰击正极表面，使正极表面迅速熔化和汽化，而正离子惯性大，运动缓慢，只有一小部分能够到达负极表面，大量的正离子不能到达。因此，电子的轰击作用大于正离子的轰击作用，正极的电蚀量大于负极的电蚀量，这时应采用正极性加工。

在宽脉冲宽度加工时，质量和惯性都大的正离子将有足够的时间到达负极表面，而且由于正离子的质量大，它对负极表面的轰击破坏作用要比电子强，同时到达负极的正离子又会牵制电子的运动，故负极的电蚀量将大于正极，这时应采用负极性加工。

2. 覆盖效应对电蚀量的影响

工件材料在被放电腐蚀的过程中，工件的电蚀产物就会通过工作介质被转移到工具电极表面上，形成一定厚度的覆盖层，这种现象被称为覆盖效应。

在油类介质中加工时，覆盖层主要是石墨化的碳素层（俗称炭黑），因其具有很好的耐蚀性，所以对电极表面具有一定的保护作用，同时也具有补偿电极损耗的作用。尤其是在大电流加工中，这种补偿作用尤为明显，只是覆盖层的厚度和均匀性很难把握，容易使电极尺寸增大，影响工件的加工精度。碳素层的生成条件主要有以下几点。

1）要有足够高的温度。电极上待覆盖部分的表面温度不低于碳素层的生成温度，但要低于熔点，以使碳粒子烧结成石墨化的耐蚀层。

2）要有足够多的电蚀产物，尤其是介质的热解产物——碳粒子。

3）要有足够的时间，以便在这一表面上形成一定厚度的碳素层。

4）一般采用负极性加工，因为碳素层易在阳极表面生成。

5）必须在油类介质中加工。

在乳化类介质中加工时，不会产生覆盖层，但会出现另一种覆盖现象——镀覆现象，即在工具电极表面形成致密的电镀层，同样可以起到减少和补偿电极损耗的作用。产生这种镀覆层的一个重要条件是必须在具有一定离子量的导电水溶液中进行加工，同时工具电极必须接负极。

合理利用覆盖效应，有利于降低电极损耗，甚至达到电极无损耗，这样可以大大降低加工工具电极的成本。但是，由于覆盖层的厚度和均匀性均很难控制，一旦出现过覆盖现象，就会使电极尺寸增大，反而破坏了工件的加工精度。

影响覆盖效应的主要因素有以下几点。

1）脉冲参数与波形的影响。增大脉冲放电能量有助于覆盖层的生长，但对半精加工和精加工有相当大的局限性；减小脉冲间隔有利于在各种电规准下生成覆盖层，但若脉冲间隔过小，正常的火花放电有转变为破坏性电弧放电的危险。此外，采用某些组合脉冲波加工，有助于覆盖层的生成，其作用类似于减小脉冲间隔，并且可大大减小转变为破坏性电弧放电的危险。

2）电极对材料的影响。用铜电极加工钢时覆盖效应较明显，但用铜电极加工硬质合金工件则不大容易生成覆盖层。

3）工作介质的影响。油类工作介质在放电产生的高温作用下生成大量的碳粒子，有助于碳素层的生成。如果用水作为工作介质，则不会产生碳素层。

4）工艺条件的影响。覆盖层的形成还与间隙状态有关。如加工作介质脏、电极截面面积较大、电极间隙较小、加工状态较稳定等情况均有助于生成覆盖层。但若加工中冲油压力太大，则覆盖层较难生成。这是因为冲油会使趋向电极表面的微粒运动加剧，而微粒无法黏附到电极表面上去。

在电火花加工中，覆盖层不断形成，又不断被破坏。为了实现电极低损耗，达到提高加工精度的目的，最好使覆盖层的形成与破坏的程度达到动态平衡。

3. 电参数对电蚀量的影响

电火花加工过程中蚀除金属的量（即电蚀量）与单个脉冲能量和脉冲效率等电参数密切相关。

单个脉冲能量与平均放电电压、平均放电电流和脉冲宽度成正比。在实际加工中，击穿后的放电电压与电极材料及工作介质的种类有关，而且在放电过程中变化很小，所以单个脉冲能量的大小主要取决于平均放电电流和脉冲宽度的大小。

由此可见，要提高电蚀量，应增加平均放电电流、脉冲宽度及提高脉冲频率。但在实际

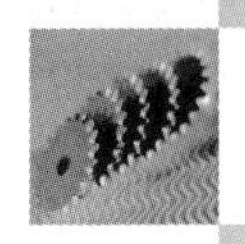

生产中，这些因素往往是相互制约的，并影响到其他工艺指标，应根据具体情况综合考虑。例如，增加平均放电电流，加工表面的表面粗糙度值也随之增大。

4. 金属材料对电蚀量的影响

正负电极表面电蚀量分配不均除了与电极极性有关外，还与电极的材料有很大关系。当脉冲放电能量相同时，金属工件的熔点、沸点、比热容、熔化热和汽化热等越高，电蚀量将越少，越难加工。导热系数大的金属，因能把较多的热量传导、散失到其他部位，故降低了本身的蚀除量。因此，电极的蚀除量与电极材料的导热系数及其他热学常数等有密切的关系。

5. 工作介质对电蚀量的影响

电火花加工时，工具和工件间的放电间隙必须浸泡在有一定绝缘性能的液体介质中，此液体介质称为工作介质。工作介质的主要作用如下。

1）在一次火花放电之后能尽快恢复放电间隙的绝缘状态，以便形成下一次火花放电。这就要求工作介质必须具有一定的绝缘强度。

2）有利于电蚀产物的顺利排出，以免产生二次火花放电甚至是电弧放电。

3）对工具电极和工件表面有冷却降温的作用，以免因局部过热而产生积炭和烧伤等现象。

如要保证工作介质具有上述作用，则工作介质必须具有以下特点。

1）黏度低。只有低黏度的介质才能保证其良好的流动性和冷却性，同时有利于电蚀产物的顺利排出。

2）高闪点、高初馏点。闪点高，不易起火，可保证安全生产；初馏点高，不易汽化，损耗少，有良好的环保作用。

3）绝缘性好。绝缘性好能尽快恢复放电间隙的绝缘状态，缩短加工时间，提高效率。

4）氧化稳定性好，寿命长，性价比高。

常用的工作液介质：

我国电火花成形设备所使用的工作介质仍以煤油为主。煤油的性能比较稳定，黏度低、密度小、绝缘性较好，符合电火花加工的基本要求。同时，煤油价格低廉，因此被广泛使用。但煤油的缺点也是显而易见的，尤其是它的闪点低（大约46℃），使用中往往因为疏忽而导致火灾，所以电火花加工设备必须配备灭火设施。另外，煤油易挥发，容易产生对人体有害的气体，所以安放电火花加工设备的车间必须具备良好的通风设施。

在粗加工时，要求速度快，放电能量大，放电间隙大，故常选用机油等黏度大的工作介质；在半精加工和精加工时，放电间隙小，往往采用煤油等黏度小的工作介质。

采用水作为工作介质是值得注意的一个方向。用各种油类以及其他碳氢化合物作为工作介质时，在放电过程中不可避免地产生大量炭黑，严重影响电蚀产物的排除及加工速度，这种影响在精密加工中尤为明显。若采用酒精作为工作介质，因为炭黑的生成量减少，上述情况会有好转。所以，最好采用不含碳元素的工作介质，而水是最方便的一种。此外，水还具有流动性好、散热性好、不易起弧、不燃、无味、价廉等特点。但普通水是弱导电液，会产生离子导电的电解过程，这是很不利的，目前还只在某些大能量粗加工中采用。

在精密加工中，可采用比较纯的蒸馏水、去离子水或乙醇水溶液来作为工作介质，其绝缘强度比普通水高。

2.3.2 影响加工速度的主要因素

电火花加工的加工速度是指在一定的电参数下，单位时间内工件被蚀除的体积V或质量m。一般常用体积加工速度 $v_w=V/t$（单位为 mm^3/min）来表示。有时为了测量方便，也用质量加工速度 $v_m=m/t$（单位为 g/min）来表示。

在规定的表面质量、规定的相对电极损耗下的最大加工速度是电火花机床的重要工艺性能指标。一般电火花机床说明书上所指的最高加工速度是该机床在最佳状态下所达到的，在实际生产中的正常加工速度大大低于机床的最大加工速度。

影响加工速度的因素分电参数和非电参数两大类。电参数主要是脉冲电源输出波形与参数；非电参数包括加工面积、深度、工作介质、冲油方式、排屑条件及电极材料和加工极性等。

1. 电参数的影响

电火花加工时选用的电加工参数主要有脉冲宽度（μs）、脉冲间隙（μs）及峰值电流等参数。

（1）脉冲宽度对加工速度的影响　单个脉冲能量的大小是影响加工速度的重要因素。对于矩形波脉冲电源，当峰值电流一定时，脉冲能量与脉冲宽度成正比。脉冲宽度增加，加工速度随之增加，因为随着脉冲宽度的增加，单个脉冲能量增大，使加工速度提高，如图2-16所示。但若脉冲宽度过大，加工速度反而下降。这是因为单个脉冲能量虽然增大，但转换的热能有较大部分散失在电极与工件中，不起蚀除作用。同时，在其他加工条件相同时，随着脉冲能量过分增大，蚀除产物增多，排气、排屑条件恶化，间隙消电离时间不足导致拉弧，使加工稳定性变差等，因此加工速度反而降低。

（2）脉冲间隔对加工速度的影响　在脉冲宽度一定的条件下，脉冲间隔越小，加工速度越高。图2-17所示为用纯铜电极加工钢件的脉冲间隔与加工速度的关系。因为脉冲间隔减小导致单位时间内工作脉冲数目增多、加工电流增大，故加工速度提高；但若脉冲间隔过小，则会导致放电间隙过小，来不及消除电离，引起加工稳定性变差，加工速度反而降低。

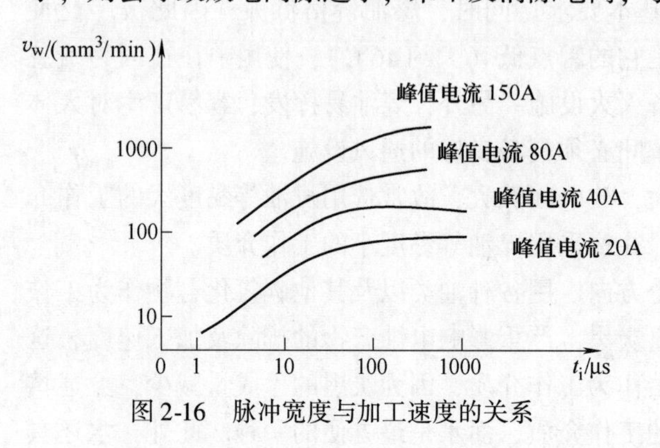

图 2-16　脉冲宽度与加工速度的关系

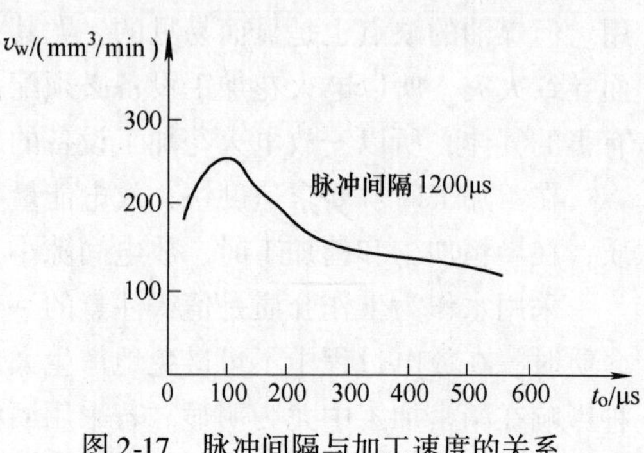

图 2-17　脉冲间隔与加工速度的关系

在脉冲宽度一定的条件下，为了最大限度地提高加工速度，应在保证稳定加工的同时，尽量缩短脉冲间隔时间。带有脉冲间隔自适应控制的脉冲电源，能够根据放电间隙的状态，在一定范围内调节脉冲间隔的大小，这样既能保证稳定加工，又可以获得较大的加工速度。

（3）峰值电流对加工速度的影响　当脉冲宽度和脉冲间隔一定时，随着峰值电流的增

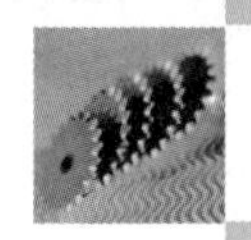

加，加工速度也增加，如图 2-18 所示。因为加大峰值电流，等于加大单个脉冲能量，所以加工速度也就提高了。但若峰值电流过大（即单个脉冲放电能量很大），加工速度反而下降。此外，峰值电流增大将降低工件表面质量，增加电极损耗。在生产中，应根据不同的要求，选择合适的峰值电流。

应根据工件的加工要求合理选择电参数。电参数的配置是否合理，将直接影响加工的各项工艺指标。选用电参数的最终目的是保证工件的加工尺寸和表面质量要求。选择电参数时，基本上要考虑电极数目、电极损耗、工作介质处理、工件表面质量、加工面积和加工深度等因素。电火花加工中的电极损耗、加工速度、表面质量和侧面间隙等几个主要指标是相互关联的，无论如何调节电加工参数，都无法使它们同时达到最佳状态。实际操作中为确保部分指标，只能放弃另一些要求。如在粗加工中放弃表面质量和侧面间隙，以求高的加工速度和几乎为零的电极损耗；在精加工中为确保表面质量和侧面间隙这两项指标，只能牺牲电极损耗和加工速度。

针对不同的加工要求，合理设置电参数，使加工出的产品符合要求，这是用好电火花成形设备的关键。电参数的配置与操作者平时的经验积累有着密切的关系。电参数的配置也不是一成不变的，它需要在实际操作中慢慢摸索，逐步掌握。

目前数控电火花加工机床有许多配置好的最佳成套电参数，自动选择电参数时，只要把与之相关的条件准确输入，即可自动配置好电参数。机床配置的电参数一般均能满足加工要求，操作简单，大大降低了对操作工人的要求，避免了加工中凭经验的人为干预。

2. 非电参数的影响

（1）加工面积的影响　图 2-19 所示为加工面积与加工速度的关系曲线。由图可知，加工面积较大时，加工速度没有多大变化。但加工面积小到某一临界面积时，加工速度会显著降低，这种现象称为面积效应。因为加工面积小，在单位面积上脉冲放电过于集中，致使放电间隙的电蚀产物排除不畅，同时会产生气体排除液体的现象，造成放电加工在气体介质中进行，因而大大降低加工速度。

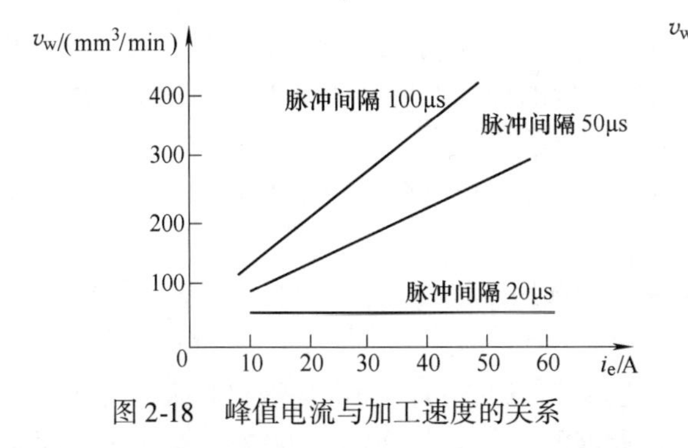

图 2-18　峰值电流与加工速度的关系

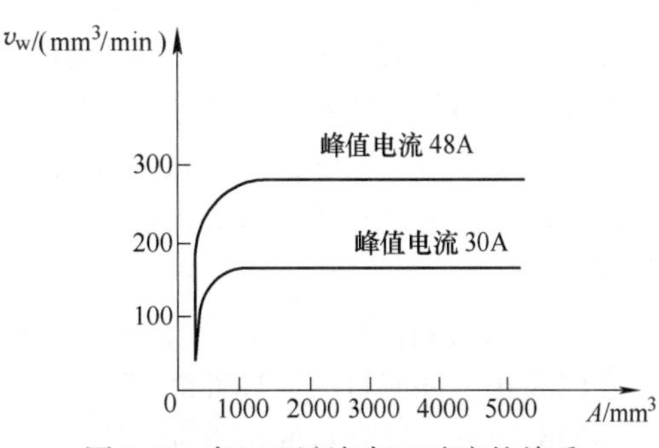

图 2-19　加工面积与加工速度的关系

此外，峰值电流不同，最小临界加工面积也不同。因此，确定一个具体加工对象的电参数时，首先必须根据加工面积确定工作电流，并估算出峰值电流。

（2）排屑条件的影响　在电火花加工过程中会不断产生气体、金属屑末和炭黑等，如不及时排除，加工很难稳定地进行。而加工稳定性不好，会使脉冲利用率降低，加工速度降低。为便于排屑，一般都采用冲油（或抽油）和电极抬起的办法。

1）冲（抽）油压力的影响。在加工中对于工件型腔较浅或易于排屑的型腔，可以不采取任何辅助排屑措施。但对于较难排屑的加工，不冲（抽）油或冲（抽）油压力过小，则因排屑不良产生的二次放电的机会明显增多，从而导致加工速度下降；但若冲油压力过大，加工速度同样会降低。这是因为冲油压力过大，产生干扰，使加工稳定性变差，故加工速度反而降低。

2）抬刀对加工速度的影响。为使放电间隙中的电蚀产物迅速排除，除采用冲（抽）油方法外，还需经常抬起电极以利于排屑。在定时抬刀状态下，会发生放电间隙状况良好无须抬刀而电极却照样抬起的情况；也会出现当放电间隙的电蚀产物积聚较多急需抬刀时而抬刀时间未到却不抬刀的情况。这种多余的抬刀运动和未及时抬刀都直接降低了加工速度。为克服定时抬刀的缺点，目前较先进的电火花加工机床都采用了自适应抬刀功能。自适应抬刀是根据放电间隙的状态，决定是否抬刀。放电间隙状态不好，电蚀产物堆积多，抬刀频率自动加快；放电间隙状态好，电极就少抬起或不抬起。这使电蚀产物的产生与排除基本保持平衡，避免了不必要的电极抬起运动，提高了加工速度。

图2-20所示为抬刀方式对加工速度的影响。由图可知，加工同样深度时，采用自适应抬刀比定时抬刀需要的加工时间短，即加工速度高。同时，采用自适应抬刀加工工件质量好，不易出现拉弧烧伤。

（3）电极材料和加工极性的影响　在电参数选定的条件下，采用不同的电极材料与加工极性，加工速度也大不相同。

在加工中选择极性，不能只考虑加工速度，还必须考虑电极损耗。如用石墨做电极时，正极性加工比负极性加工速度高，但在粗加工中，电极损耗会很大。故对不计电极损耗的通孔，用正极性加工；而在用石墨电极加工型腔的过程中，常采用负极性加工。

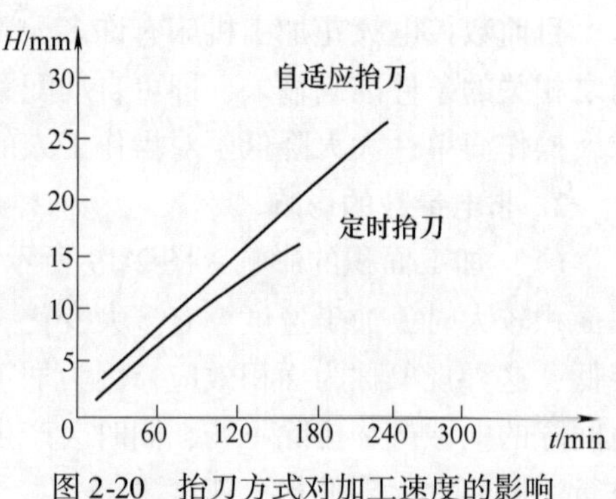

图2-20　抬刀方式对加工速度的影响

此外，在同样的加工条件和加工极性情况下，采用不同的电极材料，加工速度也不相同。例如，中等脉冲宽度、负极性加工时，石墨电极的加工速度高于铜电极的加工速度；而在脉冲宽度较窄或很宽时，铜电极的加工速度高于石墨电极。

综上所述，电极材料对电火花加工非常重要，正确选择电极材料是电火花加工首先要考虑的问题。

（4）工件材料的影响　在同样的加工条件下，选用不同的工件材料，加工速度也不同。这主要取决于工件材料的物理性能。

一般来说，工件材料的熔点和沸点越高，比热容、熔化潜热和汽化潜热越大，加工速度越低，即越难加工。如加工硬质合金比加工碳素钢的速度要低40%～60%。对于导热系数很高的工件，虽然其熔点、沸点、熔化热和汽化热不高，但因其热传导性好，热量散失快，加工速度也会降低。

（5）工作介质的影响　在电火花加工中，工作介质的种类、黏度和清洁度对加工速度都有影响。就工作介质的种类来说，加工速度的大致顺序是高压水 >（煤油 + 机油）> 煤油 > 酒精水溶液。在电火花加工中，应用最多的工作介质是煤油。

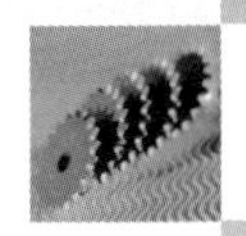

过高的加工速度往往也意味着电极损耗较大，在实际生产操作中不宜采用，只有在不计电极损耗，单纯要求加工速度高的情况下才采用。

2.3.3 影响电极损耗的主要因素

电极损耗是导致工件产生误差的主要原因之一。电极损耗分为绝对损耗和相对损耗两种。绝对损耗 v_E 是单位时间内电极的损耗量，$v_E = V/t$ （mm^3/min），相对损耗 θ 是电极的绝对损耗占工件加工速度的百分比，$\theta =（v_E/v_W）\times 100\%$。

在生产中，衡量某种工具电极是否耐损耗，不只看工具电极的绝对损耗量 v_E，还要看同时达到的加工速度。因此，常用相对损耗作为衡量工具电极耐损耗的指标。

在电火花加工中，电极的相对损耗小于1%时称为低损耗加工。低损耗电火花加工能最大限度地保持加工精度，所需电极的数目也可减至最少，因而简化了电极的制造，所加工工件的表面粗糙度值可达 *Ra* 3.2 μm 以下。除了充分利用电火花加工的极性效应、覆盖效应及选择合适的工具电极材料外，还可从改善工作介质方面着手，实现电火花的低损耗加工。

1. 电参数的影响

（1）脉冲宽度的影响　在峰值电流一定的情况下，随着脉冲宽度的减小，电极损耗增大。脉冲宽度越窄，电极损耗上升的趋势越明显，如图 2-21 所示。因此，精加工时的电极损耗比粗加工时的电极损耗大。

脉冲宽度增大，电极相对损耗降低的原因如下。

1）脉冲宽度增大，单位时间内的脉冲放电次数减少，使放电击穿引起电极损耗的影响减少。同时，负极（工件）承受正离子轰击的机会增多，正离子加速的时间也长，极性效应比较明显。

2）脉冲宽度增大，电极覆盖效应增加，减少了电极损耗。在加工中电蚀产物（包括被熔化的金属和工作介质受热分解的产物）不断沉积在电极表面，对电极的损耗起补偿作用。但如果这种飞溅沉积的量大于电极本身的损耗，就会破坏电极的形状和尺寸，影响加工效果；如果飞溅沉积的量恰好等于电极的损耗，两者达到动态平衡，则可得到无损耗加工。由于电极端面、角部和侧面损耗的不均匀性，因此无损耗加工是难以实现的。

（2）峰值电流的影响　对于一定的脉冲宽度，加工时的峰值电流不同，电极损耗也不同。随着峰值电流的增加，电极损耗也增加。图 2-22 所示为峰值电流对电极相对损耗的影响。由图可知，要降低电极损耗，应减小峰值电流。因此，对一些不适宜用长脉冲宽度粗加工而又要求损耗小的工件，应使用窄脉冲宽度、低峰值电流加工。

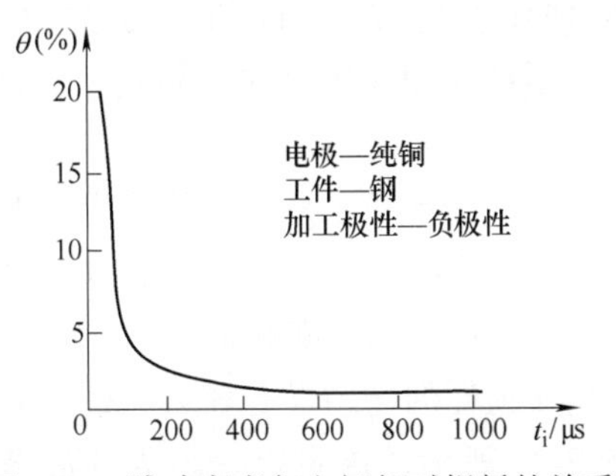

图 2-21　脉冲宽度与电极相对损耗的关系

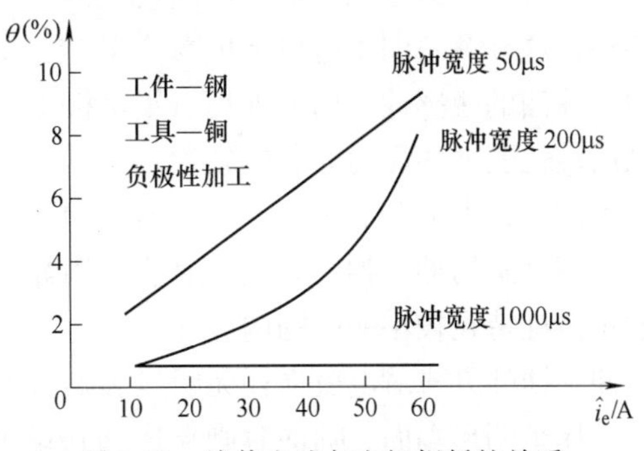

图 2-22　峰值电流与电极损耗的关系

脉冲宽度和峰值电流对电极损耗的影响效果是综合性的。只有脉冲宽度和峰值电流保持一定关系，才能实现低损耗加工。

（3）脉冲间隔的影响　在脉冲宽度不变时，随着脉冲间隔的增加，电极损耗增大，如图 2-23 所示。因为脉冲间隔加大，引起放电间隙中介质消电离状态的变化，使电极上的覆盖效应减少。

脉冲间隔的减小，电极损耗也随之减少，但超过一定限度，放电间隙将来不及消电离而造成拉弧烧伤，反而影响正常加工的进行，尤其是粗加工时更应注意。

（4）加工极性的影响　在其他加工条件相同的情况下，加工极性不同对电极损耗的影响很大，如图 2-24 所示。当脉冲宽度小于某一数值时，正极性损耗小于负极性损耗；反之，当脉冲宽度大于某一数值时，负极性损耗小于正极性损耗。一般情况下，采用石墨电极和铜电极加工钢时，粗加工用负极性，精加工用正极性。但在用钢电极加工钢时，无论粗加工还是精加工都要用负极性，否则电极损耗将大大增加。

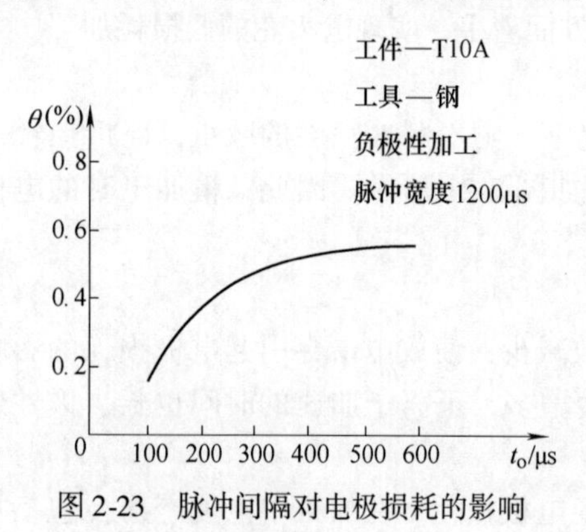

图 2-23　脉冲间隔对电极损耗的影响

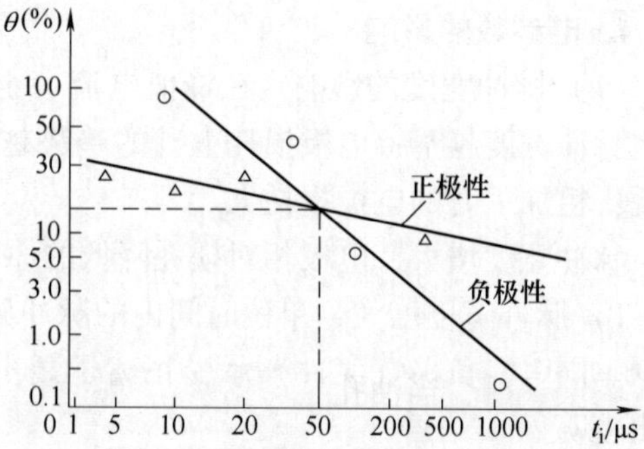

图 2-24　加工极性对电极损耗的影响

2. 非电参数的影响

（1）加工面积的影响　在脉冲宽度和峰值电流一定的条件下，加工面积对电极损耗影响不大，是非线性的，如图 2-25 所示。当电极相对损耗小于 1% 时，随着加工面积的增大，电极损耗减小的趋势越来越慢。当加工面积过小时，随着加工面积的减小，电极损耗急剧增加。

（2）冲油或抽油的影响　由前面所述，对形状复杂、深度较大的型孔或型腔进行加工时，若采用适当的冲油或抽油的方法进行排屑，有助于提高加工速度。但另一方面，冲油或抽油压力过大反而会加大电极的损耗。因为强迫冲油或抽油会使加工间隙的排屑和消电离速度加快，这样就减弱了电极上的覆盖效应，如图 2-26 所示。当然，不同的工具电极材料对冲油、抽油的敏感性不同。如用石墨电极加工时，电极损耗受冲油压力的影响较小；而纯铜电极的损耗受冲油压力的影响较大。

因此，在电火花加工中，应谨慎使用冲、抽油方法。加工本身较易进行且稳定的电火花加工，不宜采用冲、抽油方法。对非采用冲、抽油方法不可的电火花加工，也应注意使冲、抽油压力维持在较小的范围内。

冲、抽油方式对电极损耗无明显影响，但其电极端面损耗的均匀性有较大区别。冲油时电极损耗呈凹形端面，抽油时则形成凸形端面，如图 2-27 所示。这主要是因为冲油进口处

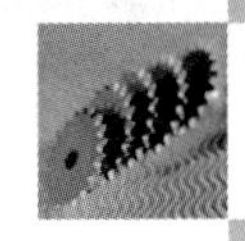

所含各种杂质较少，温度比较低，流速较快，使进口处的覆盖效应减弱的缘故。

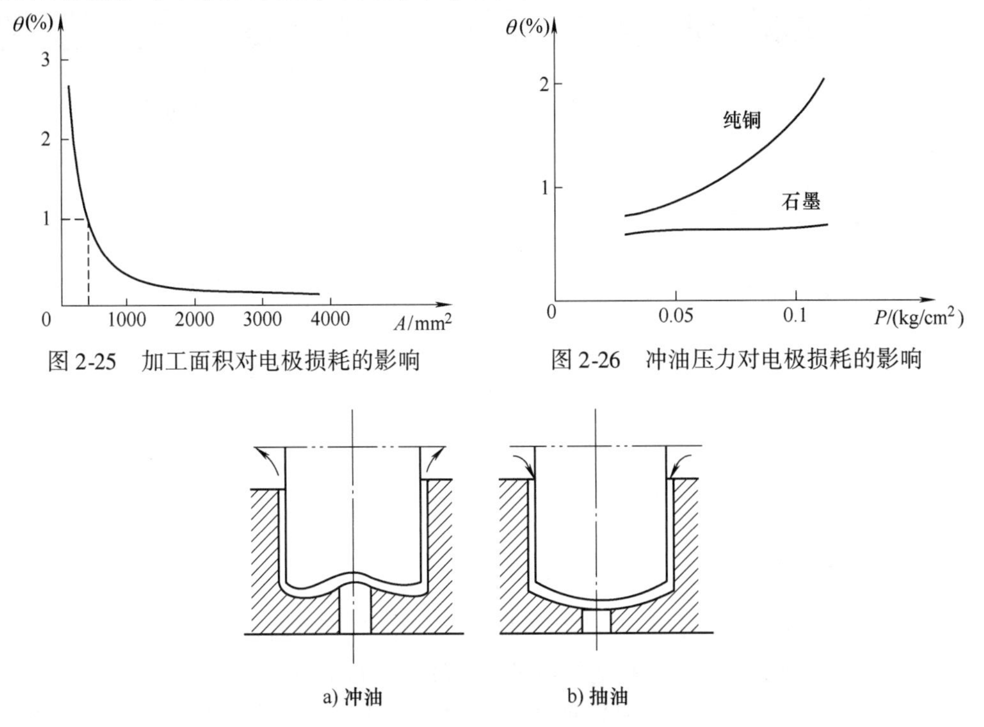

图 2-25　加工面积对电极损耗的影响

图 2-26　冲油压力对电极损耗的影响

图 2-27　冲、抽油方式对电极端部损耗的影响

实践证明，当油孔的位置与电极的形状对称时，用交替冲油和抽油的方法，可使冲油或抽油所造成的电极端面形状的缺陷互相抵消，得到较平整的端面。另外，采用脉动冲油（冲油不连续）或抽油比连续的冲油或抽油的效果好。

（3）电极的形状和尺寸的影响　在电极材料、电参数和其他工艺条件完全相同的情况下，电极的形状和尺寸对电极损耗的影响也很大（如电极的尖角、棱边和薄片等）。如图 2-28a所示的型腔，用整体电极加工较困难。在实际中首先加工主型腔，如图 2-28b 所示，再用小电极加工副型腔，如图 2-28c 所示。

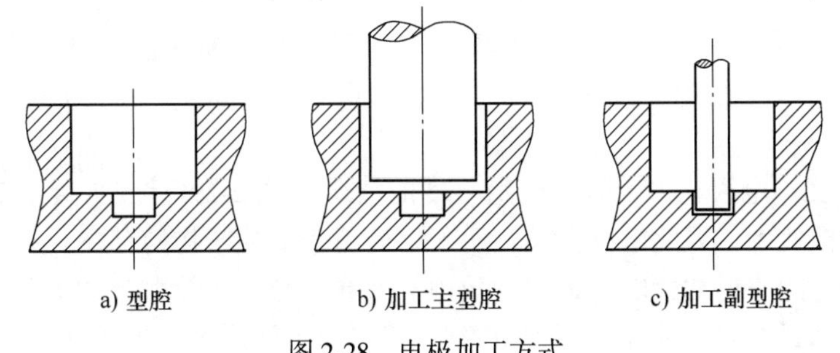

图 2-28　电极加工方式

（4）电极材料的影响　电极损耗与其材料有关，不同材料的电极损耗的大致顺序为银钨合金 < 铜钨合金 < 石墨 < 纯铜 < 钢 < 铸铁 < 黄铜 < 铝。

综上所述，影响电极损耗的因素较多，见表 2-1。

表 2-1 影响电极损耗的因素

影响因素	说　明	减少电极损耗的措施
脉冲宽度	脉宽越大，损耗越小	脉冲宽度足够大
峰值电流	峰值电流越大，电极损耗越大	减小峰值电流
加工面积	影响不大	大于最小加工面积
极性	影响很大。应根据电源、电参数、工作介质、电极材料和工件材料选择合适的极性	脉宽大时用正极性；脉宽小时用负极性；钢电极用负极性
电极材料	黄铜的电极损耗最大，纯铜、铸铁和钢次之，石墨和铜钨合金、银钨合金较小	石墨适宜作为粗加工电极，纯铜适宜作为精加工电极
工件材料	硬质合金工件的电极损耗比铜工件大	采用高压脉冲或水作为工作介质
工作介质	水和水溶液比煤油容易实现低损耗加工	在许可的条件下，最好不采用强迫冲（抽）油
排屑条件和二次放电	在损耗较小的加工中，排屑条件越好则损耗越大；在损耗较大的参数加工中，二次放电会使损耗增加	

2.3.4 影响加工精度的主要因素

加工精度是指加工后的工件尺寸与图样尺寸要求相符合的程度。两种尺寸不相符合的程度通常用加工误差来衡量。加工精度包括尺寸精度和形状精度。

（1）放电间隙　加工精度主要体现在放电间隙 Δ 上，Δ 的大小和一致性直接影响电火花加工的加工精度。

$$\Delta = \delta + a + d$$

式中　δ——单边起始放电间隙；

a——单边放电蚀除量；

d——电极单边损耗量。

由于放电间隙的存在，所以工件的尺寸、形状与工具并不一致。由上面的公式可知，放电间隙与电参数、电极材料和工作介质的绝缘性等因素有关，从而影响加工精度。

放电间隙的大小对形状精度也有影响。放电间隙越大，则复制精度越差，特别是对复杂形状的加工表面而言。如电极为尖角时，由于放电间隙为等距离，工件则为圆角。因此，为了减少加工尺寸误差，应该采用较弱的加工参数，缩小放电间隙，还必须尽可能使加工过程稳定。放电间隙在精加工时一般为 0.01～0.1 mm，粗加工时可达 0.5 mm 以上（单边）。

（2）加工斜度　电火花加工时，产生斜度的情况如图 2-29 所示。由于工具电极下面部分加工时间长、损耗大，因此电极变小；而入口处由于电蚀产物的存在，易发生因电蚀产物的介入而再次进行的非正常放电（即二次放电）现象，因而产生加工斜度。

（3）工具电极的损耗　在电火花加工中，随着加工深度的不断增加，工具电极进入放电区域的时间是从端部向上逐渐减少的。实际上，工件侧壁主要是靠工具电极底部端面的周边加工出来的。因此，电极的损耗也必然从端面底部向上逐渐减少，从而形成损耗锥度，如图 2-30 所示。工具电极的损耗锥度反映到工件上是加工斜度。

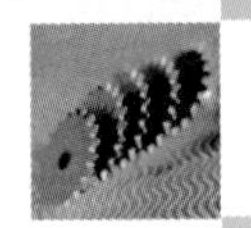

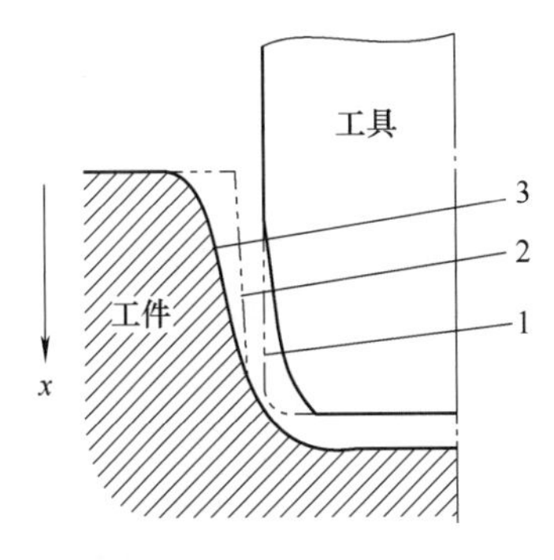

图 2-29　电火花加工时产生的斜度

1—实际工件轮廓线　2—电极有损耗时的工件轮廓线

3—电极无损耗时的工件轮廓线

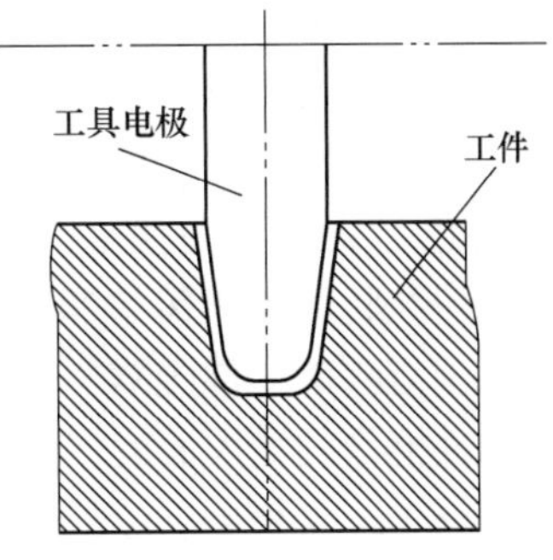

图 2-30　工具损耗锥度

2.3.5　影响表面质量的因素

1. 影响表面质量的主要因素

电火花加工表面和机械加工表面有所不同，它是由无方向性的无数小坑组成的，有利于润滑油的储存；而机械加工表面则全部是切削和磨削痕迹，有一定的方向性。所以在相同条件下，电火花加工表面无论是润滑性能还是耐磨性均比机械加工表面的要好得多。

电火花加工表面质量直接影响其使用性能，如耐磨性、配合性质、接触刚度、疲劳强度和耐蚀性等。尤其对于高速、高压条件下工作的模具和零件，其表面质量往往决定其使用性能和使用寿命。

电火花加工工件表面的凹坑大小与单个脉冲的放电能量有关。单个脉冲的能量越大，则凹坑越大。若把表面粗糙度值大小简单地看成与电蚀凹坑的深度成正比，则电火花加工表面的表面粗糙度值随单个脉冲能量的增加而增大。

当峰值电流一定时，脉冲宽度越大，单个脉冲的能量就大，放电腐蚀的凹坑也越大、越深，所以表面质量就越差。

在脉冲宽度一定的条件下，随着峰值电流的增加，单个脉冲能量也增加，表面质量也变差。

在一定的脉冲能量下，不同的工件电极材料的表面粗糙度值大小不同，熔点高的材料表面粗糙度值要比熔点低的材料小。如硬质合金的表面质量就要比钢好。

工具电极表面的表面粗糙度值大小也影响工件的表面质量。例如，石墨电极表面比较粗糙，因此它加工出的工件表面粗糙度值也大。

由于电极的相对运动，工件侧边的表面粗糙度值比端面小。

干净的工作介质有利于得到理想的表面质量。因为工作介质中含蚀除产物等杂质越多，越容易发生积炭等不利状况，从而影响表面质量。

2. 电火花加工表面变化层及其力学性能

在电火花加工过程中，工件在放电瞬时的高温和工作介质迅速冷却的作用下，表面层发生了很大变化。这种表面变化层的厚度为 0.01 ~ 0.5 mm，一般分为熔化层和热影响层，如

图 2-31 所示。

1）熔化层。熔化层位于工件表面的最上层，电火花脉冲放电产生的瞬时高温所熔化，又受到周围工作介质的快速冷却作用而凝固。对于碳素钢来说，熔化层在金相照片上呈现白色，故又称为白层。白层与基体金属完全不同，是一种树枝状的淬火铸造组织，与内层的结合不很牢固。熔化层中有渗碳、渗金属、气孔及其他夹杂物。熔化层厚度随脉冲能量的增大而变厚，一般为 0.01 ~0.1 mm。

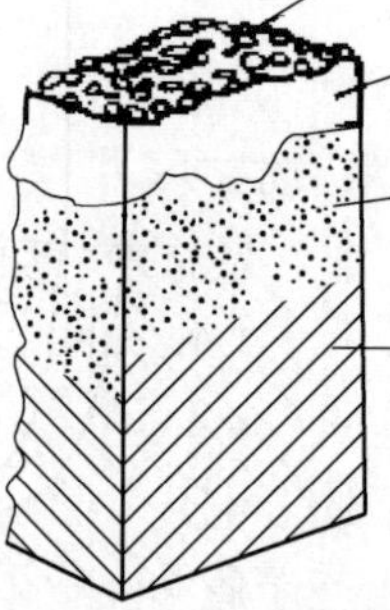

图 2-31　电火花加工表面变化层

2）热影响层。热影响层位于熔化层和基体金属之间，只是受热的影响而没有发生金相组织变化，与基体金属没有明显的界限。由于加工材料及加工前热处理状态与加工脉冲参数的不同，热影响层的变化也不同，对淬火钢将产生二次淬火区、高温回火区和低温回火区，对未淬火钢而言主要是产生淬火区。

3）显微裂纹。在电火花加工中，加工表面层受高温作用后又迅速冷却会产生残余拉应力，在脉冲能量较大时，表面层甚至出现细微裂纹。裂纹主要产生在熔化层，只有脉冲能量很大时才扩展到热影响层。不同材料对裂纹的敏感性也不同，硬而脆的材料容易产生裂纹。由于淬火钢表面残余拉应力比未淬火钢大，故淬火钢的热处理质量不高时，更容易产生裂纹。脉冲能量对显微裂纹的影响是非常明显的，脉冲能量越大，显微裂纹越宽越深。脉冲能量小时，一般不会出现显微裂纹。

2.3.6　加工稳定性和电参数的选择

1. 电火花加工的稳定性

在电火花加工中，加工的稳定性是一个很重要的概念。加工稳定性不仅关系到加工的速度，而且关系到加工的质量。

（1）电参数与加工稳定性　一般来说，单个脉冲能量较大的参数，容易达到稳定加工。但是，当加工面积很小时，不能用很大的参数加工，如硬质合金不能用太大的电参数加工。

脉冲间隔过小常引起加工不稳。在微细加工、排屑条件很差、电极与工件材料不太合适时，可通过增加脉冲间隔来改善加工的不稳定性，但这样会导致生产率下降。对于不同的电极材料，必须有合适的加工波形和适当的击穿电压，才能实现稳定加工。当平均加工电流超过最大允许加工电流密度时，将出现不稳定现象。

（2）电极进给速度　电极的进给速度与工件的蚀除速度应相适应，这样才能使加工稳定进行。进给速度大于蚀除速度时，加工不稳定。

（3）蚀除物的排除情况　良好的排屑是保证加工稳定的重要条件。单个脉冲能量大则放电爆炸力强，电火花间隙大，蚀除物容易从加工区域排出，加工就稳定。在用弱参数加工工件时，必须采取各种方法保证排屑良好，实现稳定加工。另外，冲油压力不合适也会造成加工不稳定。

（4）电极材料与工件材料　对于钢工件，各种电极材料的加工稳定性顺序如下：

纯铜（铜钨合金、银钨合金）>铜合金（包括黄铜）>石墨>铸铁>不相同的钢>相同的钢。

淬火钢工件比未淬火钢加工时稳定性好；硬质合金、铸铁、钢和磁钢等工件的加工稳定

性差。

（5）极性　不合适的极性可能导致加工不稳定。

（6）加工形状　形状复杂（具有内、外尖角，窄缝和深孔等）的工件加工不稳定，其他如电极或工件松动、烧弧痕迹未清除、工件或电极带磁性等均会引起加工不稳定。

另外，随着加工深度的增加，加工也变得不稳定。工作介质中混入易燃微粒也会使加工难以进行。

2. 合理选择电火花加工工艺

前面详细阐述了电火花加工的工艺规律。不难看到，加工速度、电极损耗、表面质量和加工精度往往相互矛盾。表2-2简单列举了一些参数对电火花加工工艺的影响。

表2-2　常用参数对电火花加工工艺的影响

	加工速度	电极损耗	表面粗糙度值	备注
峰值电流	↑	↑	↑	加工间隙↑，加工锥度↑
脉冲宽度	↑	↓	↑	加工间隙↑，加工稳定性↑
脉冲间隙	↓	↑	○	加工稳定性↑
工作介质清洁度	半精加工、粗加工↓，精加工↑	○	○	加工稳定性↑

注：○表示影响较小；↑表示增大；↓表示降低或减小。

在电火花加工中，如何合理地制订电火花加工的工艺呢？如何用最快的速度加工出最佳质量的产品呢？一般来说，主要采用两种方法来处理：第一，先主后次，如在用电火花加工去除断在工件中的钻头和丝锥时，应优先保证速度，因为此时工件的表面质量和电极损耗已经不重要了；第二，采用各种手段，兼顾各方面。常见的方法有以下几种。

（1）粗加工、半精加工和精加工逐档过渡式的加工方法　粗加工用以蚀除大部分加工余量，使型腔按预留量接近尺寸要求；半精加工用以提高工件表面质量，并使型腔基本达到要求，一般加工量不大；精加工主要保证最后加工出的工件达到要求的尺寸精度与表面质量。

在加工时，首先通过粗加工高速去除大量金属，这是通过大功率、低损耗的粗加工参数解决的；其次，通过半精加工和精加工保证加工的精度和表面质量。半精加工和精加工虽然工具电极相对损耗大，但在一般情况下，半精加工和精加工余量仅占全部加工量的极小部分，故工具电极的绝对损耗极小。在粗加工、半精加工和精加工中，应注意转换加工参数。

（2）先用机械加工去除大量的材料，再用电火花加工保证加工精度和加工质量　电火花加工的材料去除率还不能与机械加工相比。因此，在工件型腔电火花加工中，有必要先用机械加工方法去除大部分加工量，使各部分余量均匀，从而大幅度提高工件的加工效率。

（3）采用多电极　在加工中及时更换电极。当电极绝对损耗量达到一定程度时，及时更换，以保证良好的加工质量。

3. 电参数及其选择

电参数是与电火花加工息息相关的一组参数，如电流、电压、脉冲宽度和脉冲间隙等。电参数选择得正确与否，将直接影响到加工工艺指标。

1）脉冲宽度：是加到电极间隙两端的电压脉冲的持续时间。一般粗加工时脉冲宽度 > 100μs，精加工时用较短的脉冲宽度（50μs）。

2）脉冲间隙：是两个脉冲之间的时间间隔。脉冲间隙过小，电蚀产物来不及排出，消电离不充分，会影响到加工稳定性；脉冲间隙过大，又会影响到加工速度。

3）峰值电压：是电极间隙开路时的最高电压。一般晶体管脉冲电源的峰值电压为80～100V，高低压复合脉冲电源的峰值电压为175～300V。峰值电压越大，加工间隙越大，生产率越高，稳定性越好，但成形精度和表面质量略差。

4）峰值电流：是电极间隙火花放电时脉冲电流的最大值。峰值电流是影响生产率和表面质量的最主要因素。峰值电流增大，单个脉冲能量增多，工件放电痕迹增大，虽然切割速度迅速提高，但表面粗糙度值增大，电极丝损耗增加，加工精度有所下降。

2.4 电火花加工工艺

电火花加工工艺主要由三部分组成：电火花加工的准备工作、电火花加工、电火花加工的检验。其中电火花加工的准备工作包括电极准备、电极装夹、工件准备、工件装夹和电极工件的找正定位等。电火花可以加工通孔和不通孔，前者习惯称为电火花穿孔加工，后者习惯称为电火花成形加工。电火花加工的步骤如图2-32所示。

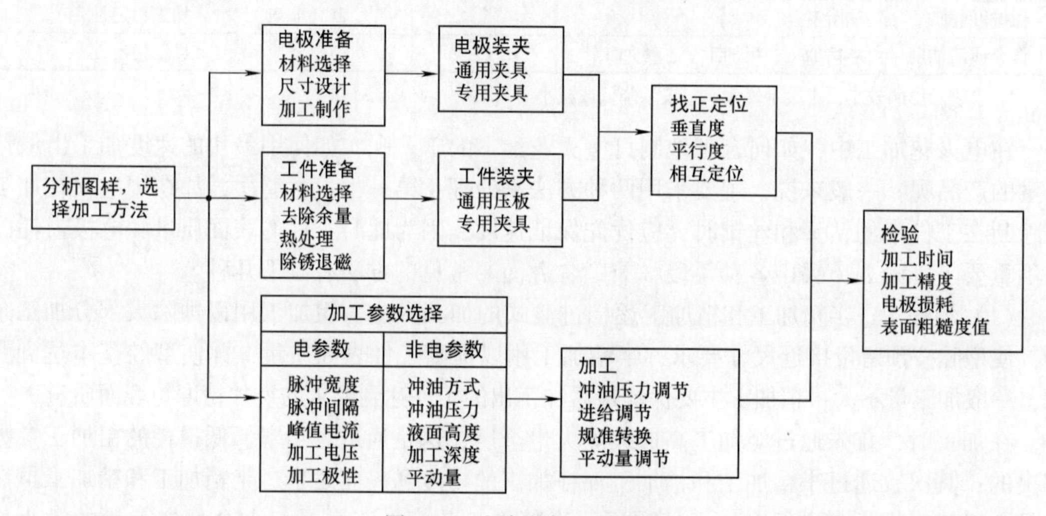

图2-32 电火花加工的步骤

2.4.1 电火花加工的准备工作

1. 电极准备

电火花加工中的电极是用来蚀除工件材料的，它与常规机械加工中的刀具有着严格的区分。它不是通用的而是专用的工具，必须按照工件的材料、形状、性能及加工要求来选择。一般情况下，电极材料必须具备以下特点：具有良好的导电性和耐电蚀性、机械加工性较好、材料价格便宜、来源丰富。常用作电火花成形加工的电极材料有石墨和纯铜。此外，还有黄铜、钢、铸铁、银钨合金和铜钨合金等。这些材料的性能见表2-3。

1）铸铁电极的特点。

① 来源充足，价格低廉，机械加工性能好，便于采用成形磨削，因此电极的尺寸精度、几何精度及表面质量等都容易保证。

② 电极损耗和加工稳定性均较一般，容易起弧，生产率也不及铜电极。

③ 是一种较常用的电极材料，多用于穿孔加工。

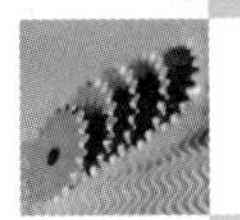

表 2-3 电火花加工常用电极材料的性能

电极材料	电加工性能		机械加工性能	说　明
	稳定性	电极损耗		
钢	较差	中等	好	在选择电参数时注意加工稳定性
铸铁	一般	中等	好	加工冲模时常用的电极材料
黄铜	好	大	较好	电极损耗太大
纯铜	好	较大	较差	机械加工性好，易成形；电加工稳定性好，不易产生烧弧，但磨削困难
石墨	较好	小	较好	极易成形；密度小，易于大型电极的制作；成本低，仅为纯铜电极的 1/2
铜钨合金	好	小	较好	价格贵，在深孔、直壁孔、硬质合金模具加工中使用
银钨合金	好	小	较好	价格贵，一般少用

2）钢电极的特点。

① 来源丰富，价格便宜，具有良好的机械加工性能。

② 加工稳定性较差，电极损耗较大，生产率也较低。

③ 多用于一般的穿孔加工。

3）纯铜电极的特点。

① 加工过程中稳定性好，生产率高。

② 精加工时比石墨电极损耗小。

③ 易于加工成精密、微细的花纹，采用精密加工时能达到低于 1.25 μm 的表面粗糙度值。

④ 因其韧性大，故机械加工性能差，磨削加工困难。

⑤ 适宜于用作电火花成形加工的精加工电极材料。

4）黄铜电极的特点。

① 在加工过程中稳定性好，生产率高。

② 机械加工性能尚好，可用于仿形刨加工，也可用于成形磨削加工，但其磨削性能不如钢和铸铁。

③ 电极损耗最大。

5）石墨电极的特点。

① 机加工成形容易，容易修正。

② 加工稳定性较好，生产率高，在长脉宽、大电流加工时电极损耗小。

③ 机械强度差，尖角处易崩裂。

④ 适用于电火花成形加工的粗加工电极材料。因为石墨的热胀系数小，也可作为穿孔加工的大电极材料。

2. 电极设计

电极设计是电火花加工中的关键点之一。在设计中，第一是详细分析产品图样，确定电火花加工的位置；第二是根据现有设备、材料和拟采用的加工工艺等具体情况确定电极的结构形式；第三是根据不同的电极损耗和放电间隙等工艺参数要求对照型腔尺寸进行缩放，同时要考虑工具电极各部位投入放电加工的先后顺序不同，工具电极上各点的总加工时间和损耗不同，同一电极上端角、边和面上的损耗值不同等因素来适当补偿电极。如图2-33所示为经过损耗预测后对电极尺寸和形状进行补偿修正的示意图。

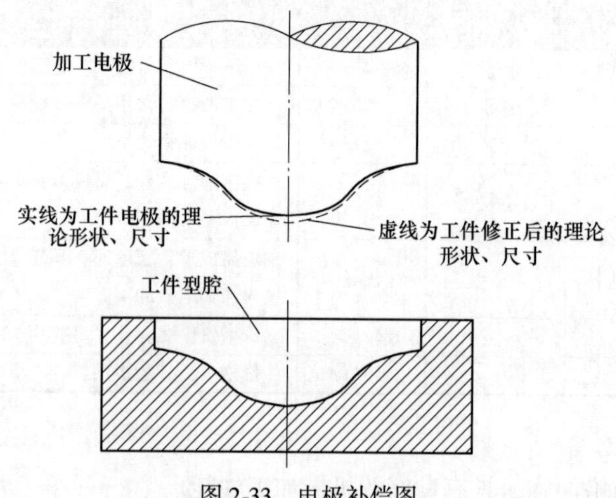

图2-33　电极补偿图

（1）电极的结构形式　电极的结构形式可根据型孔或型腔的尺寸大小、复杂程度及电极的加工工艺性等来确定。常用的电极结构形式有如下几种。

1）整体电极。整体电极由一整块材料制成，如图2-34所示。若电极尺寸较大，则需在电极内部设置减轻孔及多个冲油孔。

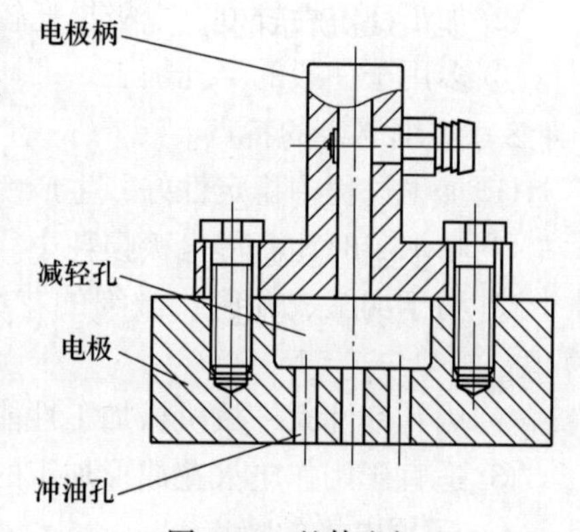

图2-34　整体电极

对于穿孔加工，有时为了提高生产率和加工精度及降低表面粗糙度值，常采用阶梯式整体电极，即在原有的电极上适当增长，而增长部分的截面尺寸均匀减小，呈阶梯形。如图2-35a所示，L_1为原有电极的长度，L_2为增长部分的长度。阶梯电极在电火花加工中的加工原理是先用电极增长部分L_2进行粗加工（图2-35b），来蚀除掉大部分金属，只留下很少余量，然后再用原有的电极进行精加工（图2-35c）。阶梯电极的优点是粗加工快速蚀除金属，将精加工的加工余量降低到最小值，提高了生产率，并可减少电极更换的次数，以简化操作。

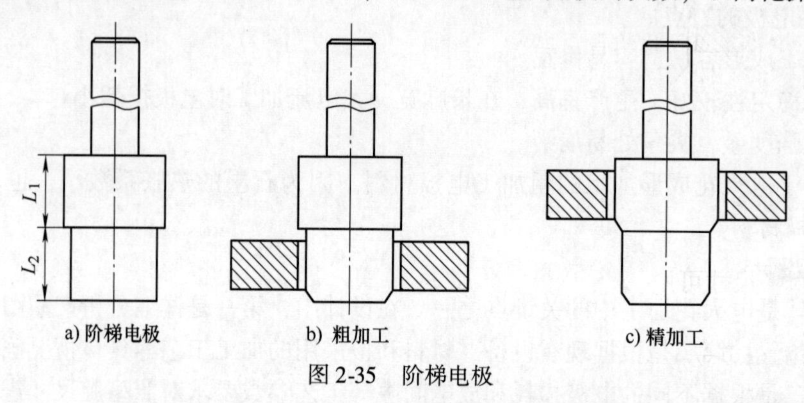

图2-35　阶梯电极

2）组合电极。组合电极是将若干个小电极组装在电极固定板上，可一次性同时完成多

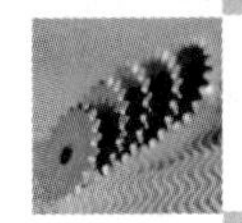

个成形表面电火花加工的电极。如图 2-36 所示的加工叶轮的工具电极是由多个小电极组装而构成的。

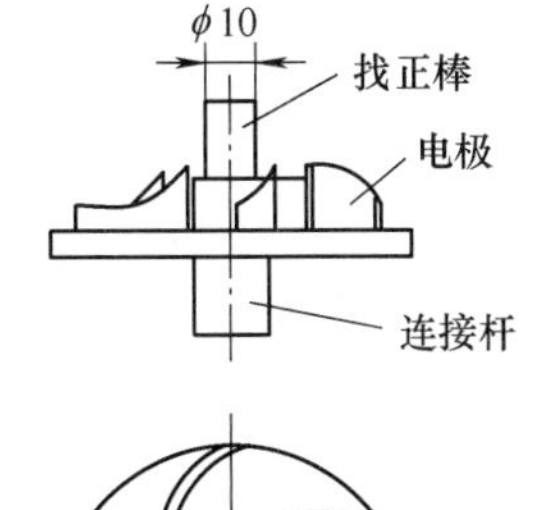

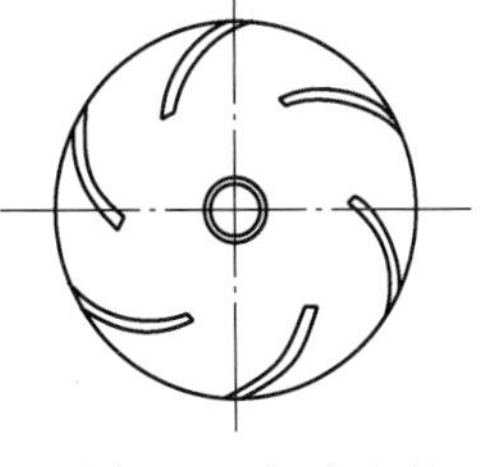

图 2-36　组合电极

3）镶拼式电极。镶拼式电极是将形状复杂而制造困难的电极分成几块来加工，然后再镶拼成整体的电极。这样就简化了电极的加工，节约了材料，降低了制造成本，但在制造中应保证各电极分块之间的位置准确，配合要紧密牢固。

（2）电极的尺寸　电极的尺寸包括垂直尺寸和水平尺寸，其公差是型腔相应部分公差的 1/2 ~ 2/3。

1）垂直尺寸。电极平行于机床主轴线方向上的尺寸称为电极的垂直尺寸。电极的垂直尺寸取决于采用的加工方法、加工工件的结构形式、加工深度、电极材料、型孔的复杂程度、装夹形式、使用次数、电极定位校直和电极制造工艺等一系列因素。

在设计中，综合考虑上述各种因素后，很容易确定电极的垂直尺寸，下面简单举例说明。

如图 2-37a 所示的凹模穿孔加工电极，L_1 为凹模板挖孔部分长度尺寸，在实际加工中，L_1 部分虽然不需要电火花加工，但在设计电极时必须考虑该部分长度；L_3 为电极加工中端面损耗部分，在设计中也要考虑。

图 2-37b 所示的电极用来清角，即清除某型腔的角部圆角，加工部分电极较细，受力易变形，由于电极定位、找正的需要，在实际中应适当增加长度 L_1 的部分。

图 2-37c 所示为电火花成形加工电极，电极尺寸包括加工一个型腔的有效高度 L、加工一个型腔位于另一个型腔中需增加的高度 L_1、加工结束时电极夹具和夹具或压板不发生碰撞而应增加的高度 L_2 等。

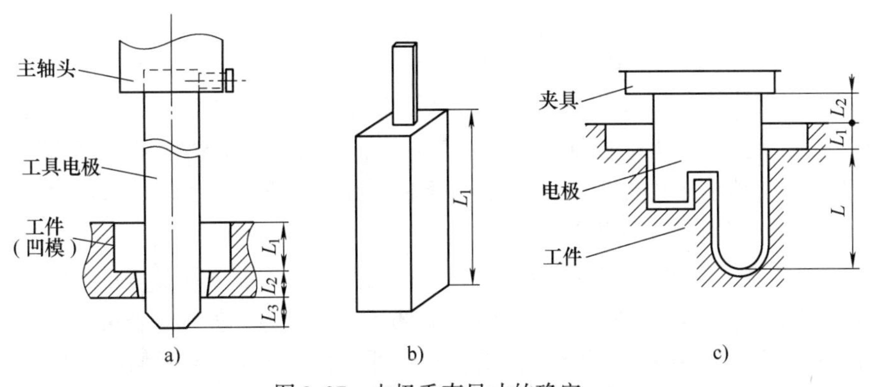

图 2-37　电极垂直尺寸的确定

2）水平尺寸。电极的水平尺寸是指与机床主轴轴线相垂直的横截面尺寸，如图 2-38 所示。

电极的水平尺寸可用下式确定

$$a = A \pm Kb$$

式中　a——电极水平方向的尺寸（mm）；

A——型腔水平方向的尺寸（mm）；

K——与型腔尺寸标注法有关的系数；

b——电极单边缩放量（mm）。

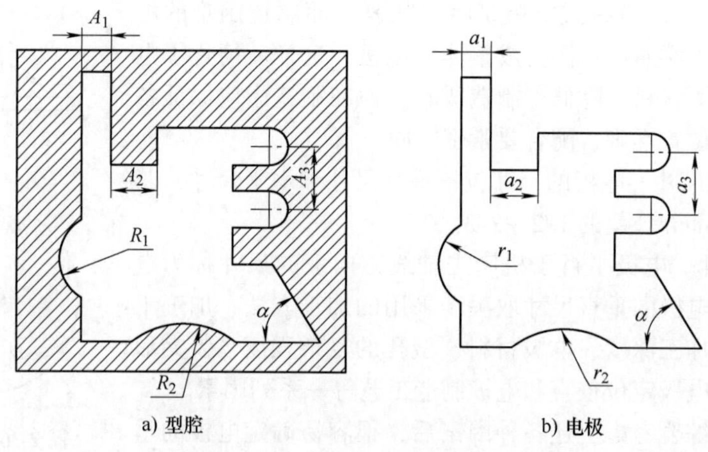

图 2-38 电极水平截面尺寸缩放示意图

说明：

① 凡图样上型腔凸出的部分，其相对应的电极凹入部分的尺寸应放大，即用“+”号；反之，凡图样上型腔凹入的部分，其相对应的电极凸出部分的尺寸应缩小，即用“-”号。

② K 值的选择原则：当图中型腔尺寸完全标注在边界上（即相当于直径方向尺寸或两边界都为定形边界）时，K 取 2；一端以中心线或非边界线为基准（即相当于半径方向尺寸或一端边界定形另一端边界定位）时，K 取 1；对于图中型腔中心线之间的位置尺寸（即两边界为定位尺寸），电极上相对应的尺寸不增不减，K 取 0。对于圆弧半径，也按上述原则确定。

3）电极的排气孔和冲油孔。电火花成形加工中，型腔一般均为不通孔，排气和排屑条件较为困难，直接影响加工效率与稳定性，精加工时还会影响加工表面质量。为改善排气和排屑条件，大、中型腔加工电极都设计有排气孔和冲油孔。一般情况下，开孔的位置应尽量保证冲液均匀、气体易于排出。电极开孔示意图如图 2-39 所示。

在实际设计中要注意以下几点。

① 为便于排气，经常将冲油孔或排气孔上端的直径加大，如图 2-39a 所示。

② 气孔尽量开在蚀除面积较大以及电极端部凹入的位置，如图 2-39b 所示。

③ 冲油孔要尽量开在不易排屑的拐角、窄缝处，如图 2-39c 所示情况不好，图 2-39d 所示情况较好。

④ 排气孔和冲油孔的直径为平动量的 1～2 倍，一般取 1～1.5 mm；为便于排气排屑，常把排气孔和冲油孔的上端孔径加大到 5～8 mm，孔距为 20～40 mm，且位置相对错开，以避免加工表面出现“波纹”。

⑤ 尽可能避免冲液孔在加工后留下的柱芯，如图 2-39f、g、h 所示较好，图 2-39e 所示不好。

⑥ 冲油孔的布置需注意冲油要流畅，不可出现无工作介质流经的“死区”。

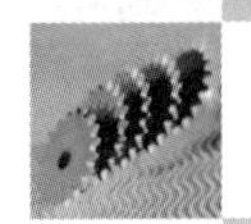

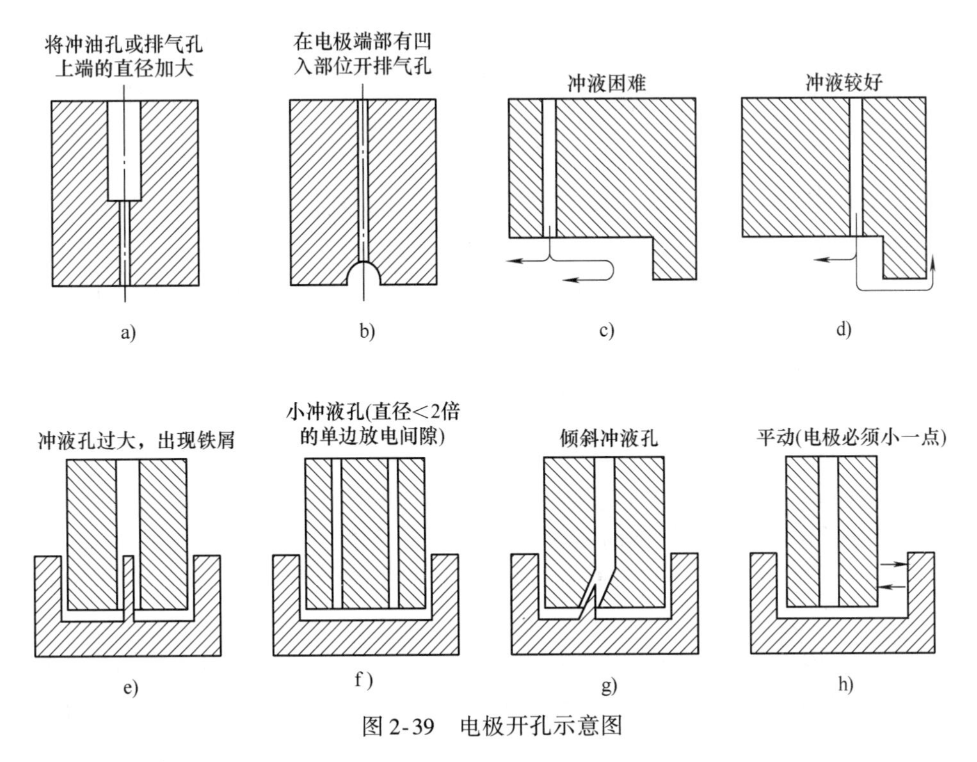

图 2-39　电极开孔示意图

3. 电极的制造

在进行电极制造时，尽可能将要加工的电极坯料装夹在即将进行电火花加工的装夹系统上，避免因装卸而产生定位误差。

常用的电极制造方法有以下两种。

（1）切削加工　过去常见的切削加工有车、铣、磨等方法。随着数控技术的发展，目前经常采用数控铣床（加工中心）制造电极。数控铣削加工电极不仅能加工精度高、形状复杂的电极，而且速度快。石墨材料加工时容易碎裂、粉末飞扬，所以在加工前需将石墨放在工作介质中浸泡 2 ~ 3 天，这样可以有效减少崩角及粉末飞扬。纯铜材料切削较困难，为了达到较好的表面质量，经常在切削加工后进行研磨抛光加工。

在用混合法穿孔加工冲模的凹模时，为了缩短电极和凸模的制造周期，保证电极与凸模的轮廓一致，通常采用电极与凸模联合成形磨削的方法。这种方法的电极材料大多数选用铸铁和钢。

当电极材料为铸铁时，电极与凸模常用环氧树脂等材料胶合在一起。对于截面积较小的工件，由于不易粘牢，为防止在磨削过程中发生电极或凸模脱落现象，可采用锡焊或机械方法使电极与凸模连接在一起。当电极材料为钢时，可把凸模加长些，将其作为电极，即把电极和凸模做成一个整体。采用电极与凸模联合成形磨削时，其共同截面的公称尺寸应直接按凸模的公称尺寸进行磨削，公差取凸模公差的 1/2 ~ 2/3。

当凸、凹模的配合间隙等于放电间隙时，磨削后电极的轮廓尺寸与凸模完全相同；当凸、凹模的配合间隙小于放电间隙时，电极的轮廓尺寸应小于凸模的轮廓尺寸，在生产中可用化学腐蚀法将电极尺寸缩小至设计尺寸；当凸、凹模的配合间隙大于放电间隙时，电极的轮廓尺寸应大于凸模的轮廓尺寸，在生产中可用电镀法将电极尺寸扩大到设计尺寸。

（2）线切割加工　除用机械方法制造电极以外，在比较特殊的场合下，也可用线切割加工电极，适用于形状特别复杂、用机械加工方法无法胜任或很难保证精度的情况。如图2-40所示的电极，在用机械加工方法制造时，通常是把电极分成四部分来加工，再镶拼成一个整体，如图2-40a所示。由于分块加工中产生的误差及拼合时的接缝间隙和位置精度的影响，使电极产生一定的形状误差。如果使用线切割加工机床对电极进行加工，则可很容易地将其制作出来，并能很好地保证精度，如图2-40b所示。

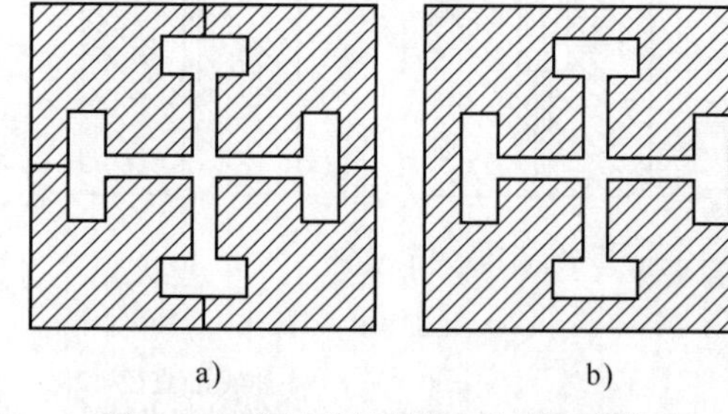

图2-40　电极的机械加工与线切割加工

4. 电极装夹与找正

电极装夹的目的是将电极安装在机床的主轴头上，电极找正的目的是使电极的轴线平行于主轴头的轴线，即保证电极与工作台台面垂直，必要时还应保证电极的横截面基准与机床的 X、Y 轴平行。

（1）电极的装夹　在安装电极时，一般使用通用夹具或专用夹具直接将电极装夹在机床主轴的下端。常用的电极装夹方法有下面几种。

1）小型的整体式电极多数采用通用夹具直接装夹在机床主轴下端，采用标准套筒、钻夹头装夹，如图2-41和图2-42所示；对于尺寸较大的电极，常将电极通过螺纹连接直接装夹在夹具上，如图2-43所示。

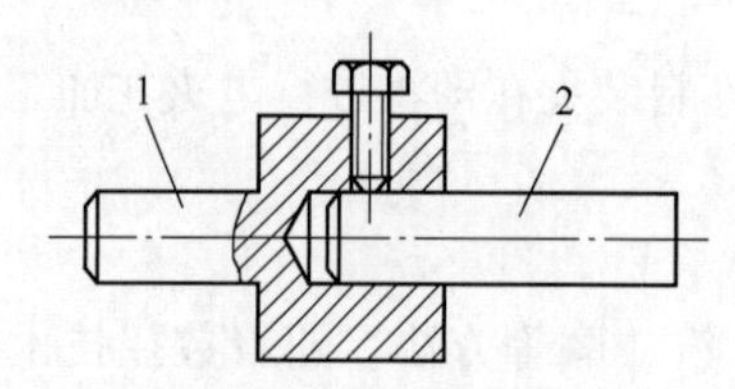

图2-41　用标准套筒形夹具装夹电极

1—标准套筒　2—电极

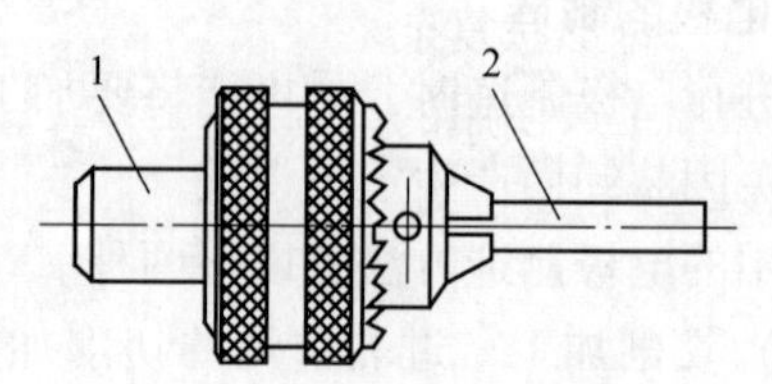

图2-42　用钻夹头装夹电极

1—钻夹头　2—电极

2）镶拼式电极的装夹比较复杂，一般先用连接板将几块电极拼接成所需的整体，然后用机械方法固定，也可用聚氯乙烯醋酸溶液或环氧树脂黏合。在拼接时，各接合面需平整密合，然后将连接板连同电极一起装夹在电极柄上。

当电极采用石墨材料时，应注意以下几点。

① 由于石墨较脆，故不宜攻螺孔，因此可用螺栓或压板将电极固定于连接板上。石墨电极的装夹如图2-44所示。

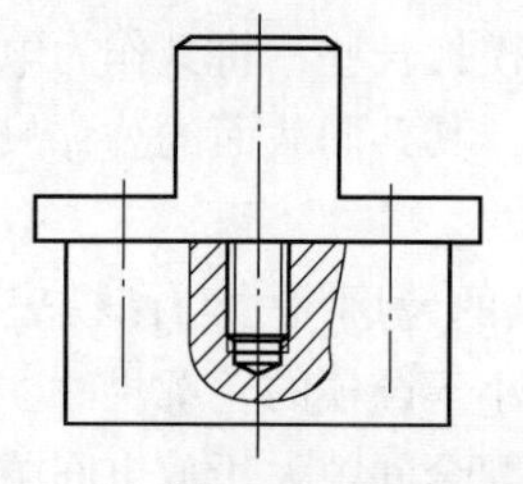
图2-43　用螺纹夹头装夹电极

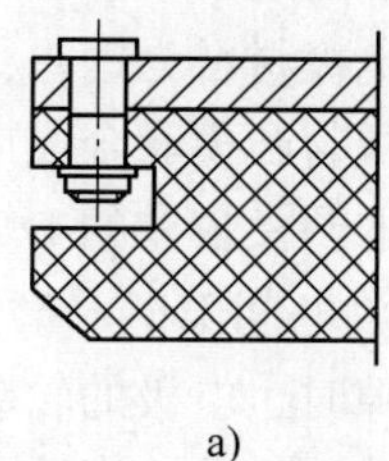
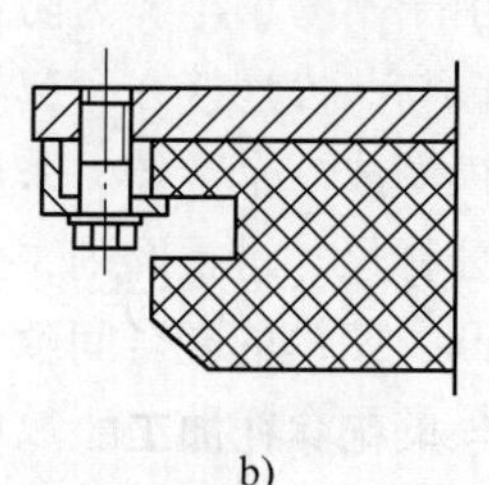

图2-44　石墨电极的装夹

② 不论是整体的或拼合的电极，都应使石墨压制时的施压方向与电火花加工时的进给方向垂直。

（2）电极的找正　电极装夹到主轴上后，必须进行找正。一般的找正方法有以下几种。

1）根据电极的侧基准面，采用千分表找正电极的垂直度。

2）电极上无侧面基准时，将电极上端面作为辅助基准面找正电极的垂直度，如图2-45所示。

3）按电极端面火花打印找正电极。采用精加工参数使电极在模块平面上放电打印，调节电火花至均匀即可。

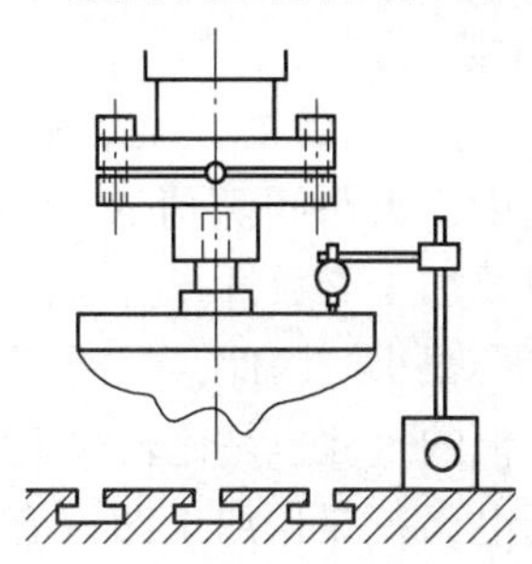

图2-45　按辅助基准面找正电极

5. 工件的准备

电火花加工在整个零件的加工中属于最后一道工序或接近最后一道工序，所以在加工前应认真准备工件，具体内容如下。

（1）工件的预加工　一般来说，机械切削的效率比电火花加工的效率高，所以使用电火花加工前，尽可能用机械加工的方法去除大部分加工余量，即预加工。预加工可以节省电火花粗加工的时间，提高总的生产率，但预加工时要注意以下问题。

1）所留余量要合适，尽量做到余量均匀，否则会影响型腔表面质量和电极不均匀的损耗，破坏型腔的精度。

2）对一些形状复杂的型腔，可直接进行电火花加工。

3）预加工后使用的电极上可能有铣削等机加工痕迹，如用这种电极精加工，则可能影响工件的表面质量。

4）预加工过的工件进行电火花加工时，在起始阶段，加工稳定性可能存在问题。

（2）热处理　工件在预加工后，便可以进行淬火、回火等热处理，即热处理工序尽量安排在电火花加工的前面，因为这样可避免热处理变形对电火花加工尺寸精度和型腔形状等的影响。

热处理安排在电火花加工前也有其缺点，如电火花加工将淬火表层加工掉一部分，影响了热处理的质量和效果。所以，有些型腔安排在热处理前进行电火花加工，这样型腔加工后钳工抛光容易，并且淬火时的淬透性也较好。

（3）其他工序　工件在电火花加工前还必须除锈去磁，否则在加工中工件吸附铁屑，很容易引起拉弧烧伤。

6. 工件的装夹与找正

一般情况下，工件可直接装夹在垫块或工作台上，通过压板压紧即可，也可采用永磁吸盘将工件吸牢在工作台上。若工作台有坐标移动时，应使工件基准线与拖板一轴移动方向一致，便于电极与工件间的找正与定位。

2.4.2　电火花加工方法

1. 电火花穿孔加工的方法

电火花穿孔加工一般应用于冲裁模具加工、粉末冶金模具加工、拉丝模具加工和螺纹加工等。本节以加工冲裁模具的凹模为例说明电火花穿孔加工的方法。

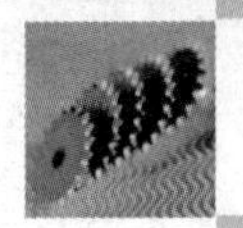

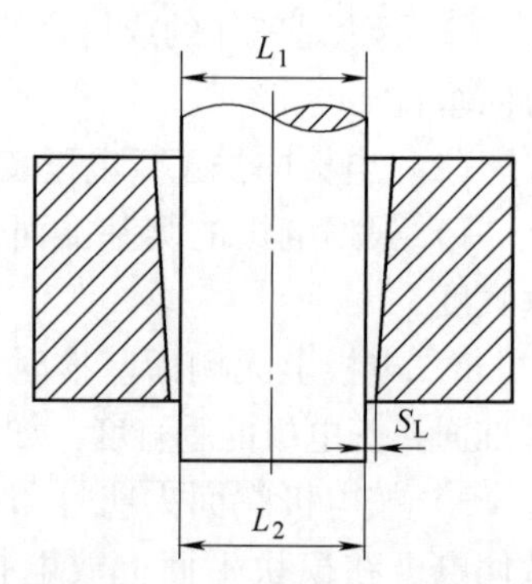

图 2-46 凹模的电火花加工

凹模的尺寸精度主要靠工具电极来保证，因此对工具电极的精度和表面质量都应有一定的要求。如凹模的尺寸为 L_2，工具电极相应的尺寸为 L_1，如图 2-46 所示，单边火花间隙值为 S_L，则

$$L_2 = L_1 + 2S_L$$

其中，火花间隙值 S_L 主要取决于脉冲参数与机床的精度。只要加工参数选择恰当，加工稳定，火花间隙值 S_L 的波动范围会很小。因此，只要工具电极的尺寸精确，用它加工出的凹模的尺寸也是比较精确的。

用电火花穿孔加工凹模有较多的工艺方法，在实际中应根据加工对象和技术要求等因素灵活地选择。穿孔加工的具体方法简介如下。

（1）间接法　间接法是指在模具电火花加工中，凸模与凹模用的电极分开制造，首先根据凹模尺寸设计电极，然后制造电极，进行凹模加工，再根据间隙要求来配制凸模。如图 2-47所示为间接法加工凹模的过程。

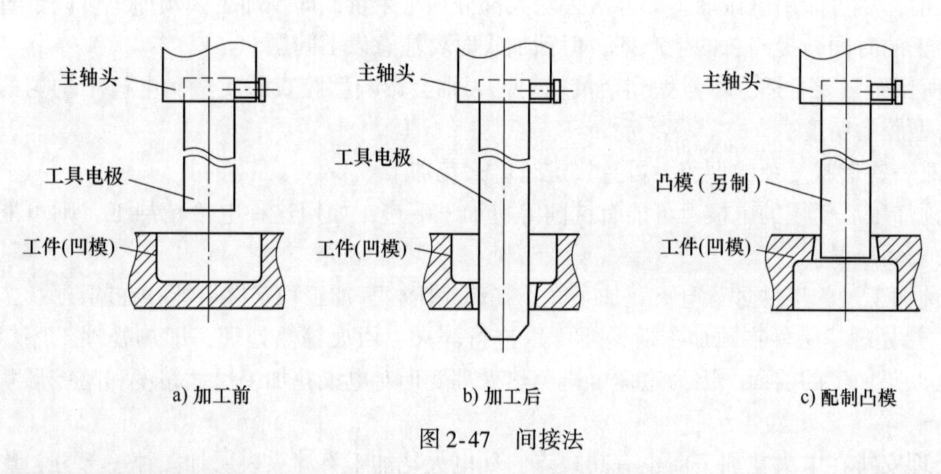

图 2-47　间接法

间接法的优点如下。

1）可以自由选择电极材料，电加工性能好。

2）因为凸模是根据凹模另外进行配制，所以凸模和凹模的配合间隙与放电间隙无关。

间接法的缺点是电极与凸模分开制造，配合间隙难以保证均匀。

（2）直接法　直接法适合于加工冲模，是指将凸模长度适当增加，先作为电极加工凹模，然后将端部损耗的部分去除直接成为凸模，具体过程如图 2-48 所示。直接法加工的凹模与凸模的配合间隙靠调节脉冲参数、控制火花放电间隙来保证。

直接法的优点如下：

1）可以获得均匀的配合间隙，模具质量高。

2）无须另外制作电极。

3）无须修配工作，生产率较高。

直接法的缺点如下。

1）电极材料不能自由选择，工具电极和工件都是磁性材料，易产生磁性，电蚀下来的

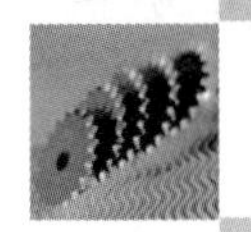

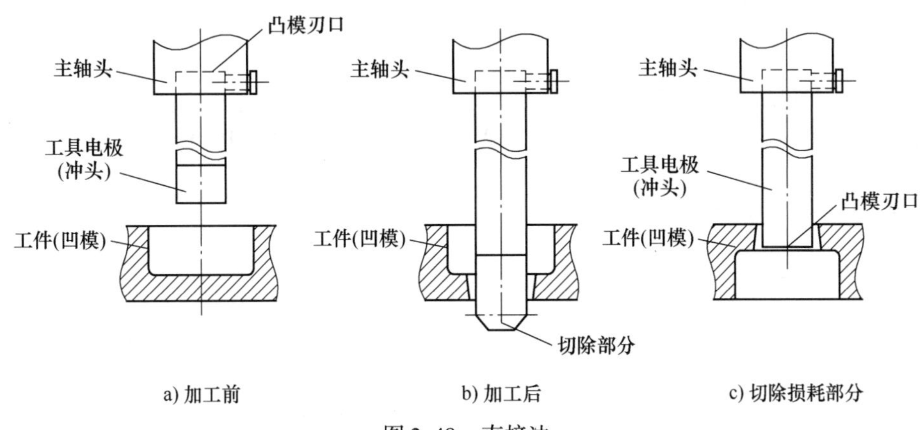

图 2-48　直接法

金属屑可能被吸附在电极放电间隙的磁场中而形成不稳定的二次放电，使加工过程很不稳定，故电火花加工性能较差。

2）电极和冲头连在一起，尺寸较长，磨削时较困难。

（3）混合法　混合法也适用于加工冲模，是指将电火花加工性能良好的电极材料与冲头材料粘接在一起，共同用线切割或磨削成形，然后用电火花性能好的一端作为加工端，将工件反置固定，用“反打正用”的方法实行加工。这种方法不仅可以充分发挥加工端材料好的电火花加工工艺性能，还可以达到与直接法相同的加工效果，如图 2-49 所示。

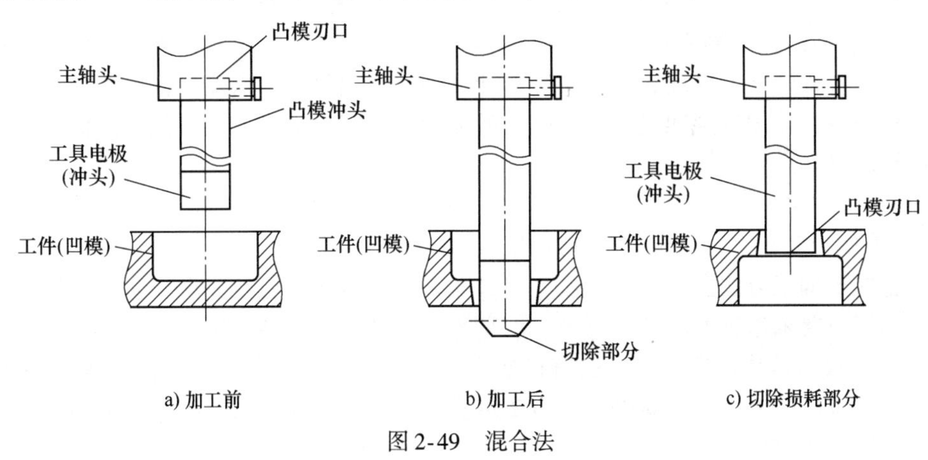

图 2-49　混合法

混合法的特点如下。

1）可以自由选择电极材料，电加工性能好。

2）无须另外制作电极。

3）无须修配工作，生产率较高。

4）电极一定要粘接在冲头的非刃口端。

（4）阶梯工具电极加工法　阶梯工具电极加工法在冲模电火花成形加工中极为普遍，其应用有以下两种。

1）无预孔或加工余量较大时，可以将工具电极制作为阶梯状，将工具电极分为两段，即缩小了尺寸的粗加工段和保持凸模尺寸的精加工段。粗加工时，采用工具电极相对损耗小、加工速度高的电参数加工，粗加工段加工完成后只剩下较小的加工余量，如图 2-50a 所示。精加工段即凸模段，可采用类似于直接法的方法进行加工，以达到凸凹模配合的技术要求，如图 2-50b 所示。

2）在加工小间隙和无间隙的冲模时，配合间隙小于最小的电火花加工放电间隙，用凸模作为精加工段是不能实现加工的，可将凸模加长后，再加工或腐蚀成阶梯状，使阶梯的精加工段与凸模有均匀的尺寸差，通过加工参数对放电间隙尺寸的控制，加工后使之符合凸凹模配合的技术要求，如图 2-50c 所示。

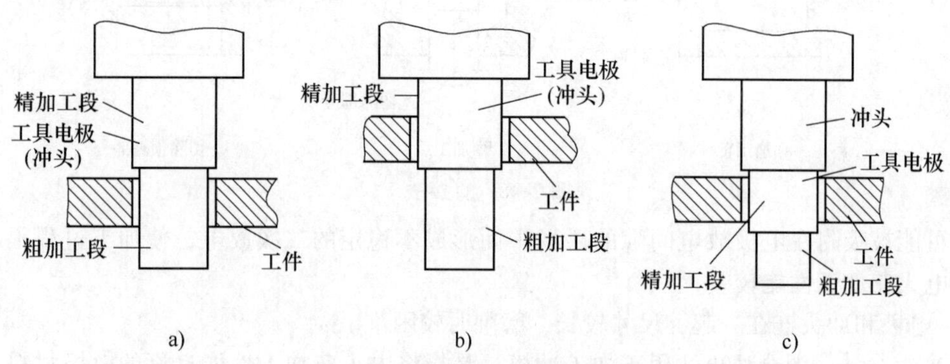

图 2-50 用阶梯工具电极加工冲模

2. 电火花成形加工方法

电火花成形加工和穿孔加工相比，有下列特点。

1）电火花成形加工为不通孔加工，工作介质循环困难，电蚀产物排除条件差。

2）型腔多由球面、锥面和曲面组成，且在一个型腔内常有各种圆角、凸台或凹槽，有深有浅，还有各种形状的曲面相接，轮廓形状不同，结构复杂。这就使得加工中电极的长度和型面损耗不一，故损耗规律复杂，且电极的损耗不可能由进给实现补偿，因此型腔加工的电极损耗较难进行补偿。

3）材料去除量大，表面质量要求严格。

4）加工面积变化大，要求电规准的调节范围相应也大。

电火花成形加工方法主要有单电极直接成形工艺、多电极更换成形工艺和数控平动成形工艺等，选择时要依据工件的技术要求、复杂程度以及机床类型等确定。

（1）单电极直接成形法 单电极直接成形法是指在电火花加工中只用一只电极加工出所有的型腔部位。该方法操作简单、不需要重复装夹定位，提高了生产率。下列几种情况适合选用单电极直接成形法。

1）没有精度要求的电火花加工场合。例如，模具钳工中取出折断在工件中的钻头和丝锥等，利用单电极直接成形法加工简单、方便、省时、省力。

2）加工形状简单、精度要求不高的型腔。模具零件中很多部位是没有精度要求的，电火花加工时由于电极损耗而残留的部位还可以通过钳工修复来完成。

3）加工深度很浅的型腔。例如，模具表面上的一些图案和花纹等，由于深度较浅，所以电极损耗小，用单电极直接成形法完全能满足其加工精度的要求。

（2）多电极更换成形法 多电极更换成形法是指根据加工型腔在粗加工、半精加工和精加工中放电间隙不同的特点，采用几个尺寸有缩放量的电极分别完成型腔的粗加工、半精加工和精加工。如图 2-51 所示，首先采用粗加工电极去除大部分金属，然后采用半精加工电极完成过渡加工，最后采用精加工电极进行最后加工。

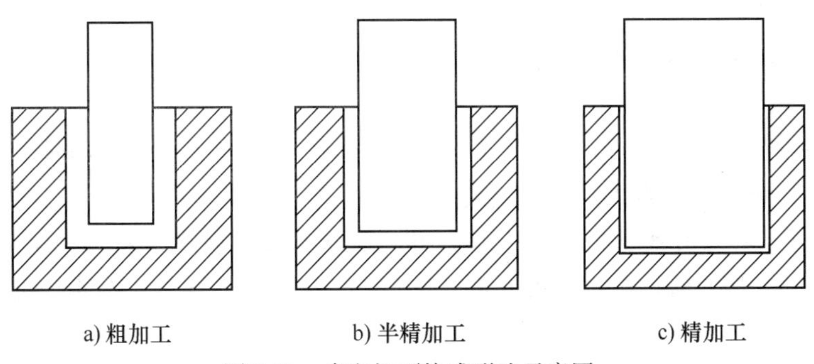

a) 粗加工　　b) 半精加工　　c) 精加工

图 2-51　多电极更换成形法示意图

3. 小深孔的高速电火花加工

小深孔高速电火花加工工艺是近十多年新发展的加工工艺，图 2-52 所示为其原理示意图。它的工作原理主要有三点：一是采用中空的管电极；二是管中通入高压工作液，冲走电蚀产物；三是加工时电极作回转运动，可使端面损耗均匀，不致因受高压、高速工作液的反作用力而偏斜，流动的高压工作液在小孔孔壁处按螺旋线轨迹流出孔外，像静压轴承那样，使工具电极管悬浮在孔心，不易产生短路，可加工出直线度和圆柱度很好的小孔。

用一般空心管电极加工小孔，容易在工件上留下毛刺料芯，阻碍工作液的高速流通，而且过长过细时会歪斜，以致引起短路。为此，小深孔高速电火花加工时采用专业厂家特殊冷拔的双孔管电极，其截面上有两个半月形的孔，如图 2-52 中 *A—A* 所示，这样加工中电极转动时，工件孔中不会留下毛刺料芯。

加工时，工具电极做轴向进给运动，管电极中通入 1～5MPa 高压工作液（自来水、去离子水、蒸馏水、乳化液及煤油等）。由于高压工作液能迅速将电极产物排除，而且能强化火花放电的蚀除作用，因此，这一加工方法的最大特点是加工速度高，一般加工速度可达 20～60mm/min，比普通钻削小孔的速度还要快。这种加工方法最适合加工直径为 0.3～3mm 的小孔，而且深径比可超过 300，工具电极可订购冷拔的单孔或多孔的黄铜或纯铜管。

我国加工出的样品中有一例是直径为 1mm、深达 1m 的深孔零件，而且孔的尺寸精度和圆柱度均很好。这种方法还可以在斜面和曲面上打孔。图 2-53 所示为小深孔高速电火花加工机床外形，这类机床现已被用于加工线切割零件的预穿丝孔、喷嘴及耐热合金等难加工材料的小、深、斜孔的加工中，并且其应用领域会日益扩大。

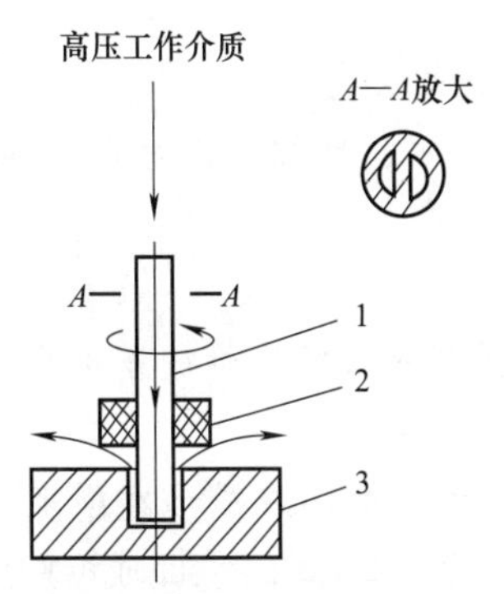

图 2-52　小深孔高速电火花加工原理示意图

1—双孔管电极　2—导向器　3—工件

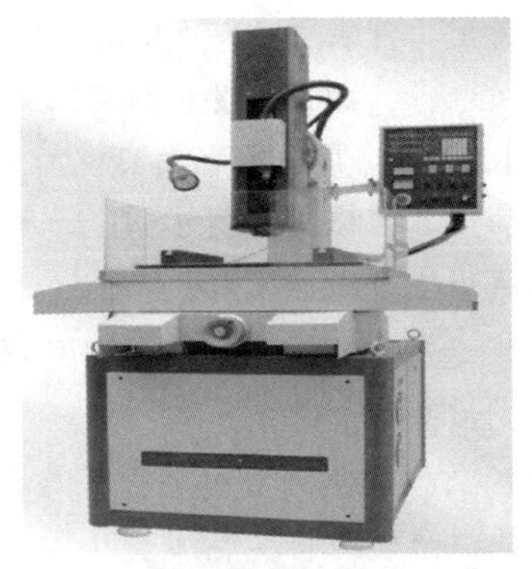

图 2-53　小深孔高速电火花加工机床外形

2.5 电火花加工操作实例

[例 2-1] 取出折断在工件中的钻头、丝锥。

工具钳工在钻孔或攻螺纹时，由于作为刀具的钻头或丝锥硬而脆，抗弯、抗扭强度低，容易折断。为了避免工件报废，可采用单电极加工方法取出折断在工件中的钻头或丝锥，具体步骤如下：

(1) 选择电极　电极的材料可以选用纯铜，因其来源广、机械加工方便、相对损耗小，缺点是加工过程欠稳定。但是本例中仅仅是取出折断在工件中的钻头或丝锥，所以选纯铜作为工具电极是符合要求的。

电极的直径可以根据钻头的直径或丝锥的规格按表 2-4 选择。

表 2-4　根据钻头的直径或丝锥的规格选择工具电极的直径

工具电极的直径/mm	1～1.5	1.5～2	2～3	3～4	3.5～4.5	4～6	6～8
钻头直径/mm	M2	M3	M4	M5	M6	M8	M10
丝锥规格/mm	$\phi2$	$\phi3$	$\phi4$	$\phi5$	$\phi6$	$\phi8$	$\phi10$

(2) 电极和工件的装夹　首先将选好的电极安装在机床主轴的电极夹头中，用直角尺在 X、Y 方向调整，保证电极与机床工作台垂直；然后将工件安装在工作台上，保证折断的钻头或丝锥的中心线与机床工作台垂直，并利用压板固定；最后移动工作台，保证电极中心与折断的钻头或丝锥的中心一致。

(3) 选择电参数　由于对加工精度和表面质量的要求都不高，所以选择加工速度快、电极损耗小的粗加工参数即可，参考表 2-5 的标准。

表 2-5　低损耗粗加工参数

脉冲宽度/μs	脉冲间歇/μs	峰值电流/A
150～300	30～60	5～10

(4) 工作介质的选择　采用煤油作为工作介质，打开工作液泵，使工作介质充满工作液槽并高出工件表面 30～50mm。

启动电源，加工深度由断在工件中的钻头或丝锥的长度决定。

[例 2-2] 某横梁零件凹模加工。如图 2-54a 所示，已知工件材料为 08 钢，采用电火花型腔加工其凹模，如图 2-54b 所示。

具体加工步骤如下：

(1) 选择电极　电极的材料可以选用 08 钢，虽然加工稳定性较差但机械加工方便，还可进行成形磨削加工。

(2) 凸模的加工　由于材料是钢，凸模可以采用数控铣或成形磨削来加工完成。需要注意的是，凸模的长度要加长（因为凸模要用来作为凹模加工的工具电极，多出的部分在凹模加工好后再切除），如图 2-54c 所示。

(3) 凹模的加工　采用直接配合法加工凹模。直接法加工的凹模与凸模的配合间隙靠

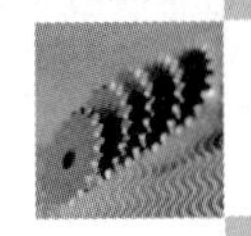

调节脉冲参数及控制火花放电间隙来保证。

采用直接配合法可以获得均匀的配合间隙，模具质量高，不需另外制作电极，工艺简单。但是，钢凸模作为电极加工速度低，加工中不稳定，容易产生二次火花放电。

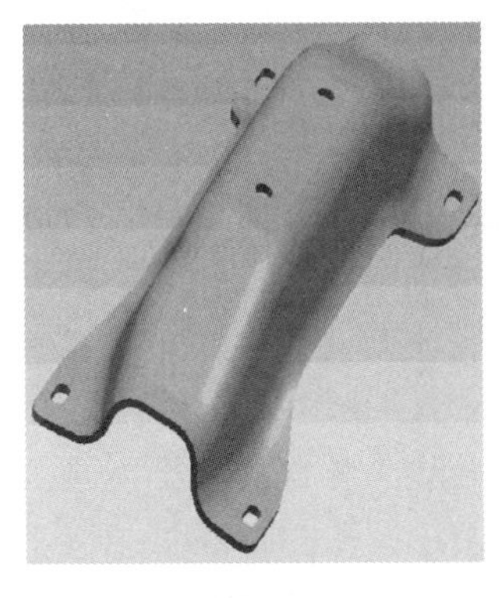

a) 横梁零件

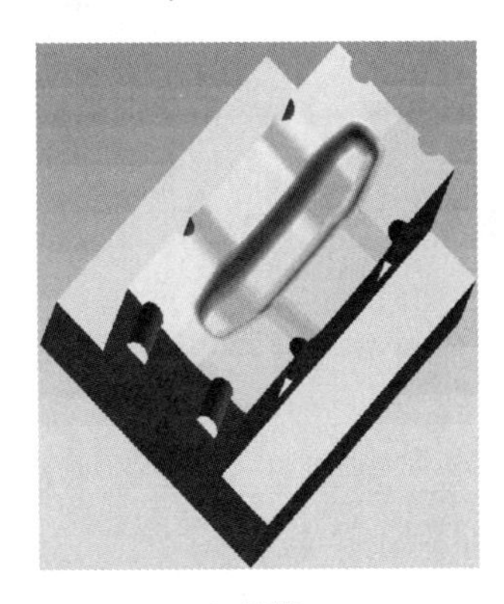

b) 凹模

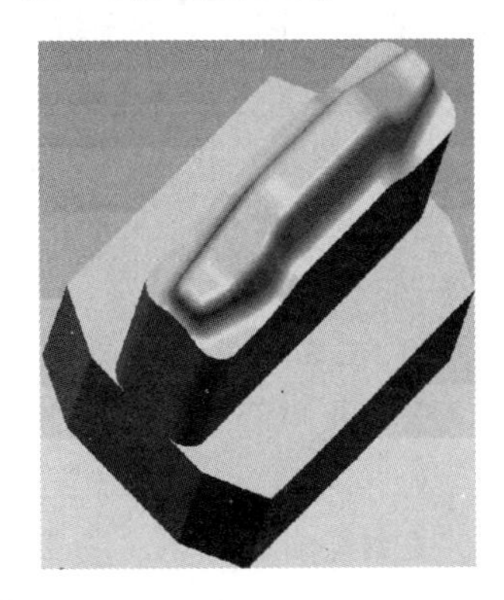

c) 凸模

图 2-54　某横梁零件、凹模、凸模

（4）电极、工件的装夹　首先将选好的电极安装在机床主轴的电极夹头中，用直角尺在 X、Y 方向调整，保证电极与机床工作台垂直，其次将工件安装在工作台面上，利用压板固定，最后移动工作台，保证电极中心与工件中心一致。

（5）选择电参数　由于对加工精度要求高，表面粗糙度值要求小，所以选择加工精度高、表面粗糙度小的精加工参数，可参考表 2-6 的标准。

表 2-6　精加工参数

脉冲宽度/μs	脉冲间歇/μs	峰值电流/A
70 ~ 120	20 ~ 40	1 ~ 2

（6）工作介质的选择　采用煤油作为工作介质，打开工作液泵，使工作介质充满工作液槽并高出工件表面 30 ~ 50mm。

［**例 2-3**］　电火花加工塑料叶轮注塑模型腔。

工件的形状：在 ϕ120mm 圆范围内，以其轴心作为对称中心，均匀分布六片叶片的型槽，槽的最深处尺寸为 15 mm，槽的上口宽 2.2mm，槽壁有 0.2mm 的脱模斜度（约 30′），如图 2-55 所示，工件中心有一个 $\phi 10^{+0.03}_{-0.01}$mm 的孔。

（1）工件在电火花加工前的工艺路线

1）车：精车 $\phi 10^{+0.03}_{-0.01}$mm 孔和其他各尺寸，上、下面留磨量。

2）磨：精磨上、下两面。

3）最好在待加工的 6 个叶片部位各钻一个 ϕ1mm 的冲油孔，加工时下冲油。

（2）工具电极的技术要求　分别用纯铜材料加工 6 片成形工具电极，然后镶在一块固定板上。电极固定板中心加工一个 $\phi 10^{+0.03}_{-0.01}$mm 的孔，与工件中心孔相对应。

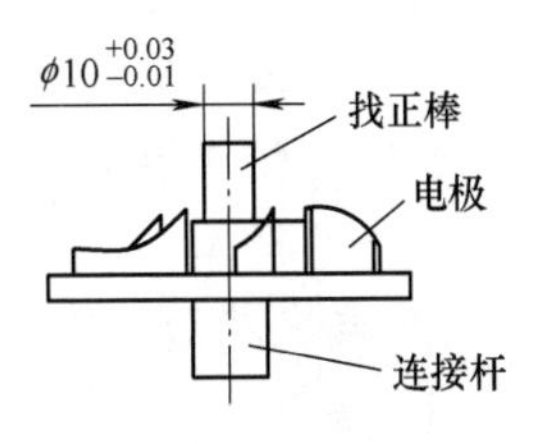

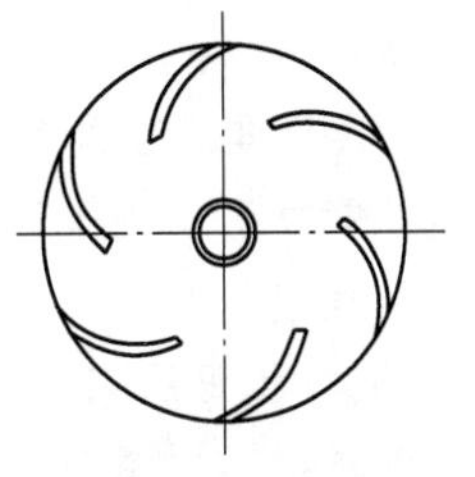

图 2-55　叶轮电极

工具电极电火花加工之前的工艺路线：

1）铣或线切割：加工6个叶片电极。

2）钳：拼镶或焊接工具电极并修型、抛光。

3）车：找正后加工 $\phi10^{+0.03}_{-0.01}$mm 孔。

（3）工艺方法选为单电极平动修光法

（4）装夹、找正、固定

1）准备定位心轴：用45钢圆钢车长为40mm、直径 $\phi10^{+0.03}_{-0.01}$mm 的定位心轴作为找正棒。

2）工具电极：以各叶片电极的侧壁为基准找正后予以固定。固定后将定位心轴找正棒装入固定板中心孔。

3）工件：将工件平置于工作台上。移动 *X*、*Y* 坐标，对准心轴找正棒与工件上对应的孔，直到能自由插入，将工件夹紧后抽出定位心轴。

（5）加工参数　见表2-7。

表2-7　加工参数

脉冲宽度/μs	脉冲间歇/μs	功放管数		峰值电流/A	总进给深度/mm	平动量/mm	表面粗糙度值 *Ra*/μm	极性
		高压	低压					
512	200	4	12	15	12.5	0	>25	负
256	200	4	8	10	14.5	0.2	12~13	负
128	10	4	4	2	14.8	0.3	7~8	负
64	10	4	4	1.3	15	0.36	3~4	负
2	40	8	24	0.8	15.1	0.40	1.5~2	正

（6）加工效果

1）因精加工中采用了低损耗参数，工具电极综合损耗为1%~2%。

2）加工表面粗糙度值 *Ra*1.5~*Ra*2μm，可以直接使用，不需要钳工抛光。

3）加工后，槽侧壁有0.2mm的脱模斜度，符合设计要求。

[例2-4]　加工图2-56所示零件，要求：T形部位采用电火花加工，深度为0.2mm，此部位对尺寸、形状、位置及表面粗糙度值均无严格要求，工件材料为4Cr5MoSi V1。

图2-56　例2-4零件图

操作步骤如下：

1）电火花加工前的工艺准备。

① 备料。用数控铣床粗铣工件外形，单边留余量0.2mm。

② 热处理。热处理至52HRC。

③ 磨加工。精加工外形尺寸至装配要求。

2）确定电极材料及尺寸。电极材料为纯铜，电极结构如图2-57所示，要求设计出用于电极装夹与找正的基准台，电极单边缩放量为0.07mm（建议采用数控加工中心制作工具电极）。电极的装夹采用通用的夹具即可，采用千分表来找正电极基准台，使基准台底面与 *X*、*Y* 轴方向水平，再找正基准台横截面的平行度。

3）采用永磁吸盘将工件吸牢在工作台上，用百分表检验电极底面与工作台的平行性，保证电极底面与工件平行。

4）关好油槽门，定好工作液面位置，启动工作液泵，调节冲、抽油压力，使煤油液面上升至设定高度。

5）确定放电参数。由于该工件对加工精度无严格要求，所以应选用低损耗的加工条件。

6）编程。最终加工程序见表2-8。

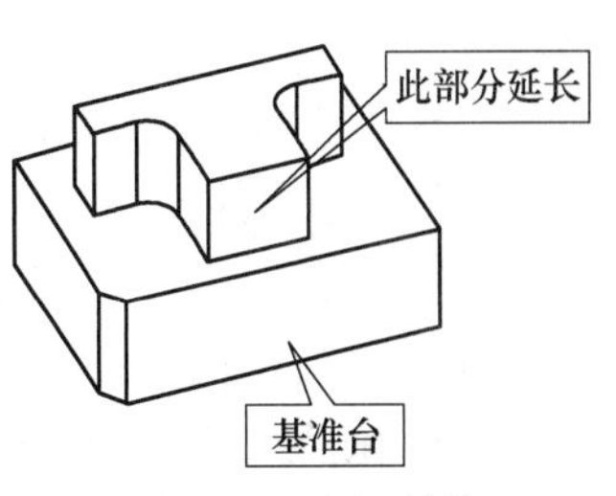

图2-57 电极结构

表2-8 最终加工程序

段号	加工深度/mm	电流/A	脉冲宽度/μs	脉冲间隔/μs	高压	间隙电压/V	抬刀	放电时间/μs	极性
0	-0.14	5	16	12	0	5	1	3	+
1	-0.17	4	14	10	0	5	1	3	+

2.6 电火花加工中应注意的一些问题

1. 加工精度问题

加工精度主要包括“仿形”精度和尺寸精度两个方面。所谓“仿形”精度，是指电加工后的型腔与加工前工具电极几何形状的相似程度。

影响“仿形”精度的因素有以下几个。

1）使用平动头造成的几何形状失真，如很难加工出清角、尖角变圆等。

2）工具电极损耗及“反粘”现象的影响。

3）电极装夹找正装置的精度和平动头、主轴头的精度以及刚性的影响。

4）参数选择不当，造成电极损耗增大。

影响尺寸精度的因素有以下几项。

1）操作者选用的电参数与电极缩小量不匹配，以致完成加工后，尺寸精度超差。

2）在加工深型腔时，二次放电机会较多，加工间隙增大，以致侧面不能修光，或即使修光尺寸也超差。

3）冲油管的放置和导线的架设存在问题，导线与油管产生阻力，使平动头不能正常进行平面圆周运动。

4）电极制造误差。

5）主轴头、平动头和深度测量装置等的机械误差。

2. 表面质量问题

电火花加工型腔模，有时型腔表面会出现尺寸到位但修不光的现象。造成这种现象的原因有以下几方面。

1）电极对工作台的垂直度没有找正，使电极的一个侧面成了倒斜度，这样相对应模具侧面的上部分就会修不光。

2）主轴进给时，出现扭曲现象，影响了模具侧表面的修光。

3）在加工开始前，平动头没有调到零位，以致到了预定的偏心量时，有一面无法修光。

4）各挡参数转换过快，使端面或侧面留下粗加工的麻点痕迹，无法再修光。

5）电极或工件没有装夹牢固，在加工过程中出现错位移动，影响模具侧面的修整。

6）平动量调节过大，加工过程中出现大量的碰撞短路，使主轴不断上下往返，造成有的面能修出、有的面修不出。

3. 影响模具表面质量的“波纹”问题

用平动头修光侧面的型腔，在底部圆弧或斜面处易出现“细丝”及鱼鳞状的凸起，这就是“波纹”。“波纹”问题将严重影响模具加工的表面质量。一般“波纹”产生的原因如下。

（1）电极材料的影响　如在用石墨做电极时，由于石墨材料颗粒粗、组织疏松、强度差，会引起粗加工后电极表面产生严重的剥落现象（包括疏松性剥落、压层不均匀性剥落、热疲劳破坏剥落和机械性破坏剥落）。因为电火花加工是精确仿形加工，故在电火花加工中石墨电极表面剥落现象经过平动修整后会反映到工件上，即产生了“波纹”。

（2）粗加工和半精加工电极损耗大　由于粗加工后电极表面粗糙度值很大，半精加工和精加工时电极损耗较大，故在加工过程中，工件上粗加工的表面粗糙度会反映到电极上，电极表面产生的高低不平又反映到工件上，最终就产生了所谓的“波纹”。

（3）冲油、排屑的影响　电加工时，若冲油孔开设得不合理，排屑情况不良，则蚀除物会堆积在底部转角处，这样也会助长“波纹”的产生。

（4）电极运动方式的影响　“波纹”的产生并不是平动加工引起的，相反，平动运动能有利于底面“波纹”的消除，但它对不同角度的斜度或曲面“波纹”仅有不同程度的减少作用，却无法消除。这是因为平动加工时，电极与工件有一个相对错开位置，加工底面错位量大，加工斜面或圆弧错位量小，因而导致两种不同的加工效果。

“波纹”的产生既影响了工件表面质量，又降低了加工精度，因此在实际加工中应尽量设法减小或消除“波纹”。

复习题

1. 填空题

（1）电火花加工是利用两极间________时产生的________作用，对工件进行加工的一种方法。

（2）电火花放电的物理过程大致可分为________、________、________、________及消电离等几个阶段。

（3）电火花加工时精度可达________，表面粗糙度值为________。

（4）电火花加工过程中，两极蚀除速度不同的现象为________，它有________和________两种。当采用宽脉冲加工时宜采用________的电火花加工。

（5）电火花加工时工件被加工表面产生斜度的原因是________。

2. 选择题

（1）要使脉冲放电用于尺寸加工时，必须满足________的条件。

A. 工具电极和工件表面之间放电间隙尽量小

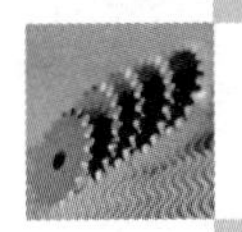

B. 脉冲放电具有脉冲性、间歇性

C. 要持续放电

D. 脉冲放电在一定绝缘性能的液体介质中进行

(2) 电火花加工的特点是________。

A. 不受材料硬度限制　　B. 电极和工件之间的作用力大

C. 操作容易、难于自动加工　　D. 加工部分不易形成残留变质层

(3) 影响极性效应的主要因素是________。

A. 脉冲宽度　　B. 工件材料硬度　　C. 单个脉冲能量减小　　D. 放电间隙

(4) 电火花加工冲模凹模的优点是________。

A. 可将原来镶拼结构的模具采用整体模具结构

B. 型孔小圆角改用小尖角

C. 刃口反向斜度大

(5) 型腔电火花加工的特点是________。

A. 电动机损耗小　B. 蚀除量少　　C. 排屑容易

3. 简答题

(1) 石墨和纯铜作为电极材料各有哪些优缺点?

(2) 在装夹电极时有哪些注意事项? 常用的电极校正方法有哪些?

(3) 工作液有哪些作用? 具备哪些特点?

(4) 电火花成形加工方法有几种?

(5) 术语解释:

放电加工、火花放电、极性效应、电蚀产物、击穿电压

(6) 简述电火花加工的优点与其局限性。

第 3 章 电火花线切割加工技术

❖掌握电火花线切割加工的原理、特点和应用。
❖了解电火花线切割机床的种类与性能。
❖掌握电火花线切割 3B 代码、ISO 代码编程指令及格式。
❖掌握电火花线切割加工工艺及影响因素。

电火花线切割加工（Wire Cut EDM，WCEDM）自 20 世纪 50 年代末诞生以来，获得了极其迅速的发展，已逐步成为一种高精度和高自动化的电加工方法，在模具制造、成形刀具加工、难加工材料和精密复杂零件的制造等方面获得了广泛应用。目前，电火花线切割机床已占电加工机床的 60% 以上。

电火花线切割加工是一种用线状电极作为工具的电火花加工，又称线电极电火花加工。其特点是电极丝作双向高速的走丝运动，工件相对电极作 *X*、*Y* 方向的任意轨迹运动，是直接利用电能和热能进行尺寸加工的一种工艺方法。

3.1 电火花线切割加工概述

3.1.1 电火花线切割加工的原理

电火花线切割的加工原理是利用连续移动的细金属导线（称为电极丝，如钼丝和钨丝等）作为工具电极（简称电极）对工件进行加工。当脉冲电源输出一个电脉冲时，在电极丝和工件之间产生火花放电，腐蚀、切割工件。其加工原理如图 3-1 所示。

加工时，在脉冲电场的作用下，工件 2 与电极丝 4 之间的工作介质被电离击穿，产生脉冲放电。电极丝 4 在储丝筒 7 的作用下作正反两个方向的交替运动，在电极丝和工件之间注入工作介质。在机床数控系统的控制下，工作台相对电极丝在水平面内的两个坐标方向（*X* 轴、*Y* 轴）各自按预定的程序运动，从而切割出所需要的工件形状。

火花放电时，工件表面的金属究竟是怎样被蚀除下来的？只有了解了这一微观过程，才有助于掌握电火花线切割加工的基本原理和各种基本规律。电火花蚀除金属的微观过程是热学和力学等综合作用的结果。这一过程大致可分为以下几个既相互独立又相互联系的阶段：电离击穿阶段、脉冲放电阶段、金属熔化和汽化阶段、气泡扩展阶段、金属抛出及消电离恢复绝缘强度阶段。

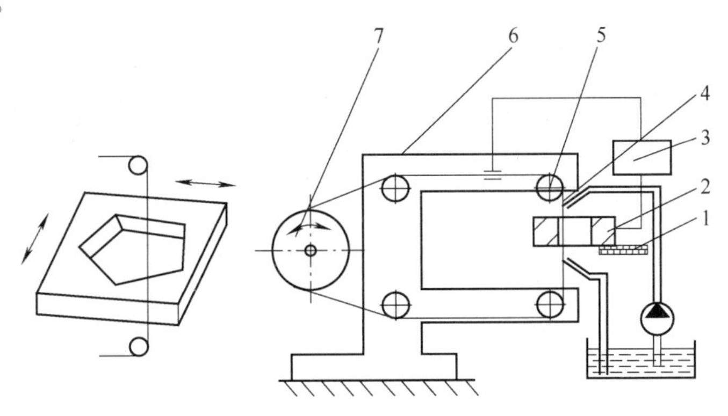

a) 工件及其运动方向　　b) 电火花线切割加工装置原理图

图 3-1　电火花线切割的加工原理

1—绝缘底板　2—工件　3—脉冲电源　4—电极丝（钼丝）　5—导向轮　6—支架　7—储丝筒

电火花线切割加工时，由于电极丝和工件的微观表面总是凹凸不平的，每次脉冲放电时，电极丝和工件间离得最近的凸点处的电场强度最高，其间工作介质的电阻值最低而最先被击穿，即被分解为带负电的电子和带正电的离子，形成放电通道。在电场力的作用下，通道内的负离子高速奔向阳极，正离子奔向阴极，原先几百欧姆的电阻降低到1 ~ 2Ω，电流由零增加到相当大的数值，而放电间隙的电压则由开路电压降到 20V 左右的放电电压。电子、离子高速流动时相互碰撞，使通道中产生大量的热。由于热量来不及传导与扩散出去，致使在放电通道的中心，温度瞬时达到高温，大约在 10 000℃以上。高温使工件局部的金属材料熔化或汽化。由于这一加热过程非常短（10^{-7} ~ 10^{-4}s），因此金属的熔化、汽化及工作介质的汽化都具有爆炸性（电火花线切割加工时可以听到吱吱声和轻微的噼啪声）。爆炸力把熔化了的金属以及金属蒸气等抛进工作介质中随即冷却。当它们凝固成固体时，由于表面张力的作用，凝聚成具有最小表面积的细椭圆形颗粒，并被工作介质带走。

在放电蚀除过程中，被熔化和汽化了的金属大部分被抛入到工作介质中，有一小部分飞溅、吸附在电极丝的表面上，形成飞溅、镀覆现象。这种飞溅、镀覆现象在一定程度上可以起到减少或补偿电极丝在加工时的损耗。

图 3-2 所示为放电间隙微观示意图，图 3-2a 所示为放电过程，图 3-2b 所示为放电后的情况。

为了确保每一个脉冲能源产生的电脉冲在电极丝和工件之间的放电均是火花放电而不是电弧放电，必须保证两个电脉冲之间要有足够的间隔时间，使放电间隙中的工作介质有时间消除电离，恢复到本次放电之前通道间隙中工作介质原有的绝缘强度，以免导致连续的电弧放电。一般脉冲间隔应为脉冲宽度的 4 倍以上。

为了保证火花放电时电极丝不被烧断，必须向放电间隙中注入大量的工作介质，以使电极丝得到充分冷却。同时，电极丝必须作高速轴向运动，以免火花放电总在电极丝的局部位置产生而被烧断，这也有利于把电蚀产物从间隙中带走。

火花放电与电弧放电的主要区别有以下几点。

1）电弧放电是多次连续且在同一处放电，是稳定的放电过程，爆炸力小、蚀除量少。而火花放电是非稳定的放电过程，具有明显的脉冲特性，爆炸力大、蚀除量多。

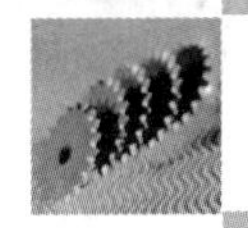

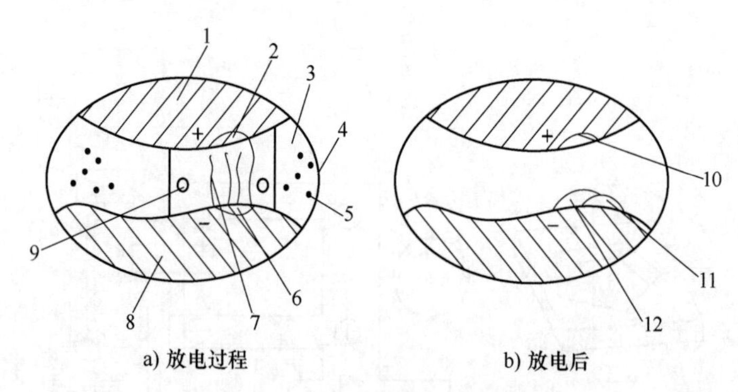

图 3-2 放电间隙微观示意图

1—阳极 2—阳极电蚀区 3—金属熔滴 4—工作介质 5—金属微粒 6—阴极电蚀区 7—阴极 8—放电通道和气泡 9—小气泡 10—凸缘 11—凹坑 12—镀覆物

2）电弧放电通道和电极上的温度为7000～8000℃，而火花放电通道和电极上的温度为10 000～12 000℃。

3）电弧放电的击穿电压低，而火花放电的击穿电压高。

在电火花加工过程中，工件和工具电极都会受到电腐蚀，但由于所接电源的极性不同，两极的蚀除量也不同，这种现象称为极性效应。当正极蚀除速度大于负极时，应将工件接在正极加工，称为正极性效应或正极性加工。反之，当负极蚀除速度大于正极时，应将工件接在负极加工，称为负极性效应或负极性加工。

从提高生产率和减少工具电极损耗的角度来看，极性效应越显著越好。极性效应主要与脉冲宽度有关，同时还受电极及工件材料、加工介质（工作介质）、电源种类和单个脉冲能量等多种因素的综合影响。在电火花线切割加工中，不宜采用大的脉冲宽度。例如，当脉冲宽度大于 300μs 时，加工电流会达到 30～50A。由于电极丝很细（一般为 ϕ0.12～ϕ0.25mm），承受不了这么大的电流而被烧毁。或者即使承受得了这么大的电流，也会由于电流大，单个脉冲能量大，工件的表面质量也太差。

3.1.2 电火花线切割加工的特点

1）直接利用线状的金属丝（如钼丝）做工具电极，不需要制造特定形状的工具电极，可节约工具电极的设计和制造费用，缩短了生产准备周期。

2）可以加工用传统金属切削加工方法难以加工甚至是无法加工的微细异形孔、窄缝和形状复杂的工件。

3）利用电蚀原理加工，电极丝与工件不发生直接接触，两者之间的作用力很小，因而工件的变形很小，电极丝和夹具不需要太高的强度。

4）传统的车、钳、铣、刨、钻等加工中，刀具硬度必须比工件硬度大，而电火花线切割加工的电极丝材料不必比工件材料硬，可以加工硬度很高或很脆、采用一般金属切削加工方法难以加工甚至是无法加工的材料，如淬火钢、硬质合金和耐热合金钢等。在加工过程中，作为刀具的电极丝无须刃磨，可节省辅助时间和刀具费用。

5）直接利用电能和热能进行加工，可以方便地对影响加工精度的电参数（如脉冲宽度、脉冲间隔和放电电流等）进行调整，有利于加工速度的提高，以达到更好的加工效果，

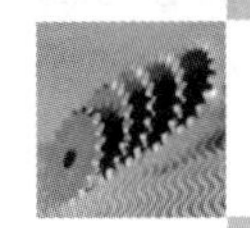

便于实现加工过程中的自动化控制。

6）电极丝是不断移动的，单位长度损耗较少。

7）采用线切割加工冲模时，可实现凸模、凹模一次加工成形，大大缩短加工时间。

8）由于电极丝的直径比较小，在加工过程中工件材料的蚀除量少，有利于少屑加工，可以高效使用贵重稀有的高价材料。

3.1.3 电火花线切割加工的应用

电火花线切割加工的生产应用，为新产品的试制、精密零件及模具的制造开辟了一条新的加工工艺途径。其具体应用有以下三个方面。

1. 模具制造

适合于加工各种形状的冲裁模，一次编程后通过调整不同的间隙补偿量，就可以切割出凸模、凹模、凸模固定板、凹模固定板和卸料板等，模具的配合间隙和加工精度通常都能达到要求。例如，中小型冲模，材料为模具钢，过去基本上用分开模和曲线磨削的加工方法，如今改用电火花线切割整体加工的方法，通过改变不同的间隙补偿量，就可以加工制作完成，制造周期可以缩短近一半，配合精度较高，对操作工人的技术要求低，故得到了广泛应用。

2. 电火花成形加工用的电极

一般穿孔加工的电极以及带锥度型腔加工的电极，若采用银钨、铜钨合金之类的材料，用电火花线切割加工特别经济，同时也可加工微细、形状复杂的电极。

3. 新产品试制及难加工零件的制造

在试制新产品时，用电火花线切割在坯料上直接切割出零件外形，由于不需另行制造模具，故可大大降低成本；加工薄件时可多片叠加在一起加工，缩短制造周期。

切割某些高硬度、高熔点的金属时，使用常规的金属切削加工很难做到或根本无法做到，而采用电火花线切割加工既经济又能保证精度，如凸轮、样板、成形刀具、异形槽和窄缝等的加工。

3.1.4 电火花线切割加工常用术语

1）切割速度：在保持一定的表面质量的切割过程中，单位时间内电极丝中心线在工件上扫过的面积的总和（mm^2/min）。

2）快速走丝线切割（WEDM—HS）：电极丝高速往复运动的电火花线切割加工，一般走丝速度为8～10m/s。

3）低速走丝线切割（WEDM—LS）：电极丝低速单向运动的电火花线切割加工，一般走丝速度为10～15m/min范围内。

4）线径补偿：又称间隙补偿或钼丝偏移。为获得所要求的加工轮廓尺寸，数控系统通过对电极丝运动轨迹轮廓进行扩大或缩小来进行偏移补偿。

5）丝：电极丝几何中心实际运动轨迹与编程轮廓线之间的法向尺寸差值，又称间隙补偿量或偏移量。

6）进给速度：加工过程中电极丝中心沿切割方向相对于工件的移动速度（mm/min）。

7）多次切割：同一表面先后进行两次或两次以上的切割，以改善表面质量及加工精度的切割方法。

8）锥度切割：钼丝以一定的倾斜角进行切割的方法。

9）工作介质：电火花加工时，工具和工件间的放电间隙必须浸泡在有一定绝缘性能的液体介质中，此液体介质称为工作介质。一般将煤油作为电火花成形加工时的工作介质；由水、有机及无机化合物组成的乳化溶液，则作为电火花线切割加工时的工作介质。

10）线电极电火花加工（WEDM）：一种用线状电极做工具的电火花加工，又称电火花线切割加工。

3.2 电火花线切割加工机床

目前国内外生产和使用的电火花线切割加工机床很多，种类也多种多样，设备结构及性能特点也不尽相同，但其基本内容还是相同的。

3.2.1 常用电火花线切割机床的种类及性能

1. 常用电火花线切割机床的种类

（1）按走丝速度分类

1）高速走丝线切割机床：一般是指线状工具电极沿自身方向作高速往复运行，走丝速度为8~10m/s，电极丝可重复使用，常选用钼丝作为电极丝的材料，工作介质为线切割专用乳化液，是我国独创的电火花线切割加工模式。它的价格和运行费用大大低于低速走丝线切割机床，且操作简单，缺点是电极丝容易产生抖动和换向时停顿，造成切割速度及加工精度较低。

2）低速走丝线切割机床：一般是指线状工具电极沿自身方向作低速单向运行，走丝速度为10~15m/min，常选用黄铜丝作为电极丝材料，铜丝直径通常为ϕ0.10~ϕ0.35mm，电极丝放掉后便不再使用，工作介质常为去离子水，工作平稳、均匀、抖动小、最佳表面粗糙度值可达Ra 0.05μm，可全自动或半自动工作。国外生产的线切割机床大部分属于低速走丝线切割机床，但其价格和运行费用较高。

（2）按控制轴的数量分类

1）X、Y两轴控制，该机床只能切割垂直的二维工件。

2）X、Y、U、V四轴控制，该机床能切割带锥度的工件。

（3）按步进电动机到工作台丝杠的驱动方式分类

1）经减速齿轮驱动丝杠。减速齿轮的传动误差会降低工作台的移动精度，从而使脉冲当量的准确度降低。

2）由步进电动机直接驱动丝杠。采用“五相十拍”的步进电动机直接驱动丝杠，可避免因采用减速齿轮所带来的传动误差，提高脉冲当量的精度，而且进给平稳，噪声低。

（4）按丝架结构形式分类

1）固定丝架。切割工件的厚度一般不大，而且最大切割厚度不能调整。

2）可调丝架。切割工件的厚度可以在最大允许范围内进行调整。

2. 常用电火花线切割机床的主要性能

高速走丝线切割机床是一种加工尺寸规格较大、加工性能较强、可加工不同锥度范围的线切割机床，具有生产率高，加工精度高，工作稳定、可靠等特点。此机床主要适用于切割

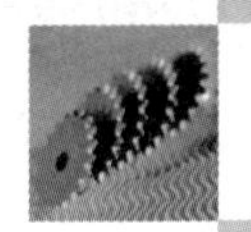

较大尺寸的淬火钢、硬质合金材料和其他由特殊金属材料制作的通孔模具（如冲模等）；也可用于切割样板、量规以及形状复杂的精密零件或一般机械加工无法完成的特殊形状的零件，如带窄缝的零件等；还可加工在0°～60°范围内进行不同锥度加工的各种工件。用户可根据需要加工的锥度大小的不同，选用不同锥度范围的机床。

（1）高速走丝线切割机床的性能特点

1）机床与高频脉冲电源柜配套使用。

2）T形床身结构，可使工作台完全在床身内运动，提高了机床刚性，有效保证了工作台的运动精度，使机床稳定可靠。

3）机床采用大型可调式线架，结构合理，刚性好，适于大厚度切割，可调范围根据机床型号的不同分为100～300mm、100～400mm和100～500mm。

4）锥度线架采用独特的四连杆技术，可实现大锥度切割。锥度加工时上下导轮同步旋转，既保证了加工精度和表面质量，又可有效地防止锥度加工时的跳丝现象。

（2）机床型号的主要技术参数

1）机床型号。高速走丝电火花线切割机床的型号编制是根据《金属切削机床　型号编制方法》（GB/T 15375—2008）进行编制的，机床型号由汉语拼音字母和阿拉伯数字组成，表示机床的类别、特性和基本参数。如DK7740数控电火花线切割机床型号中各字母与数字的含义解释如下：

D——机床类别代号（电加工机床）；

K——机床特性代号（数控）；

7——组别代号（电火花加工机床）；

7——型别代号（7为高速走丝线切割机床、6为低速走丝线切割机床）；

40——主参数代号（工作台横向行程400mm）。

2）主要技术参数。高速走丝电火花线切割机床是依据《电火花线切割机（往复走丝型）参数》（GB/T 7925—2005）进行设计制造的。其主要技术参数包括工作台行程（纵向行程×横向行程）、最大切割厚度、加工表面粗糙度值、加工精度和切割速度以及数控系统的控制功能等。表3-1为DK77系列数控电火花线切割机床的主要型号及技术参数。

表3-1　DK77系列数控电火花线切割机床的主要型号及技术参数

机床型号	DK7716	DK7720	DK7725	DK7732	DK7740	DK7750	DK7763	DK77120
工作台行程/mm	200×160	250×200	320×250	500×320	500×400	800×500	800×630	2000×1200
最大切割厚度/mm	100	200	140	300可调	400可调	300		500可调
表面粗糙度值 Ra/μm	2.5	2.5	2.5	2.5	6.3～3.2	2.5	2.5	
加工精度/mm	0.01	0.015	0.012	0.015	0.025	0.01	0.02	
加工速度/（mm/min）	70	80	80	100	120	120	120	
加工锥度	3°～60°，各厂家的型号不同							
控制方式	各种型号均由单板（或单片）机或微机控制							

3.2.2 电火花线切割机床的基本结构

机床是电火花线切割加工设备的主要部分，其结构形式和制造精度都直接影响到加工性能。机床一般由机床本体、脉冲电源、数控系统和工作介质循环系统四部分组成。图3-3所示为电火花线切割机床外观示意图。

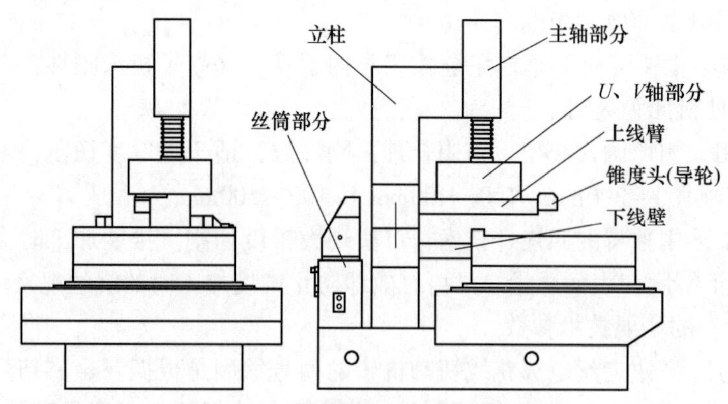

图3-3 电火花线切割机床外观示意图

1. 机床本体

（1）床身 床身一般采用铸铁材料、箱式结构，是机床的基础构件。床身应有足够的强度和刚性，变形小，能长期保持机床精度。工作台、绕丝机构及丝架都安装在床身上，在床身下装有水平调整机构，即地脚。床身上还装有便于搬运的吊装孔或吊装环。

床身结构一般有三种，如图3-4所示。

1）矩形结构，如图3-4a所示。一般中小型电火花线切割机床采用此种结构，其坐标工作台采用串联式，即 X、Y 工作台上下叠在一起，工作台可以伸出床身。其特点是结构简单、体积小、承重轻、精度高。

2）T形结构，如图3-4b所示。一般中型电火花线切割机床采用此种结构，其坐标工作台采用串联式，长轴在下、短轴在上，但工作台不能伸出床身。其特点是机床更稳定可靠，承重较大，床身四周由钣金全包，外形美观，整体效果突出，可防止工作介质外溅，使机床更好地保证清洁，延长使用寿命，目前被广泛采用。

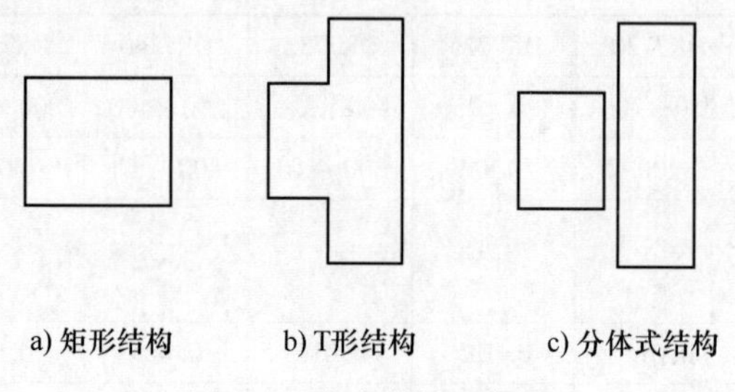

a) 矩形结构　b) T形结构　c) 分体式结构

图3-4 床身结构示意图

3）分体式结构，如图3-4c所示。一般大型电火花线切割机床采用此种结构，其坐标工作台采用并联式，分别安装在两个互相垂直的床身上，承重大，且由于结构是分体式，所以制造简单、精度高，安装运输都比较方便。

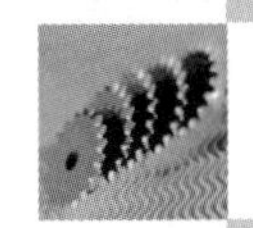

（2）工作台　工作台是用来安放工件的部件。工作台的 X、Y 拖板沿着导轨作纵、横向移动，因此机床对导轨的精度、刚度和耐磨性都有较高的要求。导轨与拖板相对固定，以保证运动的灵活平稳。电火花线切割机床一般采用滚动直线导轨副，因为滚动摩擦因数小（$\mu = 0.0025 \sim 0.005$），故所需的驱动力小，既有益于提高数控系统的响应速度和灵敏度，又能实现高定位精度和重复定位精度，可有效地保证工件的加工精度。工作台主要由以下四部分组成。

1）拖板。拖板主要由上拖板、中拖板和下拖板组成。下拖板与床身固定；中拖板位于下拖板之上，运动方向为 Y 方向；上拖板位于中拖板之上，运动方向为 X 方向。上拖板全行程不伸出中拖板，中拖板不伸出下拖板，这样有利于提高工作台的刚度与强度，但占地面积较大，维修困难。

2）导轨。工作台的纵、横向运动都是沿着导轨往复移动的，因此对导轨的精度、刚度和耐磨性都有较高的要求。此外，导轨还应使拖板运动灵活、平稳。线切割机床常采用滚动导轨，其优点是导轨间的摩擦力小，工作台可以实现精确移动；缺点是接触面间不易保持油膜，抗振性差。

3）丝杠传动副。丝杠传动副的作用是将电动机的旋转运动变为拖板的直线运动。丝杠副传动的精确与否取决于丝杠与螺母的精确度，所以一般必须保证丝杠与螺母的配合精度在 6 级或 6 级以上精度。目前线切割机床广泛采用的是滚珠丝杠传动副，它能有效地消除丝杠与螺母间的配合间隙，可使拖板的往复运动更加灵活、平稳。

4）齿轮副。步进电动机与丝杠间的传动通常采用齿轮副来实现。齿轮副的最大缺点是容易出现齿轮传动空程，可采取以下措施来减少或消除。

① 采用尽量少的齿轮减速级数。

② 及时调整齿轮副中心矩。

③ 将从动齿轮或主动齿轮改为双轮的形式。装配时必须保证两轮齿廓分别与主动轮齿廓的两侧面接触。

（3）立柱

1）丝架。丝架上、下臂都装有高频电源导电块和断丝保护装置，靠近主导轮的是导电块，远离主导轮的是断丝保护装置。如有烧丝现象，应仔细观察钼丝是否与导电块和断丝保护块相接触，长期使用时，硬质合金材质的导电块与钼丝接触部位会出现沟槽，此时应更换新的导电块，以免断丝。丝架上、下臂应经常保持清洁，以免切下来的金属泥屑与丝架臂接触而发生短路现象，影响切割效率。丝架的主要功能是对电极丝起支撑作用，所以对丝架有以下几点要求。

① 足够的刚度与强度。

② 导轮与丝架本体、丝架与床身之间绝缘性能良好。

③ 丝架的导轮有较高的运动精度，径向摆偏和轴向窜动不超过 5μm。

④ 导轮运动组合件有密封措施，可防止带有大量放电产物和杂质的工作介质进入导轮轴承。

⑤ 丝架不但能保证电极丝垂直于工作台平面，而且在具有锥度切割功能的机床上，还具备使电极丝按进给要求与工作台平面保持成一定角度的功能。

当加工工件的厚度不同时，Z 轴可上下升降。在上下升降时，一定要注意升降连杆的行程，切勿超出规定行程，否则会损坏连杆。因机床受四连杆结构的限制，升降连杆的连接套设计为三种不同长度，适用于切割不同厚度的工件，见表 3-2。

2）导轮。高速走丝电火花线切割机床一般采用双支撑式导轮，如图 3-5 所示。其特点是导轮两端采用轴承支承，导轮居于中间位置，结构复杂，但刚性好，钼丝不易发生变形和跳动，转动平稳；导轮与轴承的使用寿命长，不易损坏，因此被广泛采用。

表 3-2 升降连杆的连接套长度及其切割的工件厚度

套管长度	切割厚度
150mm	200mm 以下
280mm	200 ~ 300mm
480mm	300 ~ 500mm

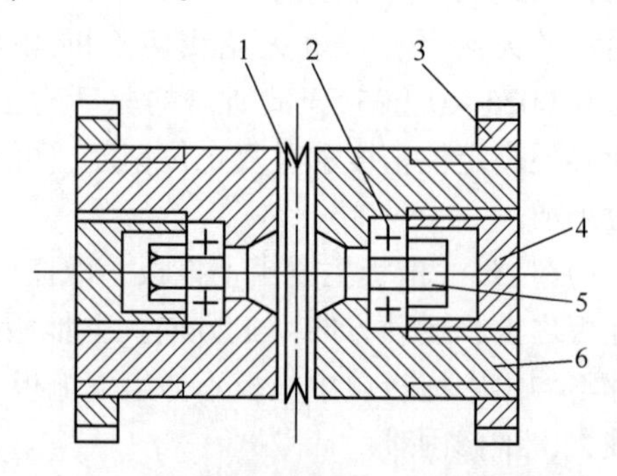

图 3-5 双支撑式导轮的结构示意图
1—导轮 2—轴承 3—调整螺母 4—后盖 5—固定螺母 6—导轮套

导轮一般由硬度高、耐磨性好的材料制作而成，如 Cr12 材料，淬火后硬度可达58 ~62HRC。

导轮是丝架部分的关键精密零件，应满足严格的技术要求，具体如下。

① 导轮 V 形槽应有较高的精度，槽底圆弧半径必须小于电极丝半径，以保证电极丝在导轮槽内运动时不会产生横向移动。

② 导轮槽工作面应有足够的硬度和较低的表面粗糙度值，以提高其耐磨性。

③ 导轮装配后转动应轻便灵活，尽量减少轴向窜动和径向圆跳动。

④ 导轮安装在导轮套中，可以通过调整上、下导轮套保证钼丝与工作台完全垂直。导轮套是用有机玻璃绝缘材料加工而成的，应设计有效的密封装置，保证导轮与丝架绝缘。

⑤ 导轮平时的维护与保养也很重要，一般每天下班前需用黄油枪从轴承压盖的注油孔打入 4 #精密机床主轴油，把原有润滑油挤干净，这样才能大大提高导轮的寿命。

⑥ 导轮属于易损部件，使用一段时间就会消耗磨损，超过一定的使用限度时就应及时更换（包括轴承），不能勉强使用。否则，会造成工件加工精度降低。

3）锥度切割装置。为了切割有落料角的冲模和一些空间曲面，电火花线切割机床大多采用导轮摆动式丝架，如图 3-6 所示，以实现锥度切割。

丝架可以绕一个轴摆动，使电极与工作台不垂直（图 3-6a），这种方式不会影响电极丝和导轮之间的摩擦。当然，这只能实现一个方向上的锥度，另一个方向的锥度需要两个导轮的错动实现（图 3-6b），两个方向配合即可切割任意方向 5°以上的锥度。

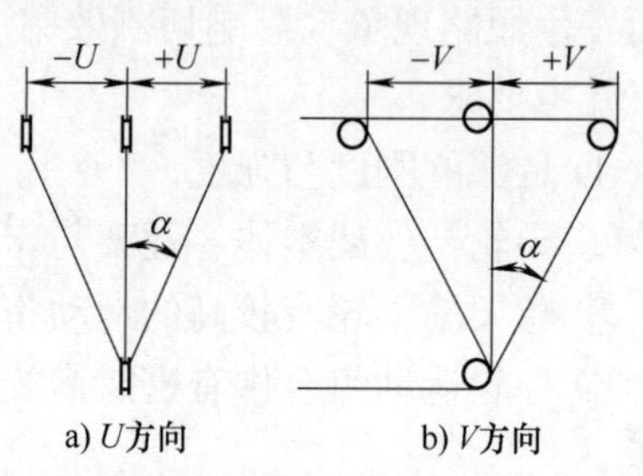

图 3-6 导轮摆动式丝架的锥度切割

（4）储丝筒 储丝筒是电火花线切割机床走丝系统中的关键结构装置，对储丝筒的具体要求如下。

1）储丝筒在高速转动时，还要进行相应的轴向移动，以保证电极丝在储丝筒上整齐排绕，不会出现叠丝现象。

2）要求储丝筒运转平稳，无不正常振动。

3）储丝筒能正反向旋转，并保证电极丝在换向时不断丝。

4）储丝筒与机床床身相互绝缘。

5）储丝筒的导轨、丝杠和齿轮等应保证有效的润滑，轴承应定期拆洗或更换，保证储丝筒的正常运转。

储丝筒的往复运动是利用电动机正反转来实现的。直流电动机经联轴器带动储丝筒，再经同步带带动丝杠转动，拖板便作往复运动。拖板移动的行程可由调整换向左右撞块的距离来达到，电极丝从一侧平整均匀地卷绕在储丝筒上。工作时，电动机带动储丝筒从右向左移动，电极丝通过上下导轮开始工作。当储丝筒左侧的电极丝快走完时，运动滑板左侧撞块与行程开关接触，此时行程开关启动，电动机带动储丝筒反转，储丝筒右侧的电极丝再通过上下导轮继续工作；当储丝筒右侧的电极丝快走完时，运动滑板右侧撞块与行程开关接触，电动机带动储丝筒再反转。如此循环下去，就实现了电极丝在上下导轮间的往复运动。

储丝筒一般采用45钢或铝合金材料制作，装在绝缘法兰盘上，并紧固于丝筒轴上，装配时已测好动平衡，因此请勿随意将储丝筒拆下，以免失去动平衡，影响加工精度。为了减少转动惯量，筒壁应尽量薄且均匀。如需手动储丝筒时，可将摇手柄套入储丝筒轴端方头上进行摇动。

2. 脉冲电源

电火花线切割加工的脉冲电源与电火花成形加工所用的脉冲电源在原理上相同，不过受加工表面质量和电极丝允许承载电流的限制，线切割加工脉冲电源的脉宽较窄（为2～60μs），单个脉冲能量和平均电流（1～5A）一般较小，所以电火花线切割总是采用正极性加工。电火花线切割常用的脉冲电源有晶体管脉冲电源、高频分组脉冲电源和低损耗电源等。

（1）晶体管脉冲电源　其工作原理与电火花加工相同，以晶体管作为开关器件，控制功率管形成电压脉宽、电流脉宽和脉冲间隔。

（2）高频分组脉冲电源　高频分组脉冲电源是从矩形波中派生出来的，即把高频率的小脉宽和小脉间的矩形波脉冲分组成大脉宽和大脉间输出，能很好地协调表面质量和生产率之间的矛盾，得到较好的工艺效果。

（3）低损耗电源　这种电源的特点是电流波形前缓后陡。前缓是低损耗的原因，因为热冲击小，热脆性小；后陡是为了保证能量集中，提高能量利用率，从而提高生产率。

3. 数控系统

数控系统的作用是在电火花线切割加工过程中，按照加工要求自动控制电极丝相对工件的运动轨迹，自动控制伺服系统的进给速度，保持恒定的放电间隙，防止开路和短路，保持正常的稳定加工。

目前绝大部分机床采用数字程序控制，并且普遍采用绘图式编程技术。操作者首先在计算机屏幕上画出要加工的零件图形，电火花线切割专用软件（如YH软件、CAXA线切割软件）会自动将图形转化为ISO代码或3B代码等线切割程序。

4. 工作介质循环系统

电火花线切割加工必须在工作介质中进行。可将被加工工件浸在工作介质中，也可以采用电极丝冲液的方式。在线切割加工中，工作介质是循环使用的，应具备如下性能。

1）具有一定的绝缘性能。工作介质的绝缘性能可以保证火花放电只在较小的局部进行，放电结束后又能迅速恢复放电间隙的绝缘状态。

2）具有较好的洗涤性能，使其可以渗透到工件的窄缝中，发挥洗涤电蚀产物和去除油污的作用。

3）具有较好的冷却性能。为了防止电极丝烧断和工件表面退火，必须及时充分冷却，因此要求工作介质具有较好的吸热、传热和散热的性能。

4）具有好的防锈性能，保证在线切割加工中，工作介质不会锈蚀机床和工件。

5）具有良好的环保性能，不会产生有害气体，不会对操作人员的身体造成危害。

工作介质一般采用线切割专用乳化液，并与水按 1:30 调配均匀。工作介质由泵通过管道传送到线架上下臂，用过的乳化液经回水管流回工作液箱。为了保证工作稳定可靠，工作介质应经常换新，更换时要把工作液箱清洗干净。

3.3 电火花线切割机床的基本操作

3.3.1 操作前的准备

1）将工作台移动到中间位置。

2）摇动储丝筒，检验拖板的往复运动是否灵活，调整左右撞块，控制拖板行程。

3）开启总电源，启动走丝电动机，检验其运转是否正常，检查拖板的换向动作是否可靠，换向时高频电源是否自行切断，并检查限位开关是否起到停止走丝电动机的作用。

4）使工作台作纵横向移动，检查输入信号与移动动作是否一致。

3.3.2 机床的操作程序

1. 安装钼丝

如图 3-7 所示，将钼丝盘紧固于绕丝轴上，松开储丝筒拖板行程撞块。开动走丝电动机，将储丝筒移至左端后停止，把钼丝一端紧固在储丝筒右边的固定螺钉上，利用绕丝轴上的弹簧使钼丝张紧，张力大小可通过绕丝轴上的螺母调整。先用手盘动储丝筒，使钼丝卷到储丝筒上，再开动走丝电动机（低速），使钼丝均匀地卷在储丝筒表面。待卷到另一端位置时，停止走丝电动机，折断钼丝（或钼丝终了时），将钼丝端头暂时紧固在储丝筒上。开动走丝电动机，调整拖板行程撞块，使拖板在往复运动时两端钼丝存留余量 5mm 左右，停止走丝电动机，使拖板停在钼丝端头处与丝架中心的位置。

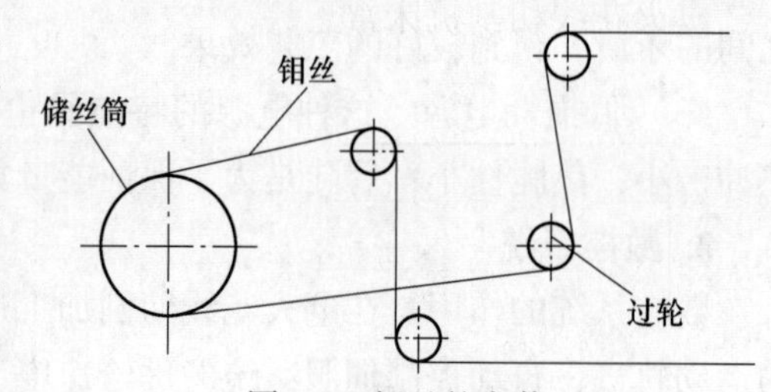

图 3-7 钼丝的安装

2. 穿丝

如工件上有穿丝孔，将工作台移动至工件的穿丝孔位置，从储丝筒取下钼丝端头，通过

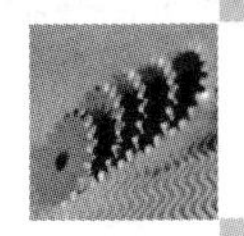

上导轮穿过工件穿丝孔，再从下导轮、导向过轮装置引向储丝筒，张紧并固定，调整高频电源进电块和断丝保护块（表面应擦干净），使钼丝与表面相接触；如工件不需穿丝孔，可以从外表面切进，这样在装工件前就可调整好钼丝。

3. 垂直找正块的使用方法

垂直找正块是一个长方体，各相邻面相互垂直，垂直度公差在0.005mm以内，是用来找正电极丝和工作台垂直的。其使用方法是：把找正块放置于夹具上，注意使找正块与夹具接触良好，可来回移动几下找正块。电极丝的找正是从*X*和*Y*（机床前后方向为*X*方向，左右方向为*Y*方向）两个方向分别进行的。

1）*X*方向电极丝的垂直找正：将找正块放在夹具上，并使找正块伸出距离在电极丝的有效行程内；从电柜上选择微弱放电功能，然后在手控盒功能下移动电极丝并靠近找正块，开始速度可以快些，靠近后要点动手控盒，移动电极丝直至与找正块之间产生火花。若是沿*X*正方向接近找正块，火花出现在找正块下面，可按“U+”并让*X*向负方向回退一点，直至上下火花均匀，则*X*方向电极丝的垂直已找好，沿*X*负方向移开电极丝。

2）*Y*方向电极丝的垂直找正：用方尺靠上下锥度头，移动V轴使上下两锥度头的侧面在同一平面上，然后调整上下导轮（具体方法如上所述），保证钼丝与工作台的垂直度要求（注意不能再动V轴）。

4. 安装工件

待*X*、*Y*方向电极丝均找正后，将夹具底部擦拭干净，置于工作台上的适当位置并紧固，擦净夹具工件面及工件基准面，放上工件，找正夹紧。

此时就可开机工作，按加工要求选择高频脉冲参数等电参数开始加工，但要注意以下两点。

1）在进行切割前，先开走丝电动机，待导轮转动后，再打开工作介质开关。切忌在导轮转动前打开工作介质开关，否则工作介质会因为没有导轮转动而产生的离心力作用而进入轴承内，损伤轴承。同样原因，停止时应先关工作介质开关，稍待片刻再关掉走丝电动机。关储丝筒电动机时最好在换向位置，可以减少断丝造成的钼丝浪费。

2）开动走丝电动机及工作介质开关后，再接通高频电源，如需中途关机或工作完毕时，应先切断高频电源，关掉变频，再关掉工作液泵及走丝电动机。

3.3.3 电火花线切割机床常见的故障与排除方法

电火花线切割机床常见的故障与排除方法见表3-3。

表3-3 电火花线切割机床常见的故障与排除方法

序号	加工故障	产生原因	排除方法
1	工件表面丝痕大	钼丝松、抖动导轮和轴承坏	按排除松丝或抖丝方法处理，检查更换导轮及轴承
2	导轮转动不灵活 导轮跳动有噪声	导轮磨损过大，轴承精度降低，轴向间隙大，工作介质进入轴承	更换导轮，更换轴承，调整轴向间隙，清除轴承污物，充分润滑
3	丝抖	钼丝松动，导轮轴承精度低，导轮槽磨损	更换导轮和导轮轴承，检查调整导轮轴承，重新张紧或更换钼丝
4	烧丝	高频电源电规准选择不当，工作介质太脏，供应不足，变频跟踪过慢，不稳	调整电规准，更换工作介质，检查高频电源检测电路及数控装置变频电路，调稳变频

（续）

序号	加工故障	产生原因	排除方法
5	断丝	钼丝使用时间长，老化变脆；工作介质供应不足或太脏，工件厚度与电规准选择不当；钼丝太紧或抖丝严重；限位开关失灵；导轮转动不灵活；导轮进电块和断丝保护块磨损过大出现沟槽	更换钼丝，正常选择电规准；增加工作介质的流量或更换清洁的工作介质；检查限位开关；重新卷丝；清洗调整导轮轴承或更换导轮；调整进电块位置，使其接触表面良好
6	工件精度不符	传动丝杠间隙过大，传动齿轮间隙过大，导轮V形槽损坏，轴承损坏，数控装置控制失灵，步进电动机失灵，加工中电参数不一致，有大有小，变频进给变换位置加工	调整滚珠丝杠副和减速齿轮的间隙及传动链中的联轴器，检查数控装置，更换导轮及轴承，电参数应保持一致，加工中不变为好

3.3.4 机床的润滑系统

为了保证电火花线切割机床的各部件运动灵活，减少零件磨损，机床上凡有相对运动的表面之间都必须用润滑剂进行润滑。润滑剂分润滑油和润滑脂两类。对于运动速度高、配合间隙小的部位，用润滑油润滑；反之，运动速度低、配合间隙大的部位用润滑脂润滑。

线切割机床结构简单，运动速度较低，无须设置专门的自动润滑系统，只需定期进行人工润滑即可，详见表3-4。

表3-4 电火花线切割机床的润滑

序号	润滑部位	润滑油脂类别	润滑方式	注油次数	换油周期
1	储丝筒拖板导轨	20#机械油	注油	1	
2	储丝筒拖板丝杠副	20#机械油	压配式压注油杯	1	
3	储丝筒支架轴承	轴承润滑脂	填封		1年
4	工作台导轨	凡士林、黄油	填封		1年
5	滚珠丝杠副	凡士林、黄油	填封		1年
6	滚珠丝杠轴承	轴承润滑脂	填封		1年
7	导轮轴承	4#精密机床主轴油	注油	2	
8	可调线架丝杠支撑轴承	轴承润滑脂	填封		1年

3.3.5 电火花线切割机床的使用

1. 电火花线切割加工的安全技术规程

作为电火花线切割加工的安全技术规程，可从两个方面考虑，一方面是人身安全，另一方面是设备安全，主要包括以下几点。

1）操作者必须熟悉线切割机床的操作技术，开机前应按设备的润滑要求对机床有关部位进行注油润滑。

2）操作者必须熟悉线切割加工工艺，适当地选取加工参数，按规定的操作顺序合理操作，防止断丝等故障的发生。

3）用手摇柄操作储丝筒后，应及时将摇柄拔出，防止储丝筒转动时将摇柄甩出伤人。废丝要放在规定的容器内，防止混入电路和走丝系统中，造成电器短路、触电和断丝事故。停机时，要在储丝筒刚换向后尽快按下停止按钮，防止因储丝筒惯性造成断丝及传动件碰撞。

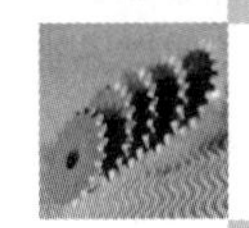

4）正式加工工件之前，应确认工件位置是否安装正确，防止碰撞丝架和因超程撞坏丝杠、螺母等传动部件。对于无超程限位的工作台，要防止超程坠落事故。

5）在加工之前应对工件进行热处理，尽量消除工件的残余应力，防止切割过程中工件爆裂伤人。

6）在检修机床、机床电器、脉冲电源和控制系统之前，应注意切断电源，防止损坏电路元件和触电事故的发生。

7）禁止用湿手按开关或接触电器部分。

8）防止工作介质等导电物进入电器部分。一旦因电器短路造成火灾时，应首先切断电源，立即用四氯化碳等合适的灭火器灭火，不准用水救火。

9）在加工过程中可能会因为工作介质一时供应不足而产生放电火花，所以机床附近不得放置易燃、易爆物品。

10）定期检查机床的保护接地是否可靠，注意各部位是否漏电，尽量采用防触电开关。合上加工电源后，不可用手或手持导电工具同时接触脉冲电源的两输出端（床身与工件），以防触电。

11）停机时，应先停高频脉冲电源、再停工作介质，让电极丝运行一段时间，并等储丝筒反向后再停走丝。工作结束后，关掉总电源，擦净工作台及夹具，并润滑机床。使用机床前必须经过严格的培训，取得合格的操作证后才能上机工作。

2. 电火花线切割机床的使用规则

线切割机床是技术密集型产品，属于精密加工设备，为了安全、合理和有效地使用机床，要求操作人员必须遵守以下几项规则。

1）操作人员必须对所用机床的性能、结构有比较充分的了解，能掌握操作规程和遵守安全生产制度。

2）定期检查机床的电源线、超程开关和换向开关是否可靠。

3）按机床操作说明书所规定的润滑部位，定时注入规定的润滑油或润滑脂，以保证机构灵活运转。导轮和轴承等关键零件必须定期检查和更换。

4）加工前检查工作液箱中的工作介质是否足够，若不够应及时添加工作介质，同时还应检查水管和喷嘴是否畅通。

5）定期检查机床电器设备是否受潮和可靠，并清除尘埃，防止金属物落入。

6）必须在机床的允许规格范围内进行加工，不要超重或超行程工作。

7）下班后清理工作区域，擦净夹具和附件等。

8）遵守定人定机制度，定期维护保养。

3. 电火花线切割机床常见的功能

下面简单介绍电火花线切割机床常见的功能。

（1）模拟加工功能　模拟显示加工时电极丝的运动轨迹及其坐标。

（2）短路回退功能　加工过程中若进给速度太快而电腐蚀速度慢，在加工时出现短路现象，控制器会改变加工条件并沿原来的轨迹快速后退，以消除短路，防止断丝。

（3）回原点功能　遇到断丝或其他一些情况，需要回到起割点，可用此操作。

（4）单段加工功能　加工完当前段程序后自动暂停，并有相关提示信息，如：

单段停止：按“OFF”键停止加工，按“RST”键继续加工。

此功能主要用于检查程序每一段的执行情况。

（5）暂停功能　暂时中止当前的功能（如加工、单段加工、模拟和回退等）。

（6）MDI功能　手动数据输入方式输入程序功能，即可通过操作面板上的键盘把数控指令逐条输入存储器中。

（7）进给控制功能　能根据加工间隙的平均电压或放电状态的变化，通过取样、变频电路，定期地向计算机发出中断申请，自动调整伺服进给速度，保持平均放电间隙，使加工稳定，提高切割速度和加工精度。

（8）间隙补偿功能　线切割加工数控系统所控制的是电极丝中心移动的轨迹，因此加工零件时有补偿量，其大小为单边放电间隙与电极丝半径之和。

（9）自动找中心功能　电极丝能够自动找正后停在孔中心处。

（10）信息显示功能　可动态显示程序号、计数长度、电规准参数和切割轨迹图形等参数。

（11）断丝保护功能　在断丝时，控制机器停在断丝坐标位置上等待处理，同时高频停止输出脉冲，储丝筒停止运转。

（12）停电记忆功能　可保存全部内存加工程序，当前没有加工完的程序可保持24h以内，随时可停机。

（13）断电保护功能　在加工时如果突然发生断电，系统会自动将当时的加工状态记下来，在下次电加工时，系统自动进入自动方式，并提示“从断电处开始加工吗？按OFF键退出按RST键继续”。

这时，如果想继续从断电处开始加工，则按下“RST”键，系统将从断电处开始加工，否则按“OFF”键退出加工。

使用该功能的前提是：不要轻易移动工件和电极丝，否则来电继续加工时，会发生很长时间的回退，影响加工效果，甚至导致工件报废。

（14）分时控制功能　可以一边进行切割加工，一边编写另外的程序。

（15）平移功能　主要用在切割完当前图形后，在另一个位置加工同样图形等场合。此功能可以省掉重新画图的时间。

（16）跳步功能　将多个加工轨迹连接成一个跳步轨迹，如图3-8所示，可以简化加工的操作过程。图3-8中，实线为零件形状，虚线为电极丝路径。

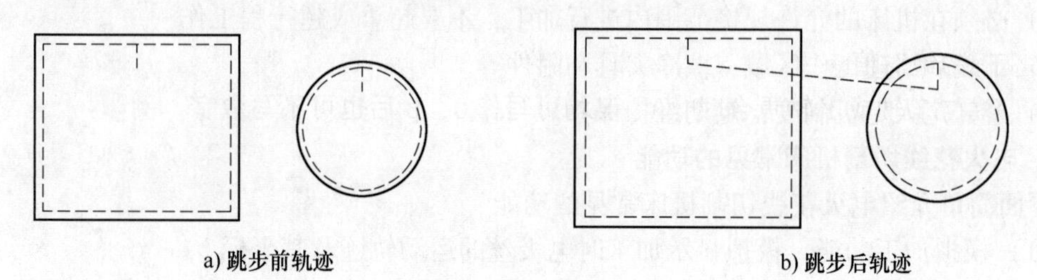

a) 跳步前轨迹　　b) 跳步后轨迹

图3-8　跳步轨迹

（17）任意角度旋转功能　可以大大简化某些轴对称零件的编程工艺，如齿轮只需先画一个齿形，然后让它旋转几次，就可圆满完成。

（18）代码转换功能　能将ISO代码转换为3B代码等。

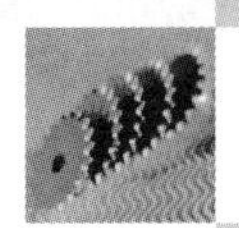

（19）上下异性功能　可加工出上下表面形状不一致的零件，如上面为圆形，下面为方形等。

3.4　电火花线切割编程

电火花线切割机床的数控装置控制系统是按照事先编制好的程序指令来控制机床进行加工的。所谓的数控线切割编程就是把要加工的零件图形，用机床所能接受的“语言”编制好“指令”，然后通过数控装置控制机床进行加工。这种指令就是电火花线切割程序，编写这种指令的工作称为电火花线切割编程，简称编程。

电火花线切割机床的编程指令必须具有一定的格式，以便于机床接受。我国电火花线切割机床广泛采用的是3B代码格式，而国外线切割机床则通常采用ISO代码进行编程。为了便于国际交流，目前我国生产厂家制造的数控电火花线切割机床均带有可以接受ISO代码程序的接口或必须是3B格式与ISO代码同时兼容。

3.4.1　3B代码编程

目前国内的电火花线切割机床多数采用3B指令格式，有些机床既使用3B格式代码，同时也支持ISO格式的代码。

3B指令的一般格式如下。

BX　BY　BJ　G　Z

其中　B——分隔符，它将X、Y、J的数值分隔开；

X——*X*轴坐标值，取绝对值（μm）；

Y——*Y*轴坐标值，取绝对值（μm）；

J——计数长度，取绝对值（μm）；

G——计数方向，分为按*X*方向计数（Gx）和按*Y*方向计数（Gy）；

Z——加工指令（共有12种指令，其中直线4种，圆弧8种）。

注意：X、Y、J的数值最多6位，而且都要取绝对值，即不能使用负数。

1. 直线的编程

（1）建立坐标系　一般将坐标原点设定在线段的起点。

（2）格式中每个代码的含义

1）X、Y：线段的终点坐标值（Xe，Ye），也就是切割线段的终止点相对于线段起始点的相对坐标的绝对值。

当直线与*X*轴或*Y*轴重合时，*X*、*Y*均可写作0，B后也可不写数字。例如：

程序B 0　B 4000　B 4000　Gy　L1可简化为B　B 4000　B 4000　Gy　L1（其中作为分隔符的“B”在任何时候均不能省略）。

2）计数长度J：由线段的终止点坐标值中较大的值来确定。如Xe ＞Ye，则取Xe；反之取Ye。

3）计数方向G：由线段的终止点坐标值中较大值的方向来确定。当Xe＞Ye时，取Gx，如图3-9a所示；反之取Gy，如图3-9b所示。当Xe＝Ye时，若是45°和225°，则取Gy；若是135°和315°，则取Gx。

4）直线加工指令Z：直线加工指令有4种：L1、L2、L3、L4，如图3-10所示。第一象限取 L1（0°≤α<90°），第二象限取 L2（90°≤α<180°），第三象限取 L3（180°≤α<270°），第四象限取 L4（270°≤α<360°）。

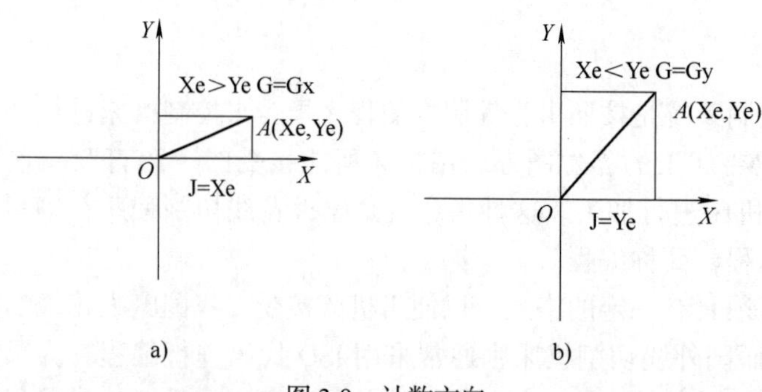

图 3-9 计数方向

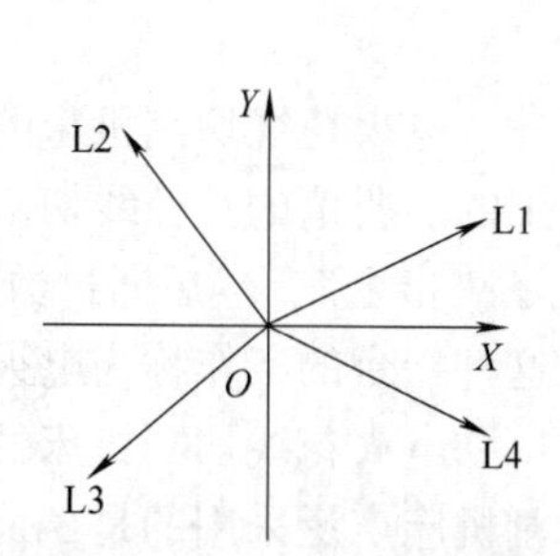

图 3-10 直线加工指令

（3）示例讲解

［例 3-1］ 如图 3-11 所示，试编写直线 $O \rightarrow A$ 的程序。

［解］坐标原点设定在线段的起点 O，线段终点 A 的坐标值为（Xe = 3000，Ye = 4000）。

因为 Xe < Ye，

所以 G = Gy，J = Jy = 4000。

由于直线位于第一象限，所以取加工指令（Z）为 L1。

则直线 $O \rightarrow A$ 的程序为

B 3000　B 4000　B 4000　Gy　L1

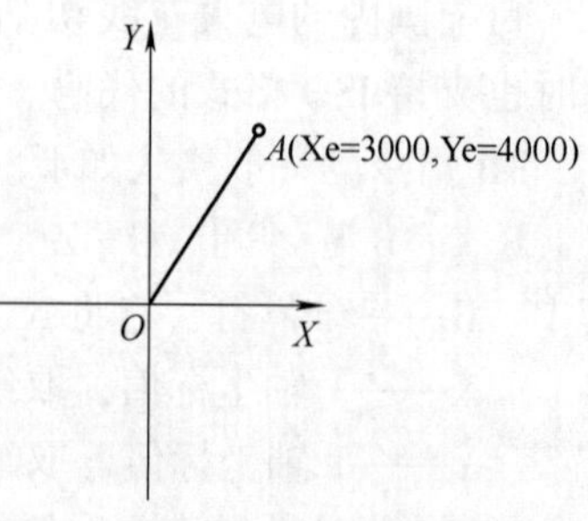

图 3-11 例 3-1 图

［例 3-2］ 如图 3-12 所示，试编写直线 $A \rightarrow B$ 的程序。

［解］坐标原点设定在线段的起点 A，线段终点 B 的坐标为（Xe = 3500，Ye = 0）。

因为 Xe > Ye，

所以 G = Gx，J = Jx = 3500。

由于直线位于第一象限，所以取加工指令（Z）为 L1。

直线 $O \rightarrow A$ 的程序为

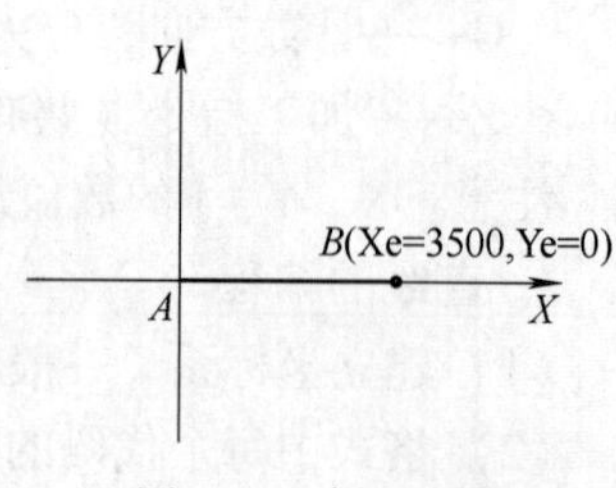

图 3-12 例 3-2 图

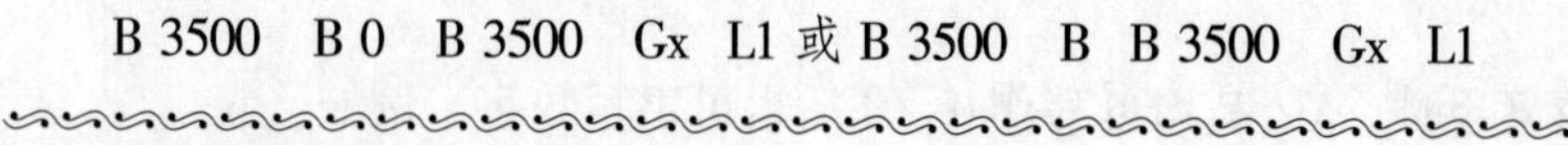
B 3500　B 0　B 3500　Gx　L1 或 B 3500　B　B 3500　Gx　L1

2. 圆弧编程

（1）建立坐标系　一般将坐标系原点设定在圆弧的圆心。

（2）格式中每个代码的含义

1）X、Y 是圆弧的起点坐标值，即圆弧起始点相对于圆心坐标值的绝对值。

2）计数方向 G 由圆弧的终止点坐标值中绝对值较小的值来确定。当 Xe > Ye 时，取 Ye；反之取 Xe。

3）计数长度 J 应取从起始点到终止点的某一坐标移动的总距离。当计数方向确定后，J

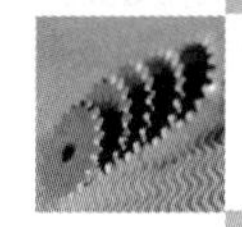

就是被加工曲线在该方向（计数方向）投影长度的总和。对圆弧来讲，它可能跨越几个象限。

4）加工指令Z由圆弧起始点所在的象限决定。该指令共有8种，其中逆时针4种，顺时针4种。圆弧加工指令如图3-13所示，也可见表3-5。

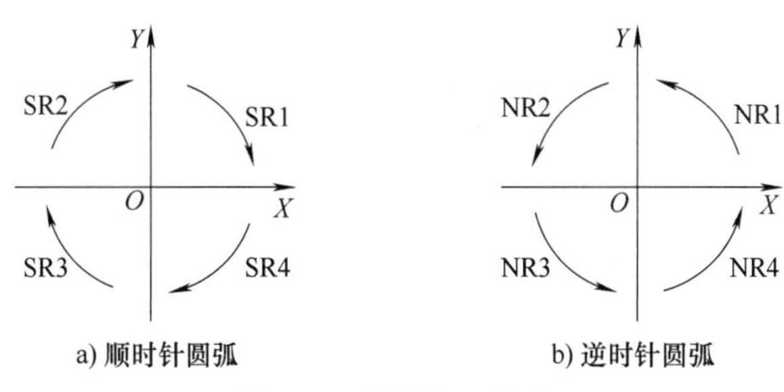

图3-13　圆弧加工指令

表3-5　圆弧加工指令

	第一象限	第二象限	第三象限	第四象限
逆时针圆弧	NR1	NR2	NR3	NR4
顺时针圆弧	SR1	SR2	SR3	SR4

注意：当起点位于坐标轴上时，顺时针圆弧和逆时针圆弧的加工指令是不一样的。

若起点在 X 轴的正方向上（即 $\alpha=0°$），则逆时针圆弧的加工指令为NR1，顺时针圆弧的加工指令为SR4。

若起点在 Y 轴的正方向上（即 $\alpha=90°$），则逆时针圆弧的加工指令为NR2，顺时针圆弧的加工指令为SR1。

若起点在 X 轴的负方向上（即 $\alpha=180°$），则逆时针圆弧的加工指令为NR3，顺时针圆弧的加工指令为SR2。

若起点在 Y 轴的负方向上（即 $\alpha=270°$），则逆时针圆弧的加工指令为NR4，顺时针圆弧的加工指令为SR3。

（3）示例讲解

[例3-3]　如图3-14所示，编写加工圆弧 $A \to B$ 的程序。

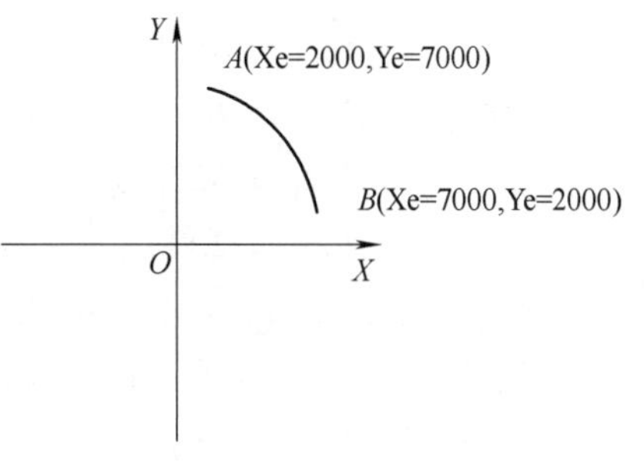

图3-14　例3-3图

[解] 坐标系的原点设定在圆心 O 点，起始点 A 的坐标为（Xe = 2000，Ye = 7000），终止点 B 的坐标为（Xe = 7000，Ye = 2000）。

因为在终止点 B 的坐标中 Xe > Ye，

所以

G = Gy，J = Jy = YA − YB = 7000 − 2000 = 5000。

由于圆弧起始点 A 位于第一象限，圆弧 $A \to B$ 为顺时针圆弧，所以取加工指令（Z）为SR1。

所以圆弧 $A \to B$ 的程序为：B 2000　B 7000　B 5000　Gy　SR1

若将此题中的圆弧 $A \to B$ 改为 $B \to A$，则应编写程序如下：

坐标系的原点设定在圆心 O 点上，起始点 B 的坐标为（Xe = 7000，Ye = 2000），终止点 A 的坐标为（Xe = 2000，Ye = 7000）。

因为在终止点 A 的坐标中：Xe < Ye，

所以 G = Gx，J = Jx = YB − YA = 7000 − 2000 = 5000。

由于圆弧起点 B 位于第一象限，圆弧 $B \to A$ 为逆时针圆弧，所以取加工指令（Z）为 NR1。

所以圆弧 $B \to A$ 的程序为：B 7000 B 2000 B 5000 Gx NR1

［例 3-4］ 如图 3-15 所示，编写加工圆弧 $A \to B$ 的程序。

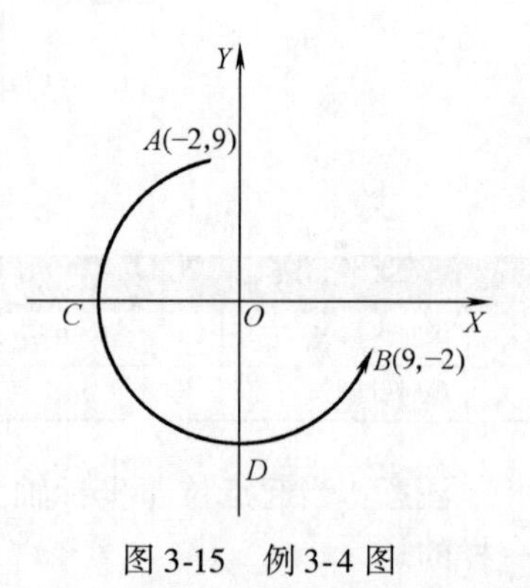

图 3-15 例 3-4 图

［解］ 坐标系的原点设定在圆心 O 点上，起始点 A 的坐标为（Xe = −2000，Ye = 9000），终止点 B 的坐标为（Xe = 9000，Ye = −2000）。分别按逆时针和顺时针方向编程。

1）按逆时针切割方向编程。

按逆时针方向进行切割，故 A 点为起始点，B 点为终止点。

因为在终止点 B 的坐标中 Xe > Ye，所以 G = Gy，

圆弧半径：$R = \sqrt{9000^2 + 2000^2} = 9220$。

计数长度：$J_{YAC} = 9000$，

$J_{YCD} = 9220$，

$J_{YDB} = R - 2000 = 9220 - 2000 = 7220$，

则 $J_Y = J_{YAC} + J_{YCD} + J_{YDB} = 9000 + 9220 + 7220 = 25\,440$。

由于圆弧起始点 A 位于第二象限，圆弧 $A \to B$ 为逆时针，所以取加工指令（Z）为 NR2。

则圆弧 A→B 的程序为：B 2000 B 9000 B 25 440 Gy NR2

2）按顺时针切割方向编程。

按顺时针进行切割，则 B 点为起始点，A 点为终止点。

因为在终止点 A 的坐标中 Xe < Ye，所以 G = Gx，

圆弧半径：$R = \sqrt{9000^2 + 2000^2} = 9220$。

计数长度：$J_{XAC} = R - 2000 = 9220 - 2000 = 7220$，

$J_{XCD} = 9220$，

$J_{XDB} = 2000$，

则 $J_X = J_{XAC} + J_{XCD} + J_{XDB} = 7220 + 9220 + 2000 = 18\,440$。

由于圆弧起点 B 位于第四象限，圆弧 $B \to A$ 为顺圆，所以取加工指令（Z）为 SR4。

则圆弧 $B \to A$ 的程序为：B 9000 B 2000 B 18 440 Gx SR4

［例 3-5］ 如图 3-16 所示，试编写加工圆弧 $A \to B$ 的程序。

［解］ 坐标系的原点设定在圆心 O 点上，起始点 A 的坐标为（Xe = 43 000，Ye = −25 000），终止点 B 的坐标为（Xe = 43 000，Ye = 25 000）。分别按逆时针和顺时针方向编程。

1）按逆时针切割方向编程。

按逆时针切割方向编程，故 B 点为起点，A 点为终点。

因为在终点 A 的坐标中 $Xe > Ye$，所以 $G = Gy$，

$J = Jy = Jy1 + Jy2 + Jy3 = 25\ 000 + 100\ 000 + 25\ 000 = 150\ 000$。

由于圆弧起点 B 位于第一象限，圆弧 $B \to A$ 为逆圆，所以取加工指令（Z）为 NR1。

则圆弧 $B \to A$ 的程序为：B 43 000　B 25 000　B 150 000　Gy　NR1

图 3-16　例 3-5 图

2）按顺时针切割方向编程。

按顺时针切割方向编程，故 A 点为起点，B 点为终点。

因为在终点 B 的坐标中 $Xe > Ye$，所以 $G = Gy$，

$J = Jy = Jy1 + Jy2 + Jy3 = 25\ 000 + 100\ 000 + 25\ 000 = 150\ 000$。

由于圆弧起点 A 位于第四象限，圆弧 $A \to B$ 为顺圆，所以取加工指令（Z）为 SR4。

圆弧 $A \to B$ 的程序为：B 43 000　B 25 000　B 150 000　Gy　SR4

3.3B 代码编程举例

［例 3-6］　试用 3B 格式编写图 3-17 所示轨迹的程序，切割路线为 $A \to B \to C \to D \to A$，不考虑切入路线。

［解］ 该图形是由三段直线和一段圆弧组成的。具体编程如下：

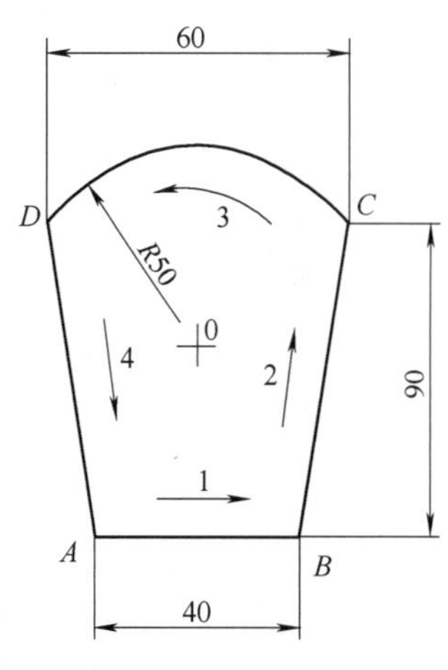

图 3-17　例 3-6 图

1）直线 $A \to B$：将坐标原点设为起始点 A，则终止点 B 的坐标为（$Xe = 40\ 000$，$Ye = 0$）。因为 $Xe > Ye$，所以取 $G = Gx$，$J = Jx = 40\ 000$。由于直线 $A \to B$ 位于第一象限，所以取加工指令（Z）为 L1。故直线 $A \to B$ 的程序为 B 40 000　B 0　B 40 000　Gx　L1

2）斜线 $B \to C$：将坐标原点设为起始点 B，则终止点 C 的坐标为（$Xe = 10\ 000$，$Ye = 90\ 000$）。因为 $Xe < Ye$，所以取 $G = Gy$，$J = Jy = 90\ 000$。由于斜线 $B \to C$ 位于第一象限，所以取加工指令（Z）为 L1。故斜线 $B \to C$ 程序为 B 10 000　B 90 000　B 90 000　Gy　L1

3）圆弧 $C \to D$：将坐标原点设为圆心 O 点，则起始点 C 的坐标为（$Xe = 30\ 000$，$Ye = 40\ 000$），终止点 D 的坐标为（$Xe = 30\ 000$，$Ye = 40\ 000$）。因为圆弧终点坐标 $Xe < Ye$，所以取 $G = Gx$，$J = Jx = Jx1 + Jx2 = 30\ 000 + 30\ 000 = 60\ 000$。由于圆弧起点 C 位于第一象限，而圆弧 $C \to D$ 为逆时针圆弧，所以取加工指令（Z）为 NR1。故圆弧 $C \to D$ 的程序为 B 30 000　B 40 000　B 60 000　Gx　NR1

4）斜线 $D \to A$：将坐标原点设为起始点 D，则终止点 A 的坐标为（$Xe = 10\ 000$，$Ye = 90\ 000$）。因为 $Xe < Ye$，所以取 $G = Gy$，$J = Jy = 90\ 000$。由于斜线 $D \to A$ 位于第四象限，所

以取加工指令（Z）为 L4。故斜线 $D \rightarrow A$ 的程序为

B 10 000　B 90 000　B 90 000　Gy　L4

完整的工件加工程序见表 3-6。

表 3-6　工件加工程序

序号	B	X	B	Y	B	J	G	Z
1	B	40 000	B	0	B	40 000	Gx	L1
2	B	10 000	B	90 000	B	90 000	Gy	L1
3	B	30 000	B	40 000	B	60 000	Gx	NR1
4	B	10 000	B	90 000	B	90 000	Gy	L4
5	D							

[例 3-7]　加工图 3-18 所示的正方形工件，尺寸为 10mm×10mm，试编写加工程序。

[解] 由 A 点开始逆时针加工：$A \rightarrow B \rightarrow C \rightarrow D \rightarrow A$。完整的工件加工程序见表 3-7。

图 3-18　例 3-7 图

表 3-7　工件加工程序

序号	B	X	B	Y	B	J	G	Z
1	B	10 000	B		B	10 000	Gx	L1
2	B		B	10 000	B	10 000	Gy	L2
3	B	10 000	B		B	10 000	Gx	L3
4	B		B	10 000	B	10 000	Gy	L4
5	D							

[例 3-8]　加工图 3-19 所示的圆柱体工件，尺寸为 ϕ10mm，试编写加工程序。

[解] 由 A 点开始逆时针加工圆，最终再回到 A 点。计数长度 J 为两倍直径，即 20mm。其加工程序为

B　B 5000　B 20 000　Gx　NR1

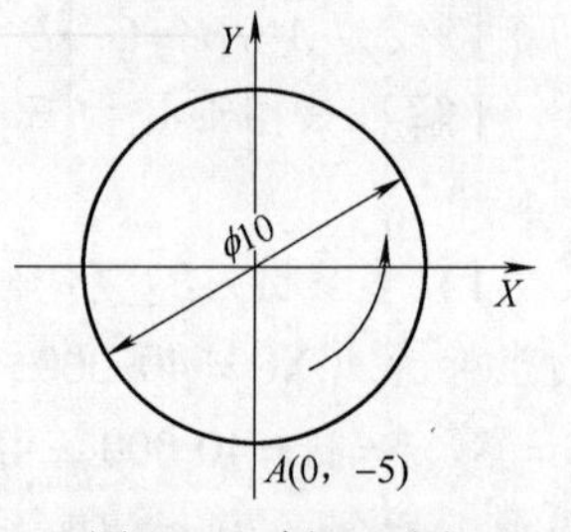

图 3-19　例 3-8 图

4. 间隙补偿量的确定

数控电火花线切割加工是采用电极丝（如钼丝）作为工具电极来进行加工的。因为电极丝具有一定的直径 d；加工时又有放电间隙 δ 的存在，致使电极丝中心的运动轨迹与给定图形相差距离 L，如图 3-20所示，即 $L = d/2 + \delta$。所以，加工模具中的凸模类零件时，电极丝中心轨迹应放大；加工模具中的凹模类零件时，电极丝中心轨迹应缩小，如图 3-21 所示。

一般数控装置都具有刀具补偿功能，不需要计算刀具中心的运动轨迹，而只需要按零件轮廓编程，从而使编程简单方便，但需要考虑电极丝直径及放电间隙，即要设置间隙补偿量 f：$f = \pm\ (d/2\ + \delta)$。加工凸模时，f 取“+”值；加工凹模时，f 取“-”值。

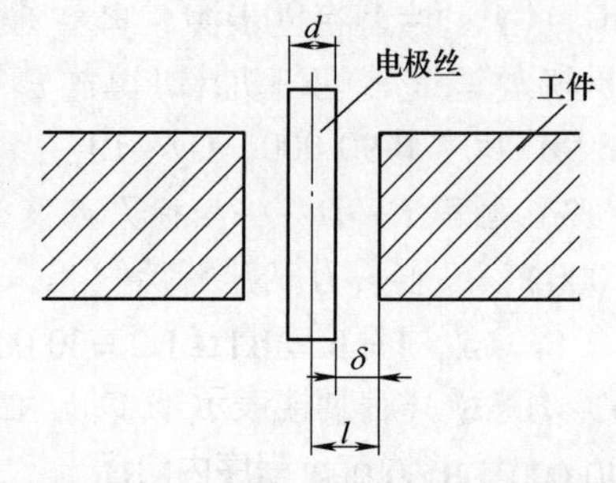

图 3-20　电极丝与工件放电位置的关系

在数控线切割加工时，数控装置所控制的是电极丝中心轨迹，如图3-21所示，加工凸模时电极丝中心轨迹应在所加工图形的外面；加工凹模时，电极丝中心轨迹应在要求加工图形的里面。工件图形与电极丝中心轨迹间的距离，在圆弧的半径方向和线段的垂直方向都等于间隙补偿量f。

（1）间隙补偿量的符号　间隙补偿量的符号可根据在电极丝中心轨迹图形中圆弧半径及直线段法线长度的变化情况来确定。对于圆弧，考虑电极丝中心轨迹后，其圆弧半径比原图形半径增大时取$+f$，减小时取$-f$；对于直线段，考虑电极丝中心轨迹后，使该直线段的法线长度增加时取$+f$，减小时则取$-f$。

（2）间隙补偿量的算法　加工冲模凸、凹模时，应考虑电极丝半径，丝、电极丝和工件之间的单边放电间隙$\delta_{电}$及凸模和凹模间的单边配合间隙$\delta_{配}$。当加工冲孔模具时（即冲后要求保证工件孔的尺寸），凸模尺寸由孔的尺寸确定。因$\delta_{配}$在凹模上扣除，故凸模的间隙补偿量$f_{凸}=r_{丝}+\delta_{电}$，凹模的间隙补偿量$f_{凹}=r_{丝}+\delta_{电}-\delta_{配}$。当加工落料模时（即冲后要求保证冲下的工件尺寸），凹模尺寸由工件尺寸确定。因$\delta_{配}$在凸模上扣除，故凸模的间隙补偿量$f_{凸}=r_{丝}+\delta_{电}-\delta_{配}$，凹模的间隙补偿量$f_{凹}=r_{丝}+\delta_{电}$。

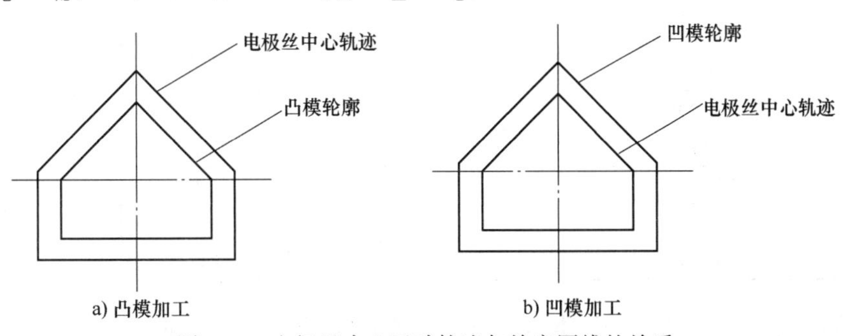

图3-21　电极丝中心运动轨迹与给定图线的关系

3.4.2　ISO代码编程

为了便于国际交流，按照国际统一规范——ISO代码进行数控编程是数控电火花线切割加工编程和控制发展的必然趋势。现阶段国内生产厂家和使用的机床均可以采用3B格式和ISO代码并存的方式作为过渡。为了适应这种新的要求，生产厂家制造的数控系统必须带有可以接受ISO代码程序的接口或必须是3B格式与ISO代码兼容，用户单位不论是手工编程还是计算机辅助编程，都应具备生成ISO代码程序或直接采用ISO代码编程的手段。通过一段时间的过渡，将逐步淘汰3B代码格式的程序，编程和控制装置全部规范为ISO国际标准代码。电火花线切割机床常用的ISO代码见表3-8。

1. 程序格式

（1）程序的结构　一个完整的加工程序由程序号、程序内容和程序结束三部分组成。

1）程序号。程序号即为程序的编号，位于程序的开头。为了区别存储器中的其他程序，每个程序都要有自己的程序号，且不能重复。程序号的地址为英文字母，一般采用O、P或%等，其后紧接表示序号的数字。

2）程序内容。程序内容部分是整个程序的核心，由若干个程序段组成。每个程序段又由若干个指令字组成，每个指令字又由字母、数字、符号组成，表示数控设备要完成的全部动作。

3）程序结束。程序结束是以程序结束指令M02或M30作为整个程序结束的符号，来结束整个程序。

表 3-8 电火花线切割机床常用的 ISO 代码

代 码	功 能	代 码	功 能
G00	快速定位	G55	加工坐标系 2
G01	直线插补	G56	加工坐标系 3
G02	顺时针圆弧插补	G57	加工坐标系 4
G03	逆时针圆弧插补	G58	加工坐标系 5
G05	*X* 轴镜像	G59	加工坐标系 6
G06	*Y* 轴镜像	G80	接触感知
G07	*X*、*Y* 轴交换	D82	半轴移动
G08	*X* 轴镜像、*Y* 轴镜像	G90	绝对坐标指令
G09	*X* 轴镜像，*X*、*Y* 轴交换	G91	增量坐标指令
G10	*Y* 轴镜像，*X*、*Y* 轴交换	G92	设定加工起点
G11	*X* 轴镜像，*Y* 轴镜像，*X*、*Y* 轴交换	M00	程序暂停
G12	消除镜像	M02	程序结束
G40	取消电极丝补偿	M05	接触感知解除
G41	电极丝左补偿	M98	调用子程序
G42	电极丝右补偿	M99	调用子程序结束
G50	取消锥度	T84	切削液开
G51	锥度左偏	T85	切削液关
G52	锥度右偏	T86	走丝机构开
G54	加工坐标系 1	T87	走丝机构关

（2）程序段　能够完成一个动作，作为一个单位的一组连续的字，称为程序段。程序段由程序段号及各种功能字组成，如 N0010　G92　X0　Y50。

（3）G 功能　该功能的作用主要是指定数控电火花线切割机床的加工方式，为机床的插补运算和刀补运算等做好准备，其后续数字一般为两位数字，如 G54、G00 和 G01 等。

（4）尺寸坐标字　尺寸坐标字主要用于指定坐标移动的数据。如 X、Y 指定到达点的直线坐标尺寸，I、J 指定圆弧中心坐标的数据。

（5）T 功能　T 功能用于指定有关机械控制的事项。如 T84 表示切削液开启，T85 表示切削液关闭，T86 表示开启走丝，T87 表示关闭走丝。

（6）M 功能　M 功能用于控制数控机床中辅助装置的开关动作或状态，其后一般为两位数字。如 M00 表示暂停程序运行，M02、M30 表示加工结束，M20 开走丝电动机、工作液泵和加工电源，M21 关走丝电动机、工作液泵和加工电源。

2. 程序编制

（1）绝对坐标指令 G90

格式：G90　X__　Y__

采用 G90 指令时，其后续程序段的坐标值均按绝对方式编程，即所有点的坐标值均相对于坐标原点。如图 3-22 所示，采用绝对坐标指令（G90）编程，则：

从 *A*→*B* 的尺寸坐标值为 X100，Y50；

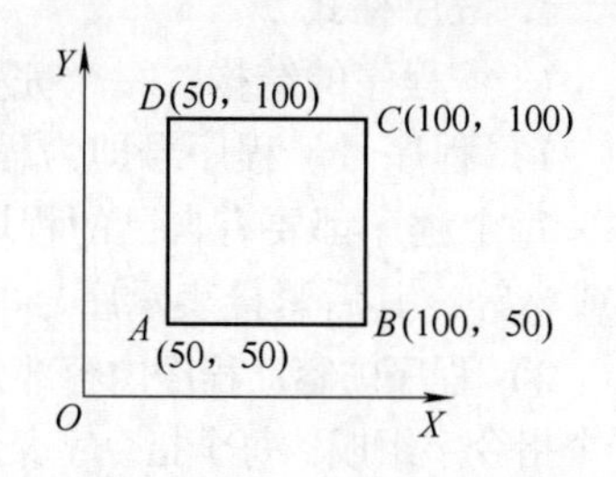

图 3-22　绝对坐标指令 G90

从 $B \to C$ 的尺寸坐标值为 X100，Y100；

从 $C \to D$ 的尺寸坐标值为 X50，Y100；

从 $D \to A$ 的尺寸坐标值为 X50，Y50。

（2）相对坐标指令 G91

格式：G91　X＿　Y＿

采用 G91 指令时，其后续程序段的坐标值均按增量方式编程，即所有点的坐标值均相对于前一点的坐标值。如图 3-22 所示，采用相对坐标指令（G91）编程，则：

从 $A \to B$ 的尺寸坐标值为 X50，Y0；

从 $B \to C$ 的尺寸坐标值为 X0，Y50；

从 $C \to D$ 的尺寸坐标值为 X－50，Y0；

从 $D \to A$ 的尺寸坐标值为 X0，Y－50。

（3）设置当前点坐标指令 G92

格式：G92　X＿　Y＿

G92 指令用于设置当前电极丝位置的坐标值，其后面跟的 X、Y 坐标值即为当前点的坐标值。

（4）快速定位指令 G00

格式：G00　X＿　Y＿

快速定位指令 G00 是使电极丝按机床最快速度沿直线或折线移动到目标位置，其速度取决于机床本身的参数。

（5）电极丝半径补偿指令 G40、G41 和 G42　如图 3-23 所示。

格式：G40　取消电极丝补偿

G41　D＿　电极丝左补偿

G42　D＿　电极丝右补偿

说明：G40 为取消电极丝补偿，G41 为电极丝左补偿，G42 为电极丝右补偿。

G41
G42

图 3-23　电极丝半径补偿指令

D 为电极丝半径和放电间隙之和。

［例 3-9］　如图 3-24 所示，电极丝从 A 点快速移动到 B 点，试分别用绝对方式和增量方式编程。

已知：起点 A 的坐标为（X40，Y10），终点 B 的坐标为（X60，Y40）。

按绝对方式编程的程序如下。

N0010　G90

N0020　G00　X60　Y40

按增量方式编程的程序如下。

N0010　G91

N0020　G00　X20　Y30

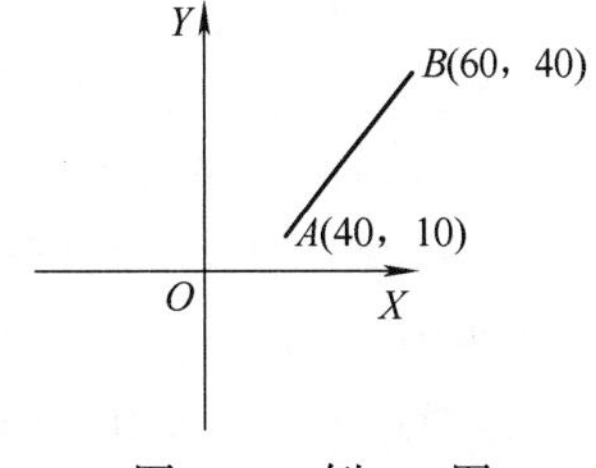

图 3-24　例 3-9 图

（6）直线插补指令 G01

格式：G01　X＿　Y＿

直线插补指令 G01 用于使电极丝从当前位置以进给速度移动到目标位置。

[**例3-10**] 如图3-25所示，电极丝从*A*点快速移动到*B*点，试分别用绝对方式和增量方式编程。

已知：起点*A*的坐标为（X20，Y－45），终点*B*的坐标为（X80，Y－15）。

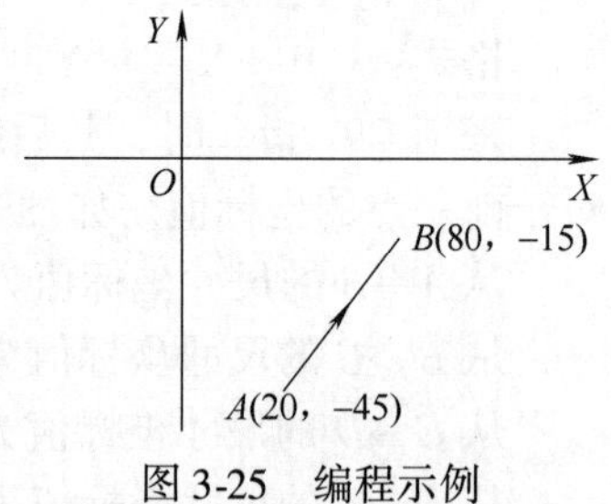

图3-25 编程示例

按绝对方式编程的程序如下。

N0010 G90

N0020 G01 X80 Y－15

按增量方式编程的程序如下。

N0010 G91

N0020 G01 X60 Y30

（7）圆弧插补指令 G02、G03

格式：$\left.\begin{matrix}G02\\G03\end{matrix}\right\}$ X＿ Y＿ $\left\{\begin{matrix}I\_J\_\\R\_\end{matrix}\right.$

格式说明：

1）G02是顺时针切割圆弧的编程指令，G03是逆时针切割圆弧的编程指令。

2）X、Y是圆弧终点的坐标值。

3）R为圆弧半径，当圆心角小于180°时，R取正值；否则，R取负值。

4）I和J是圆心坐标，即I、J分别是在*X*轴和*Y*轴上圆心相对于圆弧起点的投影。

5）切割整圆时，必须用I、J方式，而不能用R编程。

[**例3-11**] 切割如图3-26所示的圆弧，试编制加工程序。

1）采用I、J方式编程。

按绝对方式编程的程序如下。

N0010 G90

N0020 G03 X20 Y40 I－30 J－10

按增量方式编程的方式如下。

N0010 G91

N0020 G03 X－20 Y20 I－30 J－10

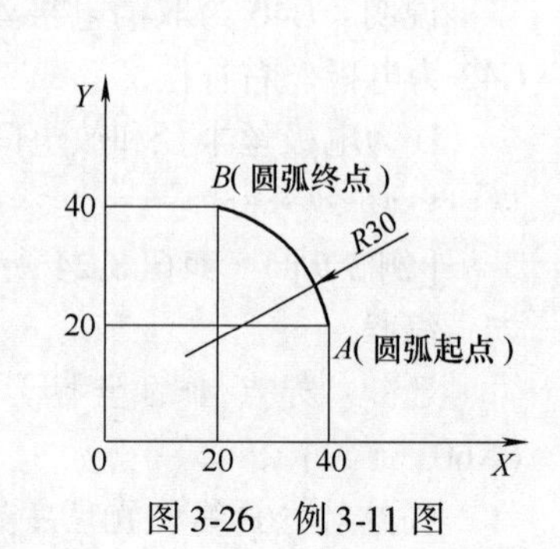

图3-26 例3-11图

2）采用R方式编程。

按绝对方式编程的程序如下。

N0010 G90

N0020 G03 X20 Y40 R30

按增量方式编程的程序如下。

N0010 G91

N0020 G03 X－20 Y20 R30

[**例3-12**] 切割如图3-27所示的整圆，试编制加工程序。

1）以*A*为起点顺时针加工。

按绝对方式编程的程序如下。

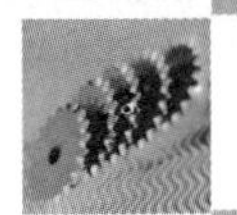

N0010　G90

N0020　G02　X0　Y20　I0　J－20

按增量方式编程的程序如下。

N0010　G91

N0020　G02　X0　Y0　I0　J－20

2）以 *A* 为起点逆时针加工。

按绝对方式编程的程序如下。

N0010　G90

N0020　G03　X0　Y20　I0　J－20

按增量方式编程的程序如下。

N0010　G91

N0020　G03　X0　Y0　I0　J－20

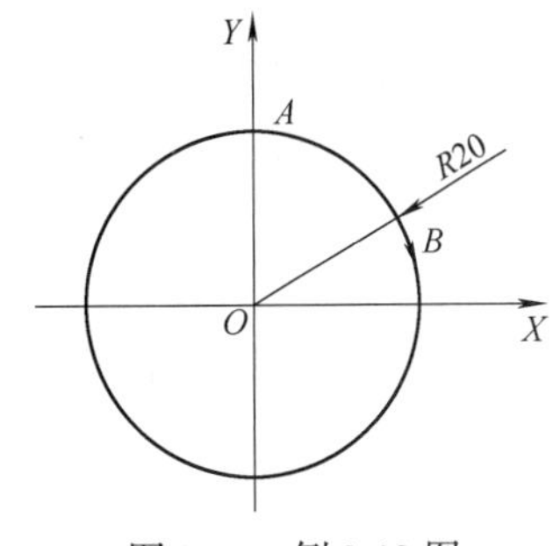

图 3-27　例 3-12 图

3. 编程举例

［**例 3-13**］　采用 ISO 代码编写程序，切割如图 3-28 所示的五角星图形。

根据图形特点，将加工原点设为 *O* 点。

加工路线为 *O*→*A*→*B*→*C*→*D*→*E*→*F*→*G*→*H*→*I*→*J*→*A*→*O*

该例为切割五角星外形，所以从工件外部引入，采用左刀补 G41。

设各点的坐标为 *O*（0，0），*A*（0，134），*B*（80，134），*C*（103，210），*D*（130，134），*E*（210，134），*F*（142，87），*G*（163，11），*H*（100，58），*I*（35，11），*J*（60，87）。

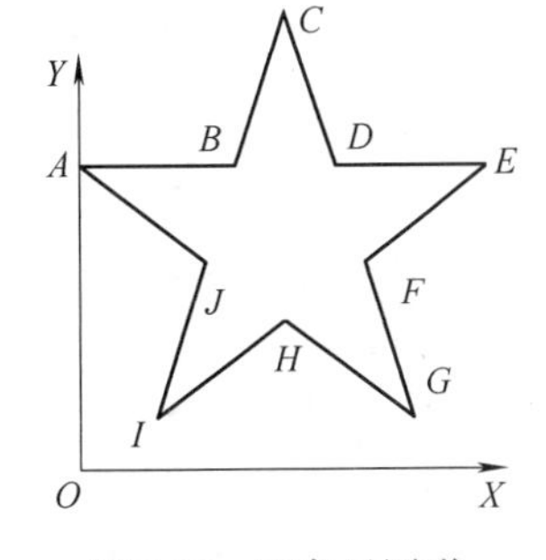

图 3-28　五角星图形

参考程序如下。

O1111	程序号
N10　G90	绝对值编程方式
N20　T84　T86	开切削液、开丝
N30　G92　X0　Y0	设置当前电极丝位置的坐标值为（0，0）；加左刀补
N40　G41　G00　X0　Y134	*O*→*A*
N50　G01　X80　Y134	*A*→*B*
N60　X103　Y210	*B*→*C*
N70　X130　Y134	*C*→*D*
N80　X210　Y134	*D*→*E*
N90　X142　Y87	*E*→*F*
N100　X163　Y11	*F*→*G*
N110　X100　Y58	*G*→*H*
N120　X35　Y11	*H*→*I*
N130　X60　Y87	*I*→*J*
N140　X0　Y134	*J*→*A*
N150　G40　G00　X0　Y0	*A*→*O*；取消刀补

N160 T85 T87 关切削液、关丝

N170 M02 程序结束

[例 3-14] 采用 ISO 代码编写程序，切割图 3-29 所示的型孔，穿丝孔中心坐标为（5，20）。

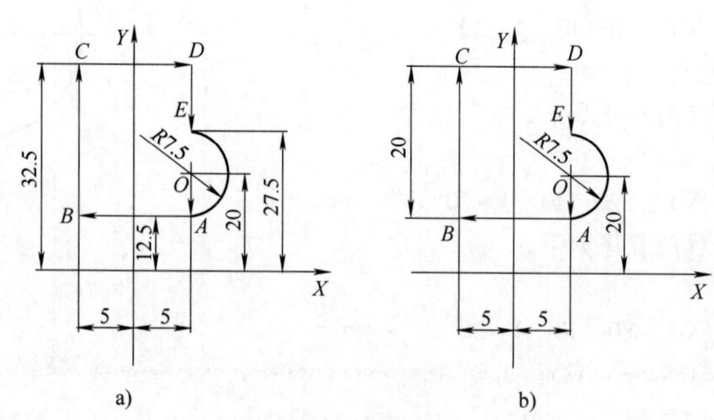

图 3-29 加工型孔

根据图形特点，将加工原点设为 O 点，即穿丝孔中心。

加工路线为 $O \to A \to B \to C \to D \to E \to A \to O$

该例为切割型孔的内腔，所以从穿丝孔中心引入，顺时针加工，采用右刀补 G42。

设各点的坐标为 O（5，20），A（5，12.5），B（-5，12.5），C（-5，32.5），D（5，32.5），E（5，27.5）。

若采用绝对值编程，如图 3-29a 所示，其参考程序如下。

O1111 程序号

N10 G90 绝对值编程方式

N20 T84 T86 开切削液、开丝

N30 G92 X5 Y20 设置当前电极丝位置的坐标值为（5，20）；加右刀补

N40 G42 G01 X5 Y12.5 $O \to A$

N50 G01 X-5 Y12.5 $A \to B$

N60 X-5 Y32.5 $B \to C$

N70 X5 Y32.5 $C \to D$

N80 X5 Y27.5 $D \to E$

N90 G02 X5 Y12.5 R7.5 $E \to A$

N100 G40 G01 X5 Y20 $A \to O$；取消刀补

N110 T85 T87 关切削液、关丝

N120 M02 程序结束

此例也可以采用增量方式编程，但必须计算出当前点相对于前一点的相对坐标值，如图 3-29b 所示。

其参考程序如下。

O2222 程序号

N10 G90 绝对值编程方式

N20 T84 T86 开切削液、开丝

```
N30   G92   X5   Y20                    设置当前电极丝位置的坐标值为（5，20）；加右刀补
N40   G42   G01   X0   Y-7.5            O→A
N50   G01   X-10   Y0                   A→B
N60   X0   Y20                          B→C
N70   X10   Y0                          C→D
N80   X0   Y-5                          D→E
N90   G02   X0   Y-15   I0   J-7.5      E→A
N100   G40   G01   X0   Y7.5            A→O；取消刀补
N110   T85   T87                        关切削液、关丝
N120   M02                              程序结束
```

［**例 3-15**］ 如图 3-30 所示为一个相对边的距离为 28mm 的正八边形。由圆点开始加工，切入段长 4mm，顺时针加工，试编制加工程序。

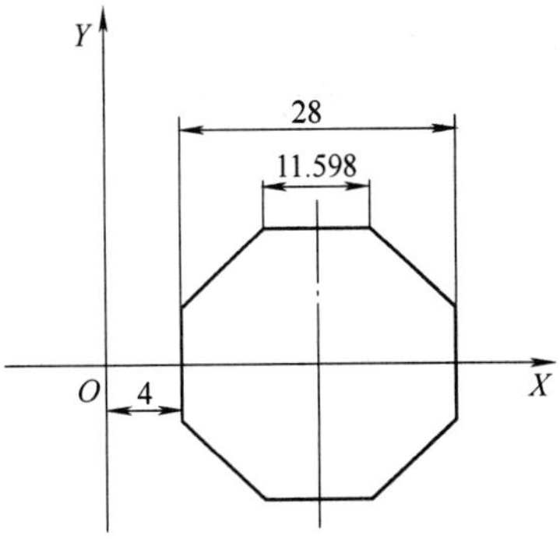

图 3-30 例 3-15 图

使用 ISO 代码编程如下。

```
O1111                                   程序号
N10   G91                               相对值编程方式
N20   T84   T86                         开切削液、开丝
N30   G92   X0   Y0                     设置当前电极丝
                                        位置的坐标值为（0，0）
N40   G41   G01   X4                    加左刀补；X 正向移动 4mm
N50   G01   Y5.799                      Y 正向移动 5.799mm
N60   X8.201   Y8.201                   X、Y 正向移动均为 8.201mm
N70   X11.598                           X 正向移动 11.598mm
N80   X8.201   Y-8.201                  X 正向、Y 负向移动均为 8.201mm
N90   Y-11.598                          Y 负向移动 11.598mm
N100   X-8.201   Y-8.201                X、Y 负向移动均为 8.201mm
N110   X-11.598                         X 负向移动 11.598mm
N120   X-8.201   Y8.201                 X 负向、Y 正向移动均为 8.201mm
N130   Y5.799                           Y 正向移动 5.799mm
N140   G40   G01   X-4                  返回到坐标原点；取消刀补
N150   T85   T87                        关切削液、关丝
N160   M02                              程序结束
```

3.5 电火花线切割加工工艺指标及影响因素

有了好的机床、好的控制系统、好的高频电源及程序，不一定就能加工出合乎要求的工件，还必须重视电火花线切割加工时的工艺技术和技巧。只有工艺合理，才能高效率地加工出高质量的工件，因此必须对电火花线切割加工的各种工艺问题进行深入的探讨。

3.5.1 电火花线切割的主要工艺指标

电火花线切割的主要工艺指标有切割速度、加工精度、加工表面质量和电极丝损耗量。

1. 电火花线切割的切割速度

电火花线切割的切割速度 v 是指在一定的加工条件下，单位时间内工件被切割的面积，单位为 mm^2/min。最高切割速度是指在不计切割方向和表面质量等的条件下，所能达到的最大切割速度。通常快走丝线切割加工的切割速度为 $40 \sim 80mm^2/min$。一般情况下，切割速度是指连续加工一个工件的平均切割速度。

2. 电火花线切割的加工精度

电火花线切割的加工精度是指工件加工后的尺寸精度、形状精度和位置精度。加工精度是一项综合指标，包括切割轨迹的控制精度、机械传动精度、工件装夹定位精度以及脉冲电源参数的波动、电极丝的直径误差及损耗与抖动、工作介质脏污程度的变化、加工操作者的熟练程度等对加工精度的影响。高速走丝电火花线切割的加工精度应控制在 0.01 ~ 0.02mm。

3. 电火花线切割的加工表面质量

电火花线切割的加工表面质量是指切割工件的表面质量，一般包括两项工艺指标，即表面粗糙度值和表面变质层。

（1）表面粗糙度值 表面粗糙度值是指加工后表面微观不平的程度，用微观轮廓平面度的平均算术偏差值 Ra（μm）来表示，也有的用微观轮廓平面度平均高度值 Rz（μm）来表示。一般高速走丝电火花线切割加工的表面粗糙度值为 Ra 2μm，最佳值可达 Ra 0.8μm 左右。

（2）表面变质层 表面变质层是指在电火花线切割加工过程中，工件的表面由于强热性的作用而发生应力变形和形貌改变，产生显微裂纹及金相组织变化，在加工表面与基体金属之间产生变质层，又称电火花线切割加工表层。

4. 电极丝损耗量

对快走丝机床，电极丝损耗量用电极丝在切割 10 000 mm^2 面积后电极丝直径的减少量来表示，一般减少量不应大于 0.01 mm。对慢走丝机床，由于电极丝是一次性的，故电极丝损耗量可忽略不计。

电火花线切割的四大工艺指标均与各种电参数（如脉冲宽度、脉冲间隔、开路电压和放电电流等）和非电参数（如工作介质、工件材料和电极丝等）之间有内在联系和相互影响。

切割速度、加工精度、加工表面质量三者之间的关系是：切割速度越快，加工表面越粗糙，加工精度越低，三者既互相影响又互相制约。因为电火花线切割加工表面是由重复放电形成的凹坑叠加而成的，表面粗糙度值取决于单个脉冲能量。单个脉冲能量越大，放电凹坑越大，加工表面越粗糙。如想提高加工精度，降低表面粗糙度值，就必须降低切割速度，或者采用多次切割工艺。

3.5.2 影响电火花线切割主要工艺指标的因素

1. 电参数对电火花线切割工艺指标的影响

电参数主要有脉冲能量、脉冲宽度、脉冲间隔、开路电压及放电电流等。单个脉冲能量越大即脉冲宽度大，放电的蚀除量越大，工件的切割速度越快，表面粗糙度值越大，加工精度越低。

（1）脉冲宽度对工艺指标的影响 在其他条件不变的情况下，增大脉冲宽度，线切割加工的速度提高，表面质量变差。这是因为当脉冲宽度增加时，单个脉冲的放电能量增大，

放电痕迹会变大。同时，随着脉冲宽度的增加，电极丝损耗也变大。因为脉冲宽度增加，正离子对电极丝的轰击加强，结果使得接负极的电极丝损耗变大。

当脉冲宽度增大到一临界值后，线切割加工速度将随脉冲宽度的增大而明显减小。因为当脉冲宽度达到一临界值后，加工稳定性变差，从而影响了加工速度。

（2）脉冲间隔对工艺指标的影响　在其他条件不变的情况下，减小脉冲间隔，脉冲频率将提高，所以单位时间内放电次数增多，平均电流增大，从而提高了切割速度。

脉冲间隔在电火花加工中的主要作用是消电离和恢复液体介质的绝缘性能。脉冲间隔不能过小，否则会影响电蚀产物的排出和火花通道的消电离，导致加工稳定性变差，加工速度降低，甚至断丝。当然，也不是说脉冲间隔越大，加工就越稳定。脉冲间隔过大会使加工速度明显降低，严重时不能连续进给，会使加工变得不稳定。

在电火花成形加工中，脉冲间隔的变化对加工表面质量影响不大。在线切割加工中，在其余参数不变的情况下，脉冲间隔减小，线切割工件的表面粗糙度值稍有增大。这是因为一般电火花线切割加工用的电极丝直径都在 0. 25 mm 以下，放电面积很小，脉冲间隔的减小导致平均加工电流增大，由于面积效应的作用，致使加工表面粗糙度值增大。

脉冲间隔的合理选取，与电参数、走丝速度、电极丝直径、工件材料及厚度有很大关系。因此，在选取脉冲间隔时，必须根据具体情况而定。当走丝速度较快、电极丝直径较大、工件较薄时，因排屑条件好，可以适当缩短脉冲间隔时间；反之，则可适当增大脉冲间隔。

（3）峰值电流对工艺指标的影响　峰值电流增大，单个脉冲能量增多，工件放电痕迹增大，故切割速度迅速提高，表面粗糙度值增大，电极丝损耗增大，加工精度有所下降。因此，第一次切割加工及加工较厚工件时，应取较大的放电峰值电流。

峰值电流不能无限制增大，当其达到一定临界值后，若再继续增大峰值电流，则加工的稳定性变差，加工速度明显下降，甚至断丝。一般峰值电流小于 40A，平均电流小于 5A。

（4）开路电压对工艺指标的影响　开路电压的变化会引起峰值电流和放电加工间隙的变化。一般开路电压越大，加工间隙就越大，排屑越容易，生产率越高，稳定性越好，但电极丝容易产生振动，会加大电极丝的损耗。

综上所述，电参数对电火花线切割加工的工艺指标的影响有如下规律。

1）加工速度随着加工峰值电流、脉冲宽度的增大和脉冲间隔的减小而提高，即加工速度随着加工平均电流的增加而提高。实验证明，增大峰值电流对切割速度的影响比增大脉宽的办法显著。

2）加工表面粗糙度值随着加工峰值电流、脉冲宽度的增大及脉冲间隔的减小而增大，不过脉冲间隔对表面质量影响较小。

3）电火花线切割加工中脉冲电源的单个脉冲放电能量较小即脉冲宽度较小，除受工件加工表面质量要求限制外，还受电极丝允许承载放电电流的限制。欲获得较好的表面质量，每次脉冲放电的能量就不能太大。当工件的表面质量要求不高时，单个放电脉冲能量可以取大些，以便得到较高的切割速度。实际中，脉冲宽度为 1 ~ 60μs，而脉冲重复频率为 10 ~ 100kHz。目前广泛采用的脉冲电源波形是矩形波。

2. 非电参数对电火花线切割工艺指标的影响

（1）工作介质对线切割工艺指标的影响　从电火花线切割的加工原理来分析，可以清楚地知道工作介质对电火花线切割加工的重要性，这是由电火花线切割的特点所决定的。

对工作介质的要求：首先是绝缘介质，在高压脉冲电源作用下能被迅速击穿，同时也能快速恢复绝缘，否则会产生连续的电弧放电，破坏正常加工；其次是具有冷却的作用，使工件表面被高温熔化了的金属迅速凝固成小颗粒；最后是清洁作用。加工产物如果不能及时被带走，会影响到工作介质的性能，容易产生电弧放电，使切割速度降低，对放电加工不利。总之自来水、蒸馏水、去离子水等水类工作介质冷却效果好，但易断丝，清洁性差，切割速度低；煤油工作介质不易断丝，润滑性能好，但排屑困难，切割速度低；乳化型工作介质切割速度高，冷却能力比水弱、比煤油好，清洁性比水和煤油都好，介电强度比水高、比煤油低，特别适合高速走丝切割，目前被广泛应用在电火花线切割加工中。

工作介质的注入方式和注入方向对线切割加工精度有较大影响。工作介质的注入方式有浸泡式、喷入式和浸泡喷入复合式。在浸泡式注入方式中，线切割加工区域流动性差，加工不稳定，放电间隙大小不均匀，很难获得理想的加工精度。喷入式注入方式是目前国产快走丝线切割机床应用最广泛的一种方式，因为工作介质以喷入方式强迫注入工作区域，其间隙的工作介质流动更快，加工较稳定。但是，由于工作介质喷入时难免带进一些空气，故不时发生气体介质放电，其蚀除特性与液体介质放电不同，从而影响了加工精度。浸泡式与喷入式相比较，喷入式的优点明显，所以大多数快走丝线切割机床采用这种方式。在精密电火花线切割加工中，慢走丝线切割加工普遍采用浸泡喷入复合式的工作介质注入方式，既体现了喷入式的优点，同时又避免了喷入时带入空气的隐患。

工作介质的喷入方向分为单向和双向两种。无论采用哪种喷入方向，在电火花线切割加工中，因切缝狭小、放电区域介质液体的介电系数不均匀，所以放电间隙也不均匀，并且导致加工面不平、加工精度不高。

若采用单向喷入工作介质方式，则入口部分工作介质纯净，出口处工作介质杂质较多，这样会产生加工斜度，如图3-31a所示；若采用双向喷入工作介质方式，则上下入口较为纯净，中间部位杂质较多，介电系数低，会产生鼓形切割面，如图3-31b所示，并且工件越厚，这种现象越明显。

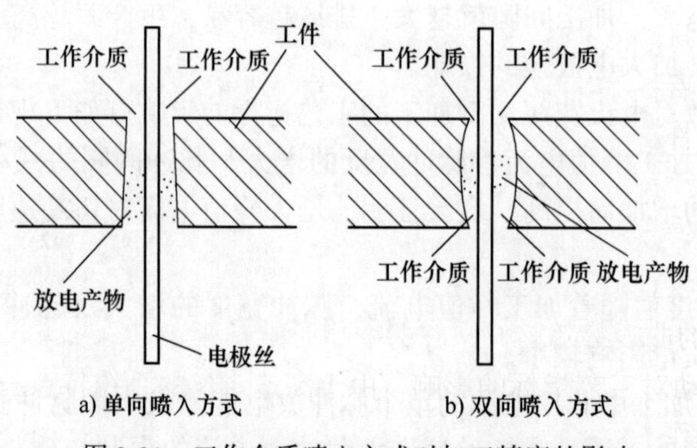

图3-31 工作介质喷入方式对加工精度的影响

（2）电极丝对线切割工艺指标的影响 现有的电火花线切割机床分为高速走丝和低速走丝两类。目前我国广泛采用的是高速走丝电火花线切割机床。电极丝一般采用耐电蚀性较好的钼丝、钨丝和钨钼合金丝等。电极丝运行速度较快，可达8～10m/s，而且能作双向往返循环运行，即电极丝反复通过加工表面，一直使用到断丝为止。

1）电极丝的材料。采用钨丝加工时，可获得较高的加工速度，但放电后丝质易变脆，容易断丝，故应用较少。钼丝比钨丝熔点低，抗拉强度低，但韧性好，在频繁的急热急冷变

化过程中，丝质不易变脆、不易断丝。

目前，快走丝线切割加工中广泛使用钼丝作为电极丝，常用的钼丝规格为 ϕ0.10～ϕ0.18mm。慢走丝线切割加工中广泛使用直径为 0.1 mm 以上的黄铜丝作为电极丝。

2）电极丝的直径。电极丝的直径是根据加工要求和工艺条件选取的。在加工要求允许的情况下，可选用直径大些的电极丝。直径大，抗拉强度大，承受电流大，可采用较强的电参数进行加工，能够提高输出的脉冲能量，提高加工速度。同时，电极丝粗，切缝宽，放电产物排除条件好，加工过程稳定，能提高脉冲利用率和加工速度。电极丝过粗，则难以加工出内尖角工件，降低了加工精度，同时切缝过宽使材料的蚀除量变大，加工速度也有所降低；电极丝直径过小，则抗拉强度低，易断丝，而且切缝较窄，放电产物排除条件差，加工中经常出现不稳定现象，导致加工速度降低。细电极丝的优点是可以得到较小半径的内尖角，加工精度能相应提高。表 3-9 为常见的几种直径的钼丝的最小拉断力。快走丝一般采用 ϕ0.10～ϕ0.25 mm 的钼丝。

表 3-9　常见的几种直径的钼丝的最小拉断力

丝径/mm	最小拉断力/N	丝径/mm	最小拉断力/N
0.06	2～3	0.15	14～16
0.08	3～4	0.18	18～20
0.10	7～8	0.22	22～25
0.13	12～13		

3）走丝速度对工艺指标的影响。对于快走丝线切割机床，在一定的范围内的走丝速度（简称丝速）的提高，有利于脉冲结束时放电通道迅速消电离。同时，高速运动的电极丝能把工作介质带入厚度较大工件的放电间隙中，有利于排屑和放电加工稳定进行。故在一定的加工条件下，随着丝速的增大，加工速度提高。图 3-32 所示为快走丝线切割机床走丝速度与切割速度关系的实验曲线。实验证明：当走丝速度由 1.4 m/s 上升到 7～9 m/s 时，走丝速度对切割速度的影响非常明显。若再继续增大走丝速度，切割速度不仅不增大，反而开始下降。这是因为丝速再增大，排屑条件虽然仍在改善，蚀除作用基本不变，但是储丝筒一次排丝的运转时间减少，使其在一定时间内的正反向换向次数增多，非加工时间增多，从而使加工速度降低。

对应最大加工速度的最佳走丝速度与工艺条件和加工对象有关，特别是与工件材料的厚度有很大关系。当其他工艺条件相同时，工件材料厚一些，对应于最大加工速度的走丝速度就高些，即图 3-32 中的曲线将随工件厚度的增加而向右移。

4）电极丝往复运动对工艺指标的影响。由于高速走丝的系统特点，在放电加工过程中，电极丝不断进行换向动作。电极丝的走向不同，就造成工作介质的分布随电极丝方向的变化而变化。如电极丝顺向运动时，工件上口工作介质充分，下口工作介质不充分，加工面呈上深下浅状；电极丝逆向运动时，情况刚好相反，加工面呈下深上浅状。每一次换向，颜色就改变一次，这样在工件上就产生了黑白条纹，影响工件的加工表面质量，如图 3-33a 所示。

电极丝往复运动还会造成斜度。电极丝上下运动时，电极丝进口处与出口处的切缝宽窄不同，如图 3-33b 所示，宽口是电极丝的入口处，窄口是电极丝的出口处。故当电极丝往复运动时，在同一切割表面中电极丝进口与出口的高低不同。这对加工精度和表面质量是有影响的。

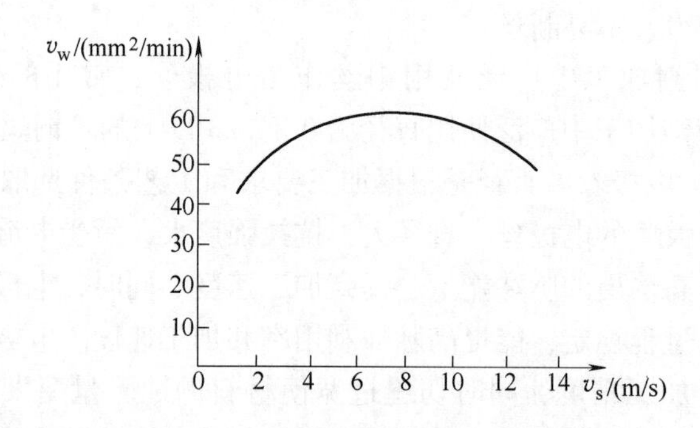

图 3-32 走丝速度对加工速度的影响

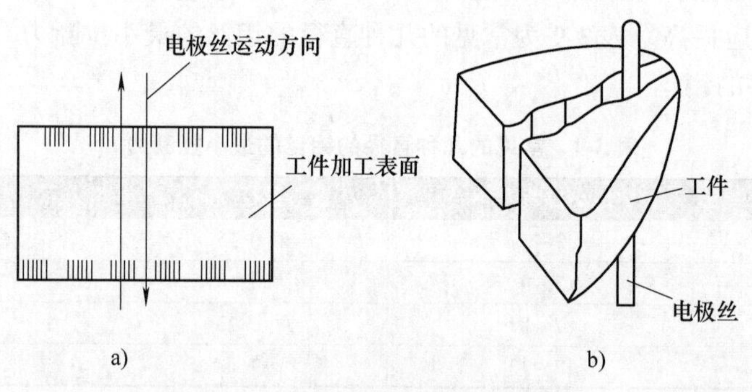

图 3-33 电极丝运动引起的条纹与斜度

图 3-34 所示为切缝剖面示意图。由图可知，电极丝的切缝不是直壁缝，而是两端小、中间大的鼓形缝。这也是往复走丝工艺的特性之一。

5）电极丝张力对工艺指标的影响。电极丝张力是电火花线切割操作中一个重要的环节，其好坏直接影响加工零件的质量和切割速度。如果电极丝张力过大，则电极丝的振幅变小，进给速度加快，但电极丝易超过弹性变形的范围，容易因疲劳而造成断丝。高速走丝时，张力过大所造成的断丝往往发生在换向的瞬间，严重时即使空走也会断丝。如果张力过小，在切割较厚的工件时，由于电极丝具有延展性且跨距较大，除了其振动幅度较大以外，还会发生弯曲变形，结果电极丝切割轨迹落后并偏离工件轮廓，即出现加工滞后现象，如图 3-35所示，从而造成工件的形状与尺寸误差，影响了工件的加工精度。如切割较厚的圆柱体会出现腰鼓形状，严重时电极丝高速运转容易跳出导轮槽或限位槽，电极丝被卡断或拉断。所以，在上电极丝时，应采取张紧电极丝的措施。

（3）工件材料对线切割工艺指标的影响　工件材料的成分不同，其熔点、汽化点和热导率等性能均不相同，因此切割速度和加工效果也不同。如铜的切割速度比钢材的切割速度高，钢材的切割速度比铜钨合金的切割速度高，铜钨合金的切割速度比硬质合金的切割速度高。一般高速走丝电火花线切割在采用乳化液介质进行切割加工时，不同材料的影响不同：加工黄铜、铝和淬火钢材时，加工过程比较稳定，切割速度高，表面质量较好；加工不锈钢、磁钢和未淬火钢材时，加工过程不稳定，切割速度较低，表面质量较差；加工硬质合金材料时，切割速度较低，但加工过程比较稳定，表面质量较好。常见工件材料的有关元素或物质的熔点和沸点见表 3-10。

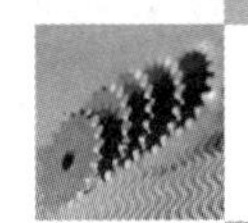

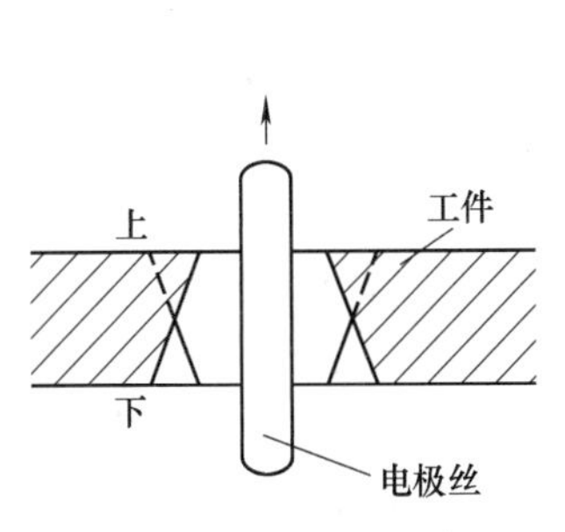

图 3-34　切缝剖面示意图

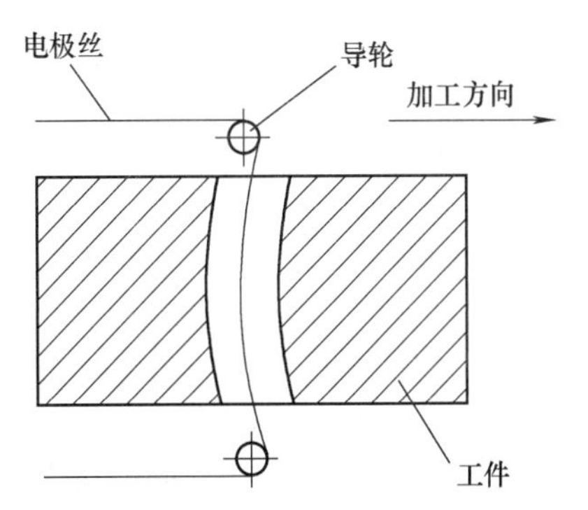

图 3-35　放电切割时电极丝弯曲滞后

表 3-10　常见工件材料的有关元素或物质的熔点和沸点

	碳（石墨）(C)	钨 (W)	碳化钛 (TiC)	碳化钨 (WC)	钼 (Mo)	铬 (Cr)	钛 (Ti)	铁 (Fe)	钴 (Co)	硅 (Si)	锰 (Mn)	铜 (Cu)	铝 (Al)
熔点/℃	3700	3410	3150	2720	2625	1890	1820	1540	1495	1430	1250	1083	660
沸点/℃	4830	5930	—	6000	4800	2500	3000	2740	2900	2300	2130	2600	2060

由表 3-10 可知，常用的电极丝材料钼的熔点为 2625℃，沸点为 4800℃，比铁、硅、锰、铬、铜、铝的熔点和沸点都高，而比碳化钨和碳化钛等硬质合金基体材料的熔点和沸点要低。在单个脉冲放电能量相同的情况下，用铜丝加工硬质合金比加工钢产生的放电痕迹小，加工速度低，表面质量好，同时电极丝损耗大，间隙状态恶化时易引起断丝。

工件厚度的不同对工作介质进入和流出加工区域以及电蚀产物的排除、通道的消电离等也有较大的影响。同时，电火花通道压力对电极丝抖动的抑制作用也与工件厚度有关，这就使工件厚度对电火花加工的稳定性和加工速度必然产生相应的影响。工件材料薄，工作介质容易进入和充满放电间隙，对排屑和消电离有利，加工稳定性好。但是工件若太薄，对固定丝架来说，电极丝从工件两端面到导轮的距离大，易发生抖动，对加工精度和表面质量又带来不良影响，且脉冲利用率低，切割速度下降；若工件材料太厚，工作介质难进入和充满放电间隙，这样对排屑和消电离不利，加工稳定性差。

工件材料的厚度大小对加工速度有较大影响。在一定的工艺条件下，加工速度将随工件厚度的变化而变化，一般都有一个对应最大加工速度的工件厚度。图 3-36 所示为工件厚度对加工速度的影响。

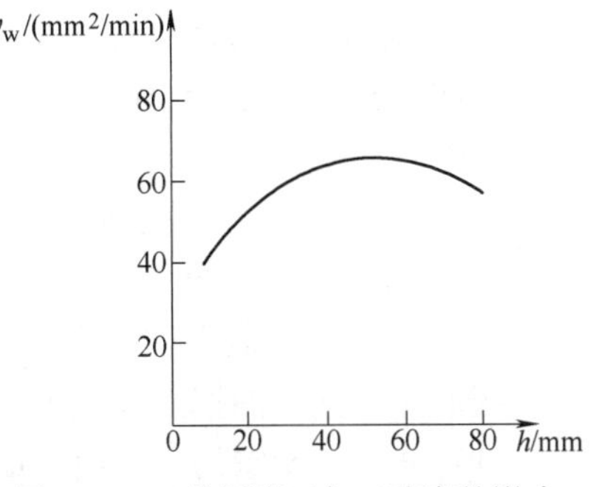

图 3-36　工件厚度对加工速度的影响

（4）进给速度对工艺指标的影响

1）进给速度对加工速度的影响。在线切割加工时，工件不断被蚀除，即有一个蚀除速度；另一方面，为了电火花放电正常进行，电极丝必须向前进给，即有一个进给速度。在正常加工中，蚀除速度大致等于进给速度，从而使放电间隙维持在正常的范围内，使线切割加工能连续进行下去。

蚀除速度与机器的性能、工件的材料、电参数和非电参数等有关，但一旦对某一工件进行加工时，它就可以被看成是一个常量；在国产的快走丝机床中，有很多机床的进给速度需要人工调节，此时它又是一个随时可变的可调节参数。正常的电火花线切割加工就是要保证进给速度与蚀除速度大致相等，使进给均匀平稳。

若进给速度过高（过跟踪），即电极丝的进给速度明显超过蚀除速度，则放电间隙会越来越小，以致产生短路。当出现短路时，电极丝马上会产生短路而快速回退。当回退到一定的距离时，电极丝又以大于蚀除速度的速度向前进给，又开始产生短路、回退。这样频繁的短路现象，一方面造成加工的不稳定，另一方面造成断丝。若进给速度太慢（欠跟踪），即电极丝的进给速度明显落后于工件的蚀除速度，则电极丝与工件之间的距离越来越大，造成开路，使工件蚀除过程暂时停顿，整个加工速度自然会大大降低。由此可见，在线切割加工中调节进给速度虽然本身并不具有提高加工速度的能力，但它能保证加工的稳定性。

2）进给速度对工件表面质量的影响。进给速度调节不当，不但会造成频繁的短路和开路，而且还影响加工工件的表面质量，致使出现不稳定条纹或者出现表面烧蚀现象。下面分几种情况进行讨论。

① 进给速度过高。这时工件蚀除的线速度低于进给速度，会频繁出现短路，造成加工不稳定，平均加工速度降低，加工表面发焦，呈褐色，工件的上下端面均有过烧现象。

② 进给速度过低。这时工件蚀除的线速度大于进给速度，经常出现开路现象，导致加工不能连续进行，加工表面亦发焦，呈淡褐色，工件的上下端面也有过烧现象。

③ 进给速度稍低。这时工件蚀除的线速度略高于进给速度，加工表面较粗、较白，两端面有黑白相间的条纹。

④ 进给速度适宜。这时工件蚀除的线速度与进给速度相匹配，加工表面细而亮，丝纹均匀。因此，在这种情况下，能得到表面质量好、精度高的加工效果。

3.5.3 工艺参数的合理选择

1. 电参数的合理选择

总体上来说，一般线切割使用的是晶体管高频脉冲电源，其单个脉冲能量一般较小，脉冲宽度也较小，脉冲频率很高，适合于正极性加工。

（1）切割速度　当脉冲电源的空载电压高、短路电流大、脉冲宽度大时，切割速度就高，但这时的加工表面质量也比较差。因此，要提高切割速度，除了合理选择脉冲电源的波形和电参数外，还要注意其他因素的影响，如工作介质的种类、浓度、脏污程度和喷流情况的影响，电极丝的材料、直径、走丝速度和抖动情况的影响，工件材料和厚度的影响，加工进给速度和稳定性的影响等，以便在两极间维持最佳的放电条件，提高脉冲利用率，得到较快的切割速度。

（2）表面质量　表面质量主要取决于单个脉冲放电能量的大小，但电极丝的走丝速度、抖动情况和进给速度的控制情况等对表面质量的影响也很大。电极丝张紧力不足，将出现松丝、抖动或弯曲，影响加工表面质量。电极丝的张紧力要选得恰当，使之在放电加工中受热和发生损耗后，电极丝不断丝。在切割厚度不大的工件时，一般选择高频分组脉冲，它比相应的矩形波好，能保证在相同的加工速度下获得更高的表面质量。

（3）工件厚度　工件厚度较大时，电蚀产物的排出和工作介质能否顺利进入切割区域是关键问题。解决此问题应当采用高频脉冲电压、大的脉冲宽度、大的脉冲间隔和较大的电流。

（4）断丝　在线切割加工过程中，电极丝断丝是一个很常见的问题，其后果往往很严重。断丝一方面严重影响加工速度，另一方面也严重影响加工工件的表面质量。所以在操作

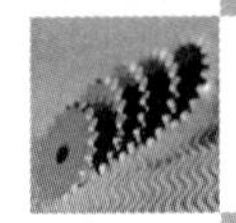

过程中，要不断积累经验，学会处理断丝问题。可以这样说，在线切割加工中，能否正确处理断丝问题是操作熟不熟练的重要标志。一般在易断丝情况下可采用大脉冲间隔和小电流。

实践表明，在加工中改变电参数对工艺指标影响很大，必须根据具体的加工对象和要求，综合考虑各因素及其相互影响关系，选取合适的电参数，既优先满足主要加工要求，又同时注意提高各项加工指标。例如，加工精密小零件时，精度和表面质量是主要指标，加工速度是次要指标，这时选择电参数主要满足尺寸精度高、表面质量好的要求；又如加工中、大型零件时，对尺寸的精度和表面质量的要求低一些，故可选较大的加工峰值电流和脉冲宽度，尽量获得较高的加工速度。此外，不管加工对象和要求如何，还需选择适当的脉冲间隔，以保证加工稳定进行，提高脉冲利用率。因此，选择电参数值是相当重要的，只要能客观地运用它们的最佳组合，就一定能够获得良好的加工效果。

慢走丝线切割机床及部分快走丝线切割机床的生产厂家在操作说明书中给出了较为科学的加工参数表。在操作这类机床时，一般只需要按照说明书正确地选用参数表即可。而对绝大部分快走丝机床而言，初学者可以根据操作说明书中的经验值大致选取电参数，然后根据电参数对加工工艺指标的影响进行具体调整。

例如，加工厚度为20～60mm，表面粗糙度值为$Ra1.6$～$Ra3.2\mu m$的模具材料时，脉冲电源参数可在以下范围内选取：

脉冲宽度：4～20μs；

脉冲幅值：60～80V；

功率管数：3～6个；

加工电流：0.8～2A；

切割速度：15～40 mm^2/min。

如果选择上述参数的下限，表面粗糙度值约为$Ra1.6\mu m$；随着参数的增大，表面粗糙度值增至$Ra3.2\mu m$。加工薄工件和试切样板时，电参数应取小些，否则会使放电间隙增大；加工厚工件时，电参数应适当取大些，否则会使加工不稳定，模具质量下降。

2. 合理调整变频进给方法

整个变频进给控制电路有多个调节环节，其中大多在控制柜内，有一个调节旋钮安装在控制面板上，可以根据切割的工件材料、工件厚度和加工参数等条件调节进给速度。

虽然变频进给电路能自动跟踪蚀除速度并保持一定的放电间隙，但如果设置的进给速度太小，则经常出现欠跟踪，加工处于开路状态，直接影响加工速度；反之，如果设置的进给速度过大，则经常出现过跟踪，加工处于短路状态，不但影响加工速度，也会影响加工的表面质量。因此，合理调节变频进给，使其达到较好的加工状态，对电火花线切割的加工速度和加工质量都有很大影响。以下两种方法可以用来观测加工状态，调节进给速度。

（1）示波器　将示波器输入线的正极接工件，负极接电极丝，调整好示波器，则可以观察波形并测量脉冲电源的其他参数。如果正常跟踪，则空载波和短路波都很淡，而加工波则很浓，此时加工表面细而亮，丝纹均匀，加工表面质量好，加工精度高；如果是欠跟踪，则空载波较浓，而加工波较淡，欠跟踪较大时加工表面发焦呈褐色，工件上下表面有过烧现象，而欠跟踪较小时加工表面较粗较白，工件表面有黑白交错的条纹；如果是过跟踪，则短路波较浓，而加工波较淡，此时加工表面也发焦呈褐色，工件上下表面也有过烧现象。根据进给状态给出的变频调整方法见表3-11。

表 3-11 根据进给状态给出的变频调整方法

实频状态	进给状态	加工表面状态	切割速度	电极丝	变频调整
过跟踪	慢而稳	焦褐色	低	略焦，易老化	减慢进给
欠跟踪	忽快忽慢	不光洁，有深痕	低	易烧丝，有白斑	加快进给
跟踪欠佳	慢而稳	略焦色，有条纹	较快	焦色	略增进给
最佳跟踪	很稳	发白，光洁	最快	发白，老化慢	无需调整

（2）电压表和电流表　如果电压表和电流表的指针或读数变化大，则表明加工不稳定，需调节变频进给旋钮；如果电压表和电流表的指针或读数变化不大，说明加工稳定，这是电火花线切割操作常用的方法。

实践证明，在矩形波脉冲电源进行电火花线切割时，无论工件材料、工件厚度和电参数大小如何，只要将加工电流调节到短路电流的 70% ~80%，就可以接近加工的最佳状态。

当火花维持电压为 20V 时，用不同空载电压的脉冲电源加工时，加工电流与短路电流的最佳比值见表 3-12。

表 3-12 加工电流与短路电流的最佳比值

脉冲电源空载电压/V	40	50	60	70	80	90	100	110
加工电流与短路电流的最佳比值	0.50	0.60	0.66	0.71	0.75	0.78	0.80	0.82

必须指出的是，上述方法是在工作介质供给充足、导轮精度良好、电极丝张力合适的正常条件下才能取得的效果。

3.6 电火花线切割加工工艺

电火花线切割加工工艺与通用机械加工工艺有很大区别，它一般是作为工件加工中的精加工工序，即按照图样的要求，最后使工件达到图样上的形状、尺寸、精度和表面质量等各项工艺指标。因此，必须合理制订电火花线切割加工工艺，才能高效率地加工出质量好的工件。

电火花线切割加工模具或零件的过程，一般可分为以下几个步骤。

1. 分析图样

分析图样对保证工件加工质量和工件的综合技术指标有决定性意义。在消化图样时，首先要挑出不能或不宜用电火花线切割加工的工件部分，大致有以下几种。

1）表面质量和尺寸精度要求很高，切割后无法进行手工研磨的工件。

2）窄缝小于电极丝直径加放电间隙的工件。

3）非导电材料。

4）厚度超过丝架跨距的工件。

5）加工长度超过 X、Y 拖板的有效行程长度的工件。

2. 电极丝的准备

电火花线切割加工机床分为高速走丝和低速走丝两类。高速走丝机床的电极丝是快速往复运行的，在加工过程中反复使用。这类电极丝主要有钼丝、钨丝和钨钼丝。常用钼丝的规格为 $\phi0.1 \sim \phi0.18$mm。钨丝耐蚀性好，抗拉强度高，但脆而不耐弯曲，仅在精密零件加工中使用。

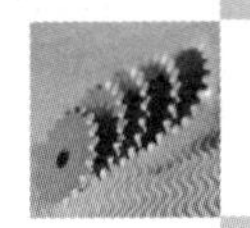

（1）钼丝和钨丝的性能见表3-13

表3-13　钼丝和钨丝的性能

材料	适用温度/℃		伸长率（%）	抗拉强度/MPa	熔点/℃	电阻率/Ω·cm	备注
	长期	短期					
钨W	2000	2500	0	1200～1400	3400	0.0612	较脆
钼Mo	2000	2300	30	700	2600	0.0472	较韧
钨钼W50Mo	2000	2400	15	1000～1100	3000	0.0532	脆韧适中

（2）电极丝的直径尺寸　电极丝的直径太小，承受电流小，切缝窄，不利于排屑和加工稳定性；电极丝直径过大，切缝过大，切割速度降低。电极丝的材料和直径与切割速度和切割效率的关系见表3-14。

表3-14　电极丝材料和直径与切割速度和切割效率的关系

电极丝材料	电极丝直径/mm	加工电流/A	切割速度/（mm^2/min）	切割效率/[mm^2/（min·A）]	电极丝材料	电极丝直径/mm	加工电流/A	切割速度/（mm^2/min）	切割效率/[mm^2/（min·A）]
Mo	0.18	5	77	15.4	W20Mo	0.09	4.3	112	26.4
Mo	0.09	4.3	100	25.4	W50Mo	0.18	5	90	17.9
W20Mo	0.18	5	86	17.2	W50Mo	0.09	4.3	127	27.2

（3）电极丝的伸缩性　钼丝具有良好的伸缩性（在弹性模量允许的范围内），但其伸缩量一旦超出弹性模量允许的范围，则电极丝就会变得越来越松，影响正常的切割加工，甚至使电极丝断裂，不能继续使用。

（4）电极丝的损耗量　电极丝的损耗量用电极丝在切割10 000mm^2面积后电极丝的减少量来表示。一般长100m的钼丝，切割10 000mm^2后，钼丝直径的减少量要小于0.01mm。

3. 工件准备

（1）工件材料的选择和处理　电火花线切割可以加工的材料有很多，如碳钢、合金钢、有色金属及其合金、硬质合金等，选择的依据如下。

1）依据加工件的用途选择。例如冲模一般选用模具用钢，型腔模选用热作模具钢，航空、航天业一般选用高温耐热合金等。

2）依据图样设计确定。依据零件图样的技术要求、使用寿命和加工精度等全面考虑选择工件材料。

3）依据机床设备性能选择。有些工件材料虽然导电性能满足要求，但可加工性不好，仍然不适合作为工件材料，所以应依据设备性能选择能够加工材料。

采用电火花线切割方法加工工件时，在加工前毛坯一般需要经过锻打（或淬火）和热处理。锻打的作用与目的是改变工件材料中合金分布不均匀的状态，同时为热处理做好准备。

工件经锻打后，在锻打方向与其垂直方向会有不同的残余应力（淬火后也会出现残余应力），如果不进行热处理，在以后的加工过程中或使用中残余应力会逐渐释放，使工件变形，甚至是出现裂纹（淬火不当的工件也会在加工过程中或使用中出现裂纹）。因此，工件在锻打（或淬火）后需经两次或两次以上回火或高温回火（即热处理）。另外，线切割加工前还要进行消磁处理及去除表面氧化皮和锈斑等。

例如，以电火花线切割加工为主要工艺时，钢件的加工工艺路线一般为下料→锻造→退火→机械粗加工→淬火与高温回火→磨加工（退磁）→电火花线切割加工→钳工修整。

（2）工件加工基准的选择　为了便于电火花线切割加工，根据工件外形和加工要求，应准备相应的找正基准和加工基准，并且此基准应尽量与图样的设计基准一致，常见的有以下两种形式。

1）以外形为找正基准和加工基准。外形是矩形状的工件，一般需要有两个相互垂直的基准面，并垂直于工件的上、下平面，如图3-37所示。

2）以外形为找正基准、内孔为加工基准。无论是矩形、圆形还是其他异形工件，都应准备一个与工件的上、下平面保持垂直的找正基准，而且其中一个内孔可作为加工基准，如图3-38所示。在大多数情况下，外形基准面在电火花线切割加工前的机械加工中就已经准备好了。工件淬硬后，若基准面变形很小，稍加打光便可用于电火花线切割加工；若变形较大，则应重新修磨基准面。

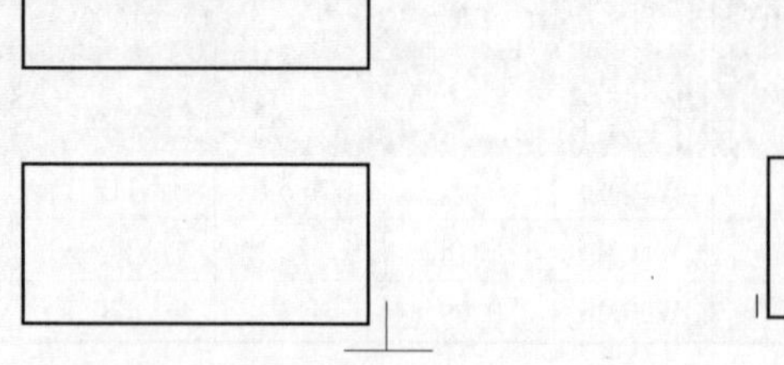

图3-37　矩形工件的找正和加工基准

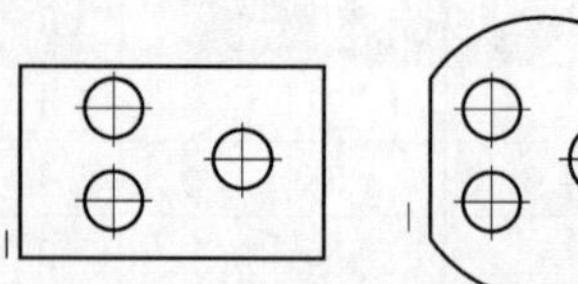

图3-38　加工基准的选择（外形—侧边为找正基准，内孔为加工基准）

（3）切割起点、穿丝孔位置和切割路线的选择　在电火花线切割加工中，常出现加工变形问题，影响了加工精度，严重时会造成工件报废。工件变形的主要原因是工件中存在的内应力在电火花线切割加工时重新分布而造成的。为了减少工件变形，必须考虑工件在坯料中的切割位置和合理选择切割起点、穿丝孔位置及切割路线。

选择切割路线时，应尽量使工件与夹持部位分离的切割段安排在最后切割，以减少工件的变形，如图3-39所示。

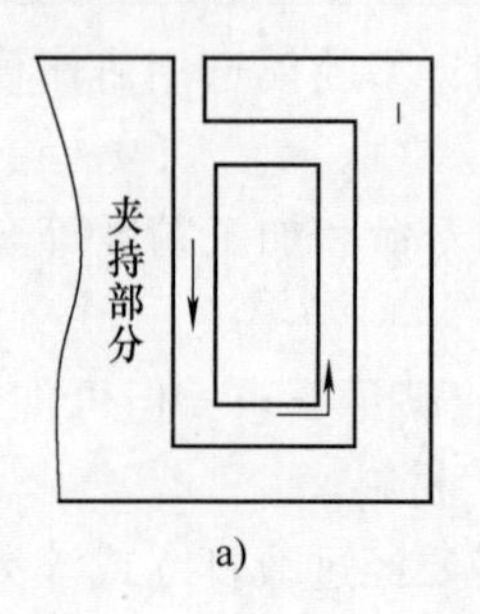

a)

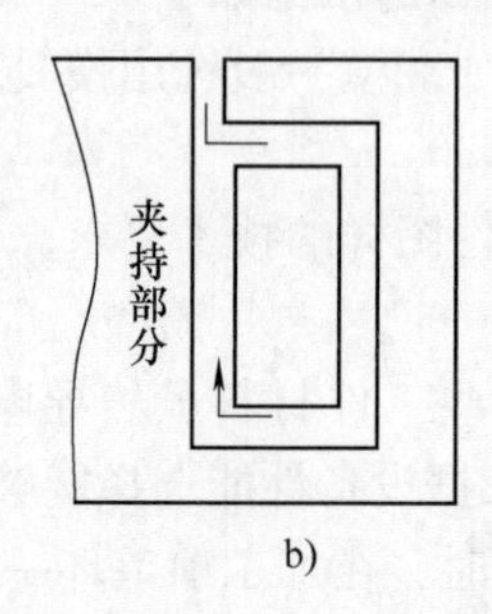

b)

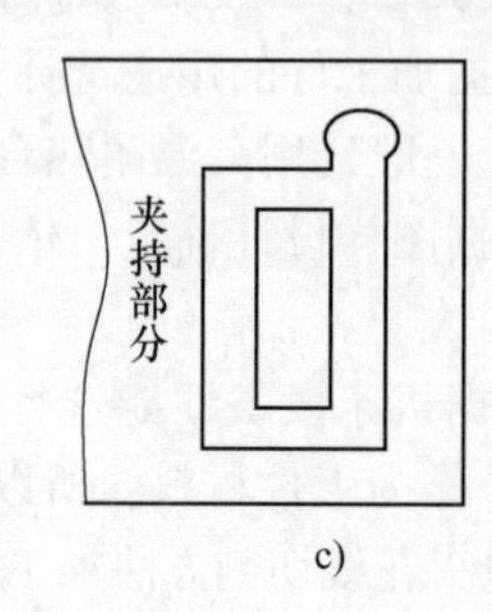

c)

图3-39　切割起点与切割路线的安排

图3-39所示为由外向内顺序的切割路线，通常在加工凸模零件时采用。其中，图3-39a所示为切割路线是错误的，因为切割完第一边以后继续加工时，由于原来主要连接的部位被割离，余下材料与夹持部分的连接较少，工件的刚度会大为降低，容易产生变形而影响加工精度；如按图3-39b所示的切割路线加工，可减少由于材料割离后残余应力重新分布而引起的变

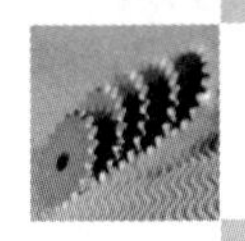

形。所以，一般情况下，最好将工件与其夹持部分分割的线段安排在切割路线的末端。

实际加工中，为了保持工件的刚性，有时采用边切割边夹持的方法，如在线切割加工中采用胶水黏结工件。

切割起点一般也是切割终点，但电极丝返回到起点时必然存在重复位置误差，造成加工痕迹，影响加工精度和表面质量。为此，应合理选择加工起点。

1）应在表面粗糙度值较大的表面上选择切割起点。

2）应尽量在切割图形的交点上选择切割起点。

3）对于无切割交点的工件，切割起点应尽量选择在便于钳工修复的部位，如外轮廓的平面和半径大的弧面，要避免选择在凹入部分的表面上。

使用穿丝孔切割工件，可使坯料保持完整，从而有利于保持刚度，减小工件的变形。在切割起点确定后，可以确定穿丝孔的位置。一般穿丝孔安排在切割起点的附近，直径不宜太大或太小，一般选在 3 ~ 10mm 范围内，如图 3-39c 所示。

4. 工件的装夹和位置找正

电火花线切割加工机床的工作台比较简单，一般在通用夹具上采用压板固定工件即可，如图 3-40 所示。为了适应各种形状的工件加工，机床还可以使用旋转夹具和专用夹具。工件装夹的形式与精度对机床的加工质量及加工范围有着明显的影响。

（1）工件装夹的一般要求

1）工件的基准部位应清洁无毛刺，符合图样要求。对经淬火的模件在穿丝孔或凹模类工件扩孔的台阶处，要清除淬火时的残渣物及氧化膜表面，否则会影响工件与电极丝间的正常放电，甚至卡断电极丝。

2）夹具精度要高，装夹前先将夹具与工作台面固定好。

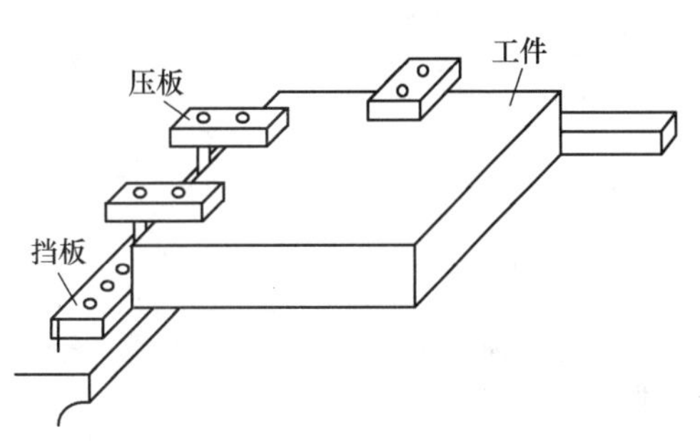

图 3-40　工作台与工件之间的关系

3）保证装夹位置在加工中能满足加工行程的需要，工作台移动时不得与丝架臂相碰，否则无法进行加工。

4）装夹位置应有利于工件的找正。

5）夹具对固定工件的作用力应均匀，不得使工件变形或翘起，以免影响加工精度。

6）零件成批加工时，最好采用专用夹具，以提高工作效率。

7）细小、精密、壁薄的工件应先固定在不易变形的辅助小夹具上，再拿到工作台上进行装夹，否则无法加工。

（2）工件的装夹方式

1）悬臂支撑方式。如图 3-41 所示，悬臂支撑方式通用性强，装夹方便。但由于工件单端压紧，另一端呈悬臂状，所以装夹误差较大，因此仅用于工件的技术要求不高或悬臂部分较小的情况。

2）两端支撑方式。如图 3-42 所示，两端支撑方式是把工件两端都固定在夹具上。采用此种方法装夹，支撑稳定，平面定位精度高，但对较小的零件不适用。

3）桥式支撑方式。如图 3-43 所示，桥式支撑方式是在两端夹具体下垫上两个支撑铁架。其特点是通用性强、装夹方便，大、中、小工件的装夹都可以很方便地使用。

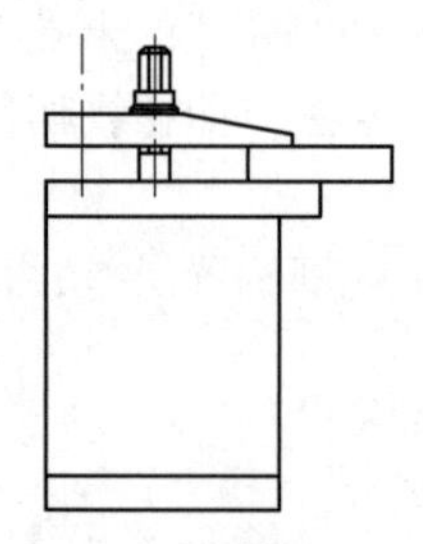

图3-41 悬臂支撑方式

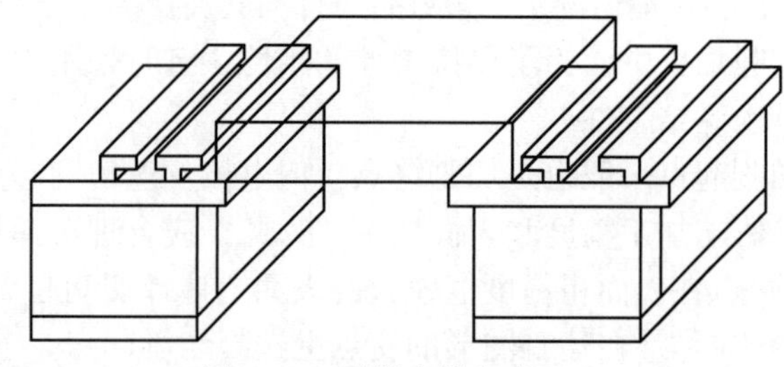

图3-42 两端支撑方式

4）板式支撑方式。如图3-44所示，板式支撑夹具可以根据加工工件的尺寸而定，可呈矩形或圆形孔，并可增加 X 和 Y 两方向的定位基准，装夹精度较高，但通用性较差。

5）复式支撑方式。如图3-45所示，复式支撑夹具是在桥式支撑方式的基础上，再装上专用夹具组合而成的。它装夹方便，特别适用于零件的成批加工，既可节省工件找正和调整电极丝相对位置等辅助工时，又保证了工件加工的一致性。

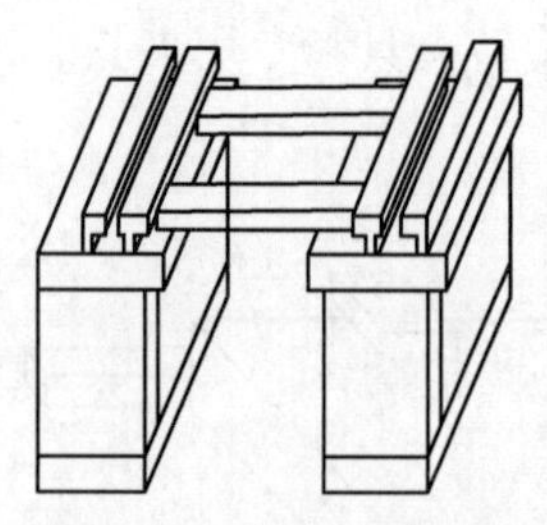

图3-43 桥式支撑方式

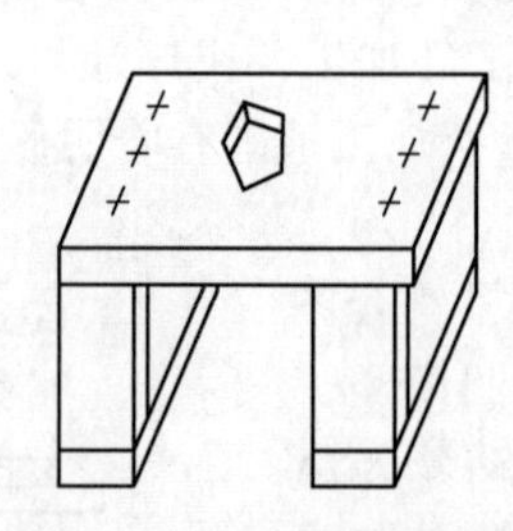

图3-44 板式支撑方式

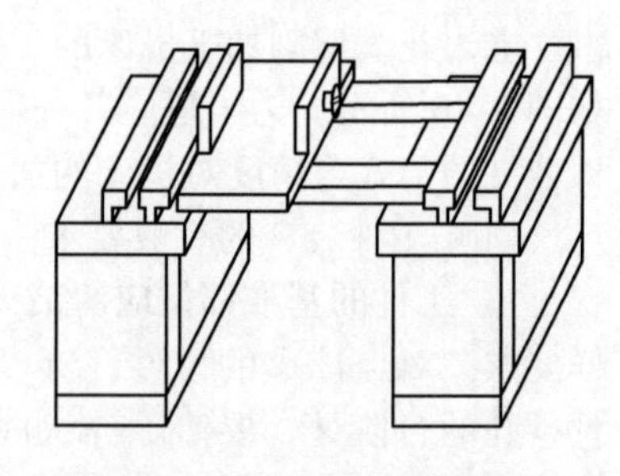

图3-45 复式支撑方式

实际操作中应合理选用工件的装夹方式。在装夹过程中还需要使用百分表找正工件，使工件的定位基准面与机床的工作台面及 X、Y 坐标轴保持平行，以保证切割表面与基准面之间的相对位置精度。

（3）工件的找正　工件安装到机床工作台上后，在进行装夹和夹紧之前，应先对工件进行平行度的找正，即将工件的水平方向调整到指定角度，一般为工件的某个侧面与机床运动的坐标轴（X、Y 轴）平行。工件位置找正的方法有以下几种。

1）拉表法。如图3-46所示，拉表法是利用磁力表架将百分表固定在线架或其他固定位置上，百分表触头接触在工件基面上，根据百分表的指示数值相应调整工件。

2）划线法。如图3-47所示，当工件图形与定位的相互位置要求不高时，可采用划线法找正，即采用固定在线架上的一个带有顶丝的零件将划针固定，划针尖指向工件图形的基准线或基准面，移动纵（或横）向拖板，根据目测调整工件。

3）固定基面靠定法。如图3-48所示，利用通用或专用夹具纵、横方向的基准面，经过一次找正后，保证基准面与相应坐标方向一致，于是具有相同加工基准面的工件可以直接靠定，从而保证工件的正确加工位置。

5. 电极丝位置的调整

线切割加工之前，应将电极丝调整到切割的起始坐标位置上，其调整方法有以下几种。

（1）目视法　对加工精度要求较低的工件，确定电极丝和工件有关基准线或基准面的相互位置时，可直接采用目视或借助于2~8倍的放大镜来进行观测，利用钳工划线方式等在工

件的穿丝孔处划上纵、横方向的十字基准线，观测电极丝与十字基准线的相对位置，如图3-49所示，使电极丝中心分别与纵、横方向基准线重合，此时的坐标就是电极丝的中心位置。

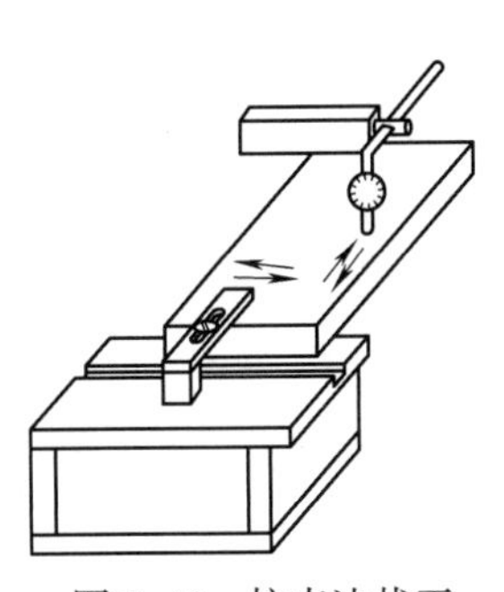

图3-46 拉表法找正

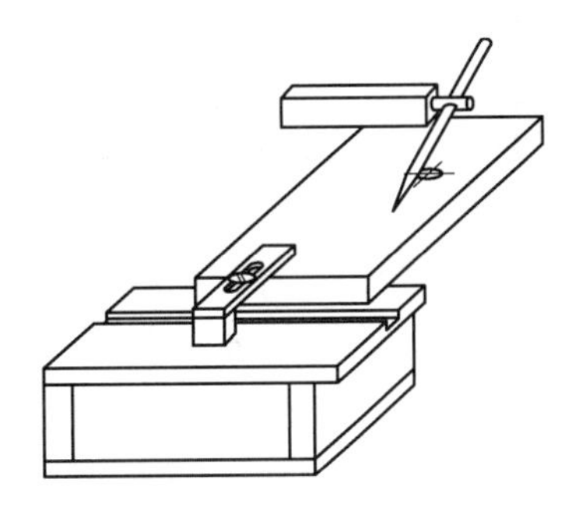

图3-47 划线法找正

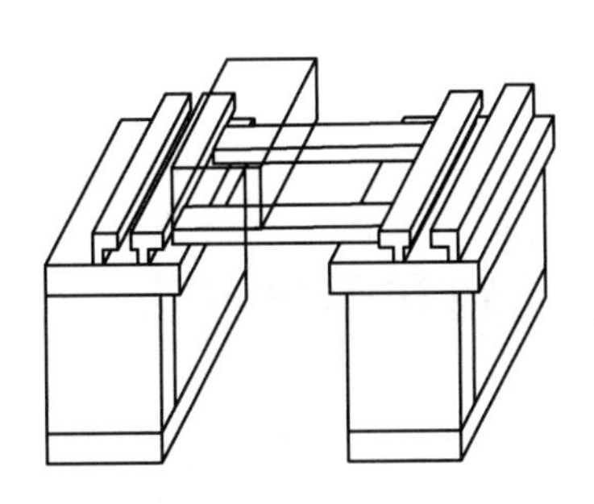

图3-48 固定基面靠定法找正

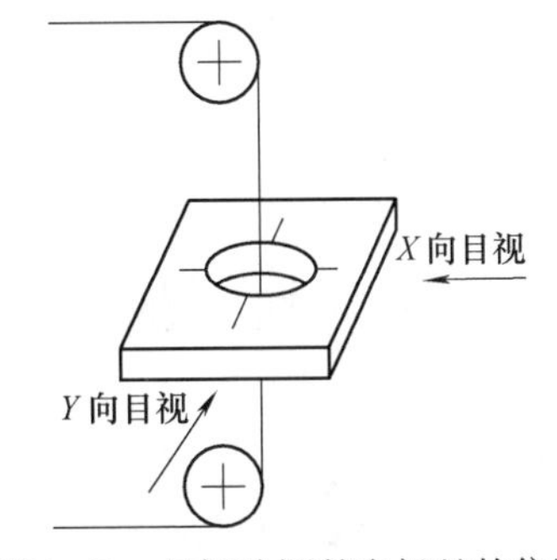

图3-49 目视法调整电极丝的位置

（2）火花法 该方法是工厂中常用的一种调整方法。如图3-50所示，移动工作台，使电极丝逼近工件的基准面（采用弱电参数），当出现均匀的火花时，记下工作台的相应坐标即可。该方法简便、易行，但电极丝逐步逼近工件基准面时，开始产生脉冲放电的距离往往并非正常加工条件下电极丝与工件间的放电距离。

（3）自动找中心法 此法的目的是为了让电极丝在工件的孔中心定位，具体方法是首先让电极丝在 X 或 Y 轴方向上与孔壁相接触，接着在另一轴的方向上进行上述过程。这样经过几次重复就可找到孔的中心位置，如图3-51所示。

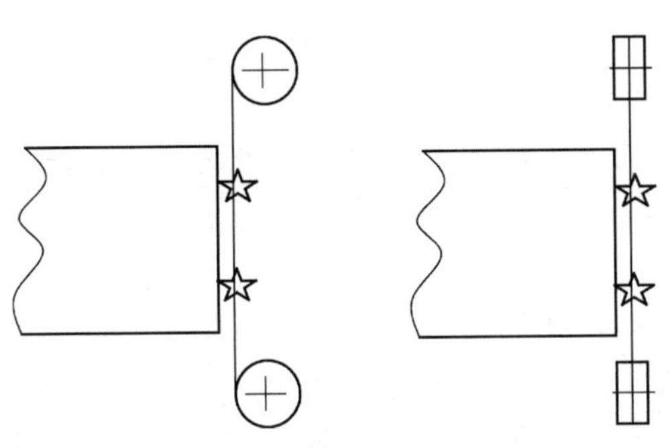

图3-50 火花法调整电极丝的位置

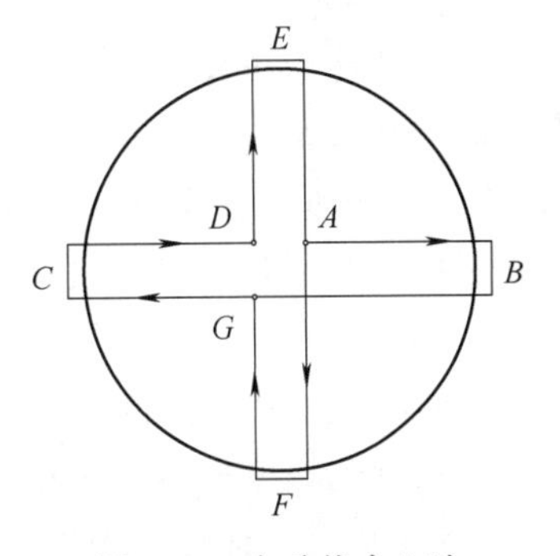

图3-51 自动找中心法

3.7 电火花线切割加工的工艺方法

电火花线切割加工的工艺方法有一次切割和多次切割两种。

一次切割工艺方法是指工件切割表面的几何形状和尺寸经一次切割成形，要求切割的综合工艺指标全部集中体现在这唯一的切割工艺过程中，因此在选择加工参数时，既要考虑切割速度和电极丝损耗，又要考虑工件表面质量的要求。为了方便地加工出符合尺寸要求的工件，常常采用一组电参数加工，中途无须更换电参数，具有操作方便、加工周期短、成本低的特点。所以，一次切割的工艺方法在高速走丝电火花线切割加工模具中得到了广泛的应用。

多次切割是指同一加工面进行两次或两次以上切割加工的工艺方法，其主要目的是提高工件的表面质量。在精密零件和精密模具电火花线切割加工的过程中，经常采用多次切割的工艺方法。多次切割每一次加工进给量的选择应根据机床的参数确定，首先采用较大的电流和补偿量进行粗加工，然后逐步用小电流和小补偿量一步一步精修，由粗加工的每次几十微米逐渐递减到精加工的每次几微米，加工次数一般为 3 ~7 次，从而得到较高的加工精度和光滑的加工表面。编程时注意为后续加工留有一定的加工余量，即要加大偏移量值。

3.8 电火花线切割加工的常见工艺问题和解决方法

1. 断丝与频繁短路

1）电极丝质量差：粗细不匀、强度差、打弯易折、过了有效期限等。解决办法：选购质量好的电极丝。

2）导轮磨损：导轮 V 形槽的圆角半径超过电极丝半径，造成电极丝抖动，易造成频繁短路，储丝筒换向瞬间更易造成断丝。解决办法：更换新导轮、新轴承。

3）电参数过大：应根据加工对象选择合理的电参数，如脉冲间隔过小，脉冲宽度又过大，就易造成断丝和频繁短路。解决办法：合理选择电参数。

4）工件变形：因工件变形造成夹丝、短路，引起断丝。解决办法：工件尽量使用热处理淬透性好、变形小的合金钢，毛坯件需要锻造，避免使用夹层和含有杂质的工件。

5）进给速度选择不合理：过跟踪时，短路电压波形密集，工件蚀除速度低于进给速度，间隙接近于短路，易造成断丝和频繁短路；欠跟踪时，工件蚀除速度大于进给速度，间隙近于开路，造成电极丝抖动，也易造成断丝和频繁短路。解决办法：选择最佳跟踪速度，调节合理的变频进给速度。

6）工作介质脏：工作介质太脏，悬浮的加工屑太多，间隙消电离变差，洗涤性也变差，不利于排屑，间隙状态也变差，对放电加工不利，也易造成断丝和频繁短路。解决办法：更换新的工作介质，按操作工艺合理配制。

7）进电不良：往往指的是导电块接触不良或导电块本身磨出深沟造成断丝。解决办法：更换新的导电块或将导电块转一个角度使用。

8）储丝筒跳动：往往是因为储丝筒轴承磨损或损坏，造成储丝筒跳动，引起电极丝叠丝、断丝。解决办法：更换轴承，重新校验储丝筒精度。

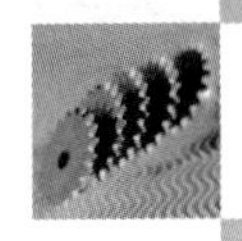

9）脉冲电源有故障：脉冲电源晶体管损坏、漏电，负波太大及各项电参数改变，都会造成断丝和频繁短路。解决办法：更换晶体管，维修好脉冲电源。

10）机械故障：X、Y坐标丝杠的磨损，储丝筒丝杠的磨损及传动齿轮的磨损，不但影响加工质量精度，也易造成断丝和频繁短路。解决办法：更换丝杠或传动齿轮，维修好机械，保证机械正常运转。

2. 切割速度慢、加工表面质量差

1）切割速度和表面质量是成反比的两个工艺指标，所以必须在满足表面质量的前提下再追求高的切割速度，根据不同的加工对象选择合理的电参数是非常重要的。

2）切割速度慢、表面质量差与进给速度有很大影响。进给速度调得过快，超过工件的蚀除速度，会频繁地出现短路，造成加工不稳定，使实际切割速度降低，加工表面也发焦呈褐色，工件上下端面处有过烧现象；进给速度调得太慢，低于工件的蚀除速度，偏开路，脉冲利用率低，切割速度慢，加工表面也不好，出现不稳定条纹或烧蚀现象。所以，进给速度必须调得适宜，才能使加工稳定，切割速度高，加工表面细而亮。

3. 硬质合金类材料加工效果差

1）硬质合金类材料由于含高熔点的碳化钨和碳化钛成分，因此加工速度低，且易于产生表面微裂纹。解决办法：使用专用脉冲电源。

2）根据现使用设备选择合理的电参数，例如选择窄脉宽、大峰值电流，提高峰值电压，使硬质合金大部分在汽化状态下爆炸抛出、熔化而又冷凝成为白层的材料很少，做到有较高的加工速度而不会产生微裂纹，获得较好的表面质量。

4. 铝材加工效果差

电火花线切割机床由于采用水基工作介质或乳化工作介质，所以在加工时放电间隙中产生的高温氧化作用使一部分工件材料的氧化物飞溅反粘到电极丝上，当切割钢铁和铜钛等金属时，由于这些金属的氧化物均为导电物质，放电间隙状态良好，而加工铝及铝合金材料时，铝材的金属氧化物是陶瓷性物质，导电性下降，出现工件切不动、导电块反而消耗快的问题，导致国产大部分快走丝线切割机床的导电块式进电方式遭遇迅速出现切槽报废的问题。

3.9 电火花线切割加工操作与实例

要想加工一个合格的零件，一台与之相适应的设备是不可或缺的，但更重要的前提是良好的加工工艺与正确的加工操作。电火花线切割加工也是如此，做好加工前的工艺准备，安排好合理的加工工艺路线，合理选择电参数，是完成工件加工的重要环节。

电火花线切割加工的操作流程如图 3-52 所示。

3.9.1 加工前的准备工作

加工前的准备在前面的章节中已做过详细的介绍，这里就不再重复讲解，为了使大家对加工操作有一个整体的感觉，只对加工前的准备工作步骤进行简单介绍。

1. 工件材料的选定和处理

采用电火花线切割加工的零件材质大多数是淬火钢、硬质合金和模具钢，对于这些难加工的材料，在加工前必须进行热处理，如淬火加回火等。如果淬火不当，零件在加工中就会出现裂纹，必须在回火后才能使用，而且回火要两次以上或采用高温回火。另外，加工前要进行消磁处理及去除表面氧化皮和锈斑等。

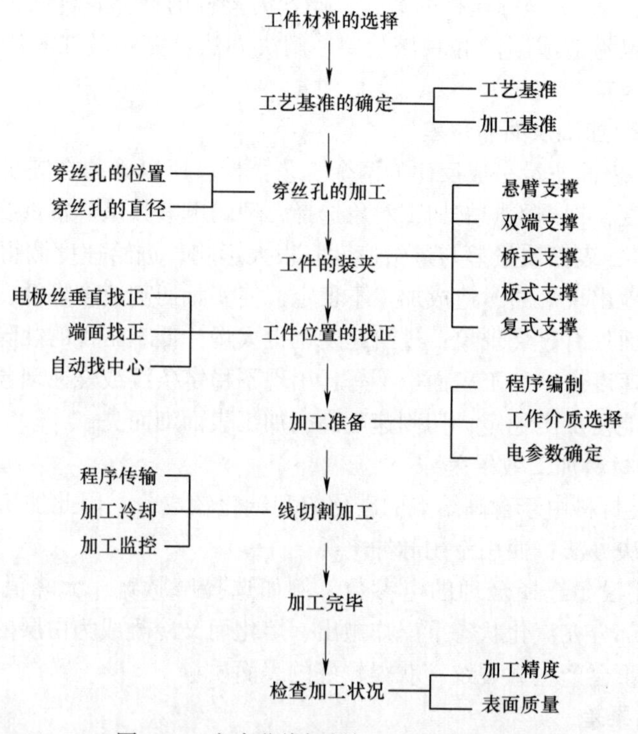

图 3-52 电火花线切割加工的操作流程

2. 工件的工艺基准

由于电火花线切割的加工多为模具或零件加工的最后一道工序，因此工件大多具有规则、精确的外形。若外形具有与工作台 X、Y 平行并垂直于工作台水平面的两个面并符合六点定位原则，则可以选取一面作为加工基准面。

3. 穿丝孔的加工（凹形类封闭形工件必须有穿丝孔）

在切割凸形工件或大孔形凹形类工件时，穿丝孔应设置在加工起始点附近，这样可以大大缩短无用切割行程。穿丝孔的位置最好选在已知坐标点或便于计算的坐标点上，以简化有关轨迹控制的运算。

穿丝孔的直径不宜太小或太大，以钻或镗孔工艺简便为宜，一般选在 $\phi3 \sim \phi10$mm 范围内。孔径最好选取整数值或较完整的数值，以简化用其作为加工基准的运算。

4. 穿丝

穿丝包括上丝、紧丝以及电极丝的垂直找正。

5. 加工工艺路线的选择

1）避免从工件端面开始加工，应尽量从穿丝孔开始加工。

2）加工路线距工件侧面应大于5mm，否则工件易变形。

3）加工路线的开始点应远离工件的夹具。

6. 工件的装夹

1）待装夹的工件部位应清洁无毛刺。

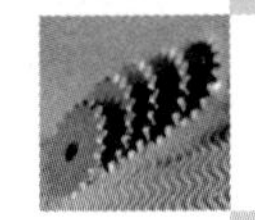

2）夹具的精度要高。

3）装夹位置应有利于工件的找正。

4）成批生产时，应采用专用夹具。

7. 线切割加工操作

加工前准备好工件毛坯、压板及夹具等装夹工具。若需要切割内腔形状工件，毛坯应预先打好穿丝孔，然后按以下步骤操作。

1）启动机床电源进入系统，编制加工程序。

2）检查系统各部分是否正常，包括高频、水泵和储丝筒等的运行情况。

3）储丝筒上丝操作。

① 按下储丝筒停止按钮，断开断丝保险开关。

② 将钼丝盘套在上丝电动机轴上，并用螺母锁紧。

③ 用摇把将储丝筒摇至极限位置（最右侧）。

④ 将钼丝盘上的钼丝一端拉出，绕过导轮固定在储丝筒最左侧端部的坚固螺钉上。

⑤ 逆时针转动储丝筒几圈后，按下储丝筒开启按钮，上丝。

⑥ 当储丝筒上的钼丝缠绕宽度达到一定值时，按下储丝筒停止按钮。

⑦ 调整储丝筒左右行程挡块至适当位置。

4）穿丝操作。

① 取下储丝筒一端的丝头并拉紧，按机床上给出的穿丝路径，依次绕过各导轮，最后固定在丝筒紧固螺钉处。

② 剪掉多余的丝头，用摇把转动储丝筒反绕几圈。

③ 用紧丝轮紧丝，并将钼丝的端头固定好。

5）调整储丝筒行程。穿丝完毕后，根据储丝筒上电极丝的多少和位置来确定储丝筒的行程。为防止机械性断丝，在选中挡块确定的长度之外，储丝筒两端还应有一定的储丝量。具体调整方法如下：

① 用摇把将储丝筒摇至在轴向剩下5mm左右的位置停止。

② 松开相应的限位块上的紧固螺钉，移动限位块至接近感应开关的中心位置后固定。

③ 用同样的方法调整另一端，两行程挡块之前的距离即是储丝筒的行程。

6）找正电极丝。在切割加工之前，必须对电极丝进行找正操作，具体步骤如下：

① 保证工作台面和找正块各面干净无损坏。

② 移动 Z 轴至适当位置后锁紧，将找正块底面靠实工作台面。

③ 用手控盒移动 X 轴或 Y 轴坐标至电极丝贴近找正块垂直面。

④ 开丝、开高频，点控手控盒上的 X 轴或 Y 轴，移动电极丝接近找正块，当它们之间的间隙足够小时，会产生放电火花。

⑤ 通过手控盒点动U轴或V轴，直到放电火花上下均匀一致，电极丝即找正。

7）装夹工作，根据工件高度调整 Z 轴位置并锁紧。

8）移动 X、Y 轴坐标，确立切割起始位置。

9）开启工作液泵，调节流量。

10）试运行加工程序，调整加工参数。

11）监控运行状态，及时清理电蚀产物。

3.9.2 加工过程中几种特殊情况的处理

1. 操作中的几种情况与处理

(1) 短时间临时停机 在某一程序尚未切割完毕时，若需要临时停机，则应先关闭控制台的变频、高频及进给，然后关闭脉冲电源、工作液泵和走丝电动机，其他设备可不必关闭。只要不关闭控制器的电源，控制器就能保存停机时剩下的程序。在以后重新开机时，按下述次序进行操作即可继续加工。

开走丝电动机→开工作液泵→开高频电源→开变频开关→开高频开关。

(2) 断丝处理 断丝是线切割加工中最常见的故障，造成断丝的原因有很多，但主要有以下几个方面。

1) 电极丝的材质不佳，抗拉强度低，折弯、打结、叠丝或由于使用时间过长，丝被拉长、拉细且布满微小放电凹痕。

2) 导丝机构的机械传动精度低，绕丝松紧不适度，导轮与储丝筒的径向圆跳动和窜动过大。

3) 导电块长时间使用或位置调整不好，加工中被电极丝拉出沟槽。

4) 导轮轴承磨损、导轮磨损后底部出现沟槽，造成导丝部位摩擦力过大，运行中抖动剧烈。

5) 工件材料的导电性和导热性不好，并含有非导电杂质或内应力过大造成切缝变窄。

6) 加工结束时，因工件自重引起切除部分脱落或倾斜夹断电极丝。

7) 工作介质的种类选择配制不当或脏污程度严重。

若加工过程中出现断丝现象，首先应立即关闭脉冲电源和变频开关，再关闭工作液泵及走丝电动机，把变频粗调置于“手动”一边，打开变频开关，让机床工作台继续按原程序走完，最后回到起点位置重新穿丝加工。若工件较薄，可就地穿丝，继续切割。

当断丝不能再用，必须更换新丝时，应测量新丝的直径。若断丝直径和新丝直径相差较大，就要重新编制程序，以保证加工精度。

(3) 控制器出错或突然停电 若这两种情况出现在待加工零件的废料部位且零件的精度要求又不高的情况下，则在排除故障后，将电极丝退出，将拖板移动到起始位置，重新加工即可。

2. 操作中几种常见的故障与排除方法

电火花线切割加工操作中几种常见的故障与排除方法见表3-15。

表3-15 电火花线切割加工操作中几种常见的故障与排除方法

故障现象	排除方法
机床运行时，XY轴不工作	只有一个轴不工作：首先要把电源柜和机床的 X、Y 轴连接线对调一下，若还是原来的情况，说明是电动机有问题，若原来不工作的工作了，原来工作的不工作了，说明是驱动器有问题，然后检查驱动器的输入输出线是否脱落或松动，输入电压是否正确 两个轴同时不工作：首先检查驱动器的输入输出线是否脱落或松动，输入电压是否正确，再检查接口板1与小继电器板的连线是否牢固，打开线束是否断线。若还有问题，按照接口板原理图检查接口板 X、Y 驱动部分
按下变频键后，没有变频信号	先查看变频电路是否有12V电源，然后用示波器检查C2波形，若产生锯齿波，证明前级没问题。再检查单结晶体管b2端是否有矩形波输出，然后逐级检查到74LS244，哪一级没有输出波形，证明故障出现在哪一级

（续）

故障现象	排除方法
按下加工和变频后，开高频有电流但没有采样	先检查高频电源取样板的输出端 B1、B2 有无取样电压，一般输出电压为 3～5.5V，可调整面板进给调节电位器改变取样输出电压
定位（对中心、靠边定位）故障	按下机床操作面板上的变频键和进给键，选中主菜单中的“自动对中心”或“靠边定位”后，钼丝碰到工件不起作用。首先查看一下继电器是否工作，检查接口板对中电路光耦合 12V 电压
无自动对中心（靠边定位）	查一下接口板上的 016 TIL117 是否损坏
无断点加工	检查接口板 1 上的 6264 插接是否不实，数据线接触是否良好，或检查 6264 本身是否损坏。若没坏，再查看 3.6V 电池是否有 3.6V 电压
高频脉冲电源故障	一般情况下，高频脉冲电源发生故障，首先看一下交流电源输入的熔丝和高频整流电源板上的熔丝是否熔断。根据高频脉冲电源原理图，查看 NE555 是否有波形输出，调节面板脉冲参数是否起作用，逐级检查 4011 和 MC1413 的输出波形是否正确，最后检查判断 MOS 管是否损坏
开丝故障	1）调速开关是否处于“0”位置。2）处于断丝保护状态。3）限位开关被压住。4）开丝一路保险损坏。5）继电器触点损坏
手控盒不动作加工时正常	检查手控盒与小继电器板间的 15 芯连接线是否有虚接或断开的情况，若正常，用万用表测量小继电器板的 12V 电源
短路故障	发生短路时，应立即关掉变频，待其自行消除短路；如不能奏效，再关掉高频电源，用酒精、汽油或丙醇等溶剂冲洗短路部分；若此时还不能消除短路，只好把电极丝抽出退回到起始点重新加工 目前大部分线切割控制器均有断丝、短路自行处理功能，在断电情况下也会保持记忆

3.9.3 电火花线切割加工实例

[例 3-16] 试加工如图 3-53 所示工件的外形，该工件的材料为淬火后的 T10 钢，上下表面都已经磨削平整，厚度为 1mm。

具体操作如下。

（1）分析图样　该工件直棱直角，材料硬，件薄，数控铣可以加工该零件，但由于材料较硬，加工时刀具磨损大。因电火花线切割加工的工艺性与材料的硬度无关，故采用电火花线切割加工方法。

（2）电极丝准备　电极丝采用钼丝，直径为 0.18mm。

（3）毛坯准备　采用规格图 3-54 所示的毛坯，材料为淬火后的 T10 钢。

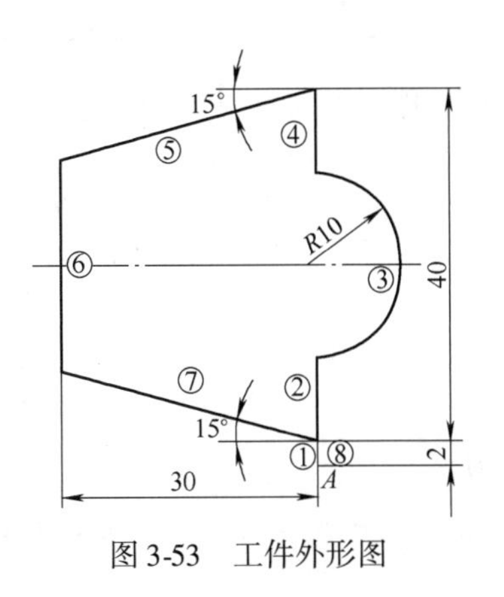

图 3-53　工件外形图

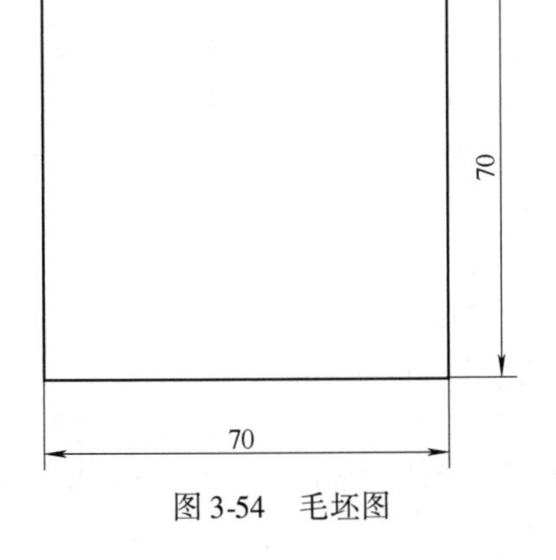

图 3-54　毛坯图

(4) 工件的装夹与找正　用螺钉和夹板直接把毛坯装夹在工作台面上，采用图3-55所示的悬臂式支撑。由于工件的装夹要求不高，可用直角尺与工作台靠一下，使工件的侧边与工作台的Y轴平行。

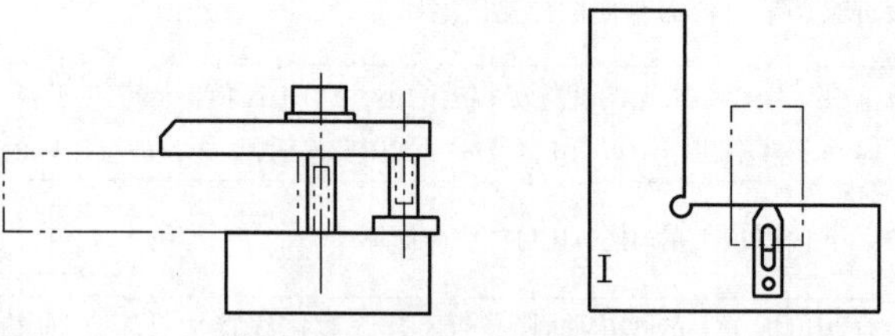

图3-55　毛坯装夹示意图

(5) 电极丝位置的调整　采用火花法调整电极丝位置。该方法是工厂中常用的一种调整方法。如图3-50所示，移动工作台，使电极丝逼近工件的基准面（采用弱电参数），当出现均匀火花时，记下工作台的相应坐标即可。

(6) 手工编程

1) 确定加工路线。如图3-53所示，起始点为A，加工路线按照图中所标的①②③…⑧进行，共分八个程序段。其中①为切入程序段，⑧为切出程序段。

2) 计算坐标值。按照坐标系和坐标X、Y的规定，分别计算①~⑧程序段的坐标值。以A为坐标原点，则①~⑧程序段的终点坐标值分别为A(0，0)，①(0，2)，②(0，12)，③(0，32)，④(0，42)，⑤(-30，33.96)，⑥(-30，10.04)，⑦(0，2)，⑧(0，0)。

3) 逐段编写3B程序，见表3-16。

表3-16　加工程序

N	B	X	B	Y	B	J	G	Z	备　注
1	B	0	B	2000	B	2000	Gy	L2	切入
2	B	0	B	10 000	B	10 000	Gy	L2	
3	B	0	B	10 000	B	20 000	Gx	NR4	
4	B	0	B	10 000	B	10 000	Gy	L2	
5	B	3000	B	8040	B	30 000	Gx	L3	
6	B	0	B	23 920	B	23 920	Gy	L4	
7	B	3000	B	8040	B	30 000	Gx	L4	
8	B	0	B	2000	B	2000	Gy	L4	切出

(7) 参数的选择　此工件作为样板零件，对切割的表面质量要求不高，板也比较薄，属于粗加工，故线切割参数选择如下。

脉冲宽度：20μs；

脉冲幅值：80V；

功率管数：6个；

加工电流：2A；

切割速度：40 mm^2/min。

(8) 进行零件加工　完成后，取下并测量工件。

[例3-17]　如图3-56所示为一连接板凹模，请利用电火花线切割加工其凹模型腔，毛坯

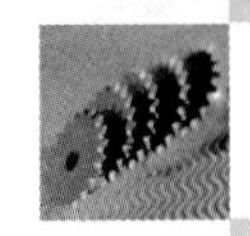

尺寸为120mm×80mm×17mm。该工件的材料为CrWMn，热处理硬度为60~64 HRC，电极丝采用钼丝，直径为0.15mm，单边放电间隙为0.01mm。如图3-57所示为型腔尺寸图。

（1）分析图样　CrWMn材料一般采用球化退火作为预备热处理，淬火加低温回火作为最终热处理。其中淬火温度为780~810℃，低温回火温度为200~250℃，硬度值为62HRC。该种材料的力学性能不适合普通的切削加工，故采用电火花线切割进行加工。

毛坯在电火花线切割加工之前的加工工艺路线一般为下料→锻造→球化退火→机械粗加工→淬火与低温回火→磨加工（退磁）。

图3-56　连接板凹模

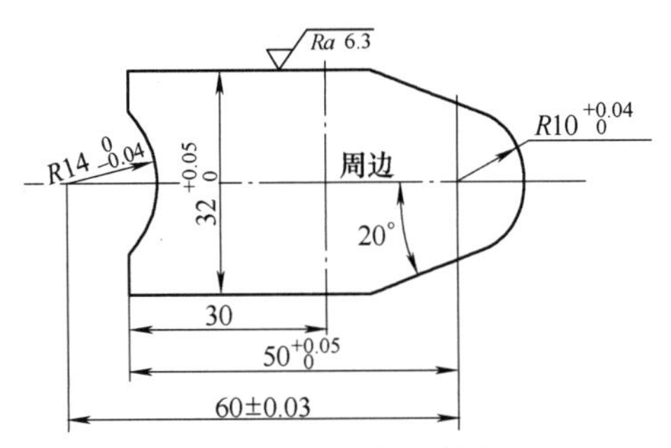

图3-57　型腔尺寸图

（2）工件的装夹方式　该工件的毛坯尺寸为120mm×80mm×17mm，故采用两端支撑夹具、压板固定的装夹方式，如图3-42所示。

（3）确定电极丝坐标位置的方法　该工件采用火花法确定电极丝坐标位置，如图3-50所示。

（4）编写ISO程序　按照图3-57所示的型腔尺寸图建立编程坐标系，按平均尺寸计算凹模型腔刃口轮廓交点及圆心坐标（交点及圆心坐标的计算方法前面已有具体介绍，此处不再赘述），见表3-17。

表3-17　凹模型腔刃口轮廓交点及圆心坐标　（单位：mm）

交点及圆心	X	Y	交点及圆心	X	Y
A	3.4270	9.4157	F	-50.025	-16.0125
B	-14.6976	16.0125	G	-14.6976	-16.0125
C	-50.025	16.0125	H	3.4270	-9.4157
D	-50.025	9.7949	O	0	0
E	-50.025	-9.7949	O_1	-60	0

偏移量计算：

$$D = r + \delta = (0.15/2 + 0.01)\ \text{mm} = 0.085\text{mm}$$

穿丝孔在O点，按照$O \to A \to B \to C \to D \to E \to F \to G \to H \to A$的顺序切割，程序如下：

```
G90  X0  Y0
G41  D85
G01  X3427  Y9416
G01  X-14698  Y16013
G01  X-50025  Y16013
G01  X-50025  Y9795
G02  X-50025  Y-9795  I-9795  J-9795
```

```
G01  X-50025  Y-16013
G01  X-14698  Y-16013
G01  X3427  Y-9416
G03  X3427  Y9416  I-3427  J9416
G40
G01  X0  Y0
M02
```

(5) 参数选择　各切割参数选择如下。

脉冲宽度：4μs；

脉冲幅值：60V；

功率管数：3个；

加工电流：0.8A；

切割速度：15 mm^2/min。

(6) 进行零件加工　完成后，取下并测量工件。

复习题

1. 填空题

(1) 电火花线切割加工时，工件接脉冲电源________极，工具电极接________极。

(2) 数控线切割机床由________、________、________、________和________五部分组成。

(3) 当正极的蚀除速度大于负极时，工件接________，工具电极接________，形成________加工。

(4) 线切割中常用的电极丝有________、________和________，其中________应用最广泛。

(5) 穿丝孔的孔径一般应取________，通常采用________加工，穿丝孔的位置宜选在加工图样的________附近。

(6) 线切割加工时，工件装夹方式有________装夹、________装夹、________装夹和________装夹。

2. 判断题

(1) 当负极的蚀除速度大于正极时，工件接正极，工具电极接负极，形成正极性加工。　(　)

(2) 极性效应显著的加工，电极损耗小，生产率高。　(　)

(3) 目前线切割加工时，普遍采用的工作介质是煤油。　(　)

(4) 脉冲宽度及脉冲能量越大，则放电间隙越小。　(　)

3. 选择题

(1) 线切割编程时，计数长度应________。

A. 以 μm 为单位　　B. 以 mm 为单位　　C. 以 m 为单位

(2) 加工斜线 OA，设起点 O 在切割坐标原点，终点 A 的坐标为 $X_e=17mm$，$Y_e=5mm$，

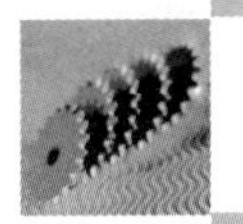

其加工程序为________。

A. B17B5B17GXL1

B. B17000B5000B017000GXL1

C. B17000B5000B017000GYL1

(3) 对于线切割加工，下列说法正确的是________。

A. 线切割加工圆弧时，其运动轨迹是折线

B. 线切割加工斜线时，其运动轨迹是斜线

C. 加工斜线时，取加工的终点为切割坐标系的原点

4. 简答题

(1) 电火花线切割加工的原理是什么？

(2) 火花放电与电弧放电的主要区别是什么？

(3) 什么是电火花线切割的切割速度和加工精度？

(4) 影响电火花线切割主要工艺指标的因素有哪些？

(5) 工件的装夹方式有哪些？

(6) 电极丝位置的调整方法有哪几种？

(7) 编写 100mm × 50mm 长方形孔的加工程序，如图 3-58 所示。钼丝直径为 ϕ0.18mm，单边放电间隙为 0.01mm，图 3-59 所示为穿丝孔坐标值和电极丝中心轨迹线。

(8) 采用 ISO 代码编写程序切割图 3-60 所示的凹模，穿丝孔中心坐标为（0，0），电极丝直径为 ϕ0.12mm，单边放电间隙 δ 为 0.01mm，顺时针加工。

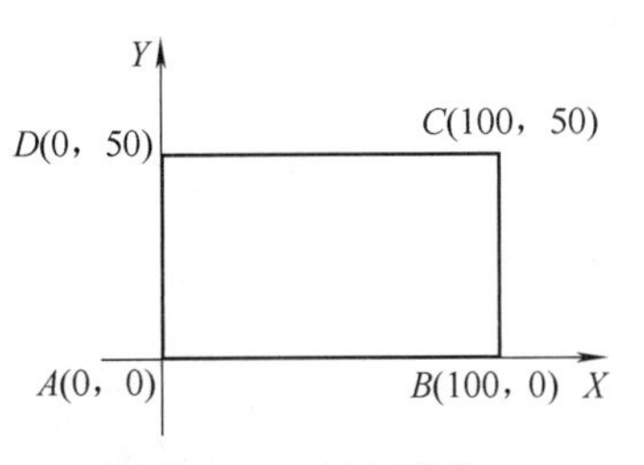

图 3-58 长方形孔

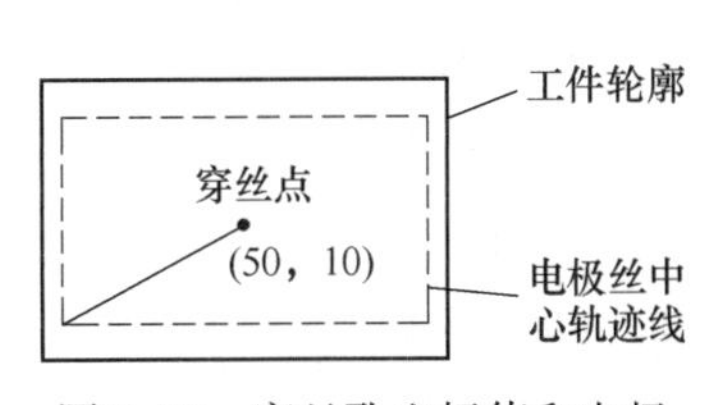

图 3-59 穿丝孔坐标值和电极丝中心轨迹线

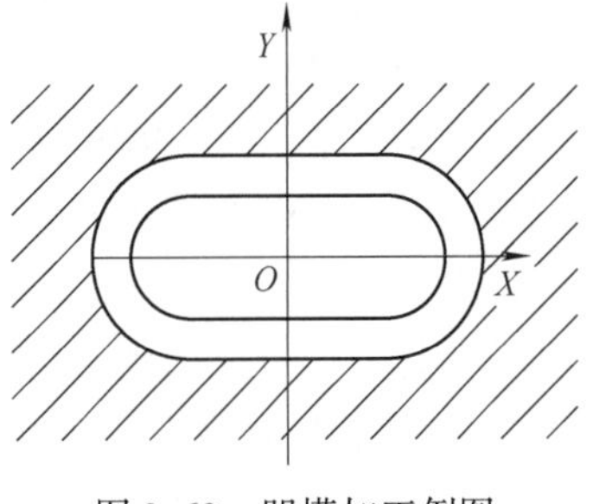

图 3-60 凹模加工例图

第 4 章 电化学加工技术

学习目标

❖理解电化学加工的原理和特点。
❖掌握各种电化学加工方法。
❖了解电化学加工设备及加工规律。

电化学加工（Electrochemical Machining，ECM）是在电的作用下，在阴、阳两极产生得失电子的电化学反应，从而去除材料（阳极溶解）或在工件表面镀覆材料（阴极沉积）的加工方法。在1834年法拉第发现了电化学作用原理后，又先后发现了电镀、电铸、电解加工等电化学加工方法，并在工业上得到了广泛应用。伴随着高新技术的发展，复合电解加工、细微电化学加工、精密电铸、激光电化学加工等技术也迅速发展起来。目前，电化学加工在国防工业、汽车工业和机械工业等领域发挥着越来越重要的作用。

中国在20世纪50年代就开始应用电解加工方法对炮膛进行加工，现已广泛应用于航空发动机的叶片、筒形零件、花键孔、内齿轮、模具和阀片等异形零件的加工。近年来出现的脉冲电流电解加工、小间隙电解加工和混气电解加工等新工艺大大提高了电解加工的成形精度，简化了工具阴极的设计，促进了电解加工工艺的进一步发展。电化学加工包括从工件上去除金属的电解加工和向工件上沉积金属的电镀、涂覆加工两大类。

4.1 电化学加工的原理、特点及分类

4.1.1 电化学加工的基本原理

1. 电化学加工的基本过程

如图4-1所示，将两铜片作为电极并接上10V的直流电源，插入$CuCl_2$的水溶液中（此溶液中含有OH^-和Cl^-负离子及H^+和Cu^{2+}正离子），即形成通路，金属导线和溶液中均有电流流过。在铜片和溶液的界面上必定有交换电子的反应，即电化学反应。溶液中的离子将定向移动，Cu^{2+}正离子移向阴极，在阴极上得到电子而进行还原反应，沉积出铜。在阳极表面，Cu原子失去电子而成为Cu^{2+}正离子进入溶液。在阴、阳极表面发生的得失电子的化学反应称为电化学反应。任何两种不同的金属放入导电

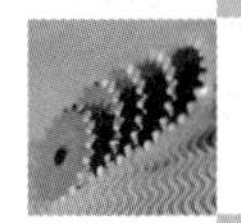

的水溶液中都会有类似情况发生，利用这种电化学反应为基础对金属进行加工的方法即为电化学加工。阳极表面失去电子（氧化反应），阳极被溶解、蚀除，称为电解；阴极得到电子（还原反应）的金属离子还原成为原子，沉积在阴极表面，称为电镀。

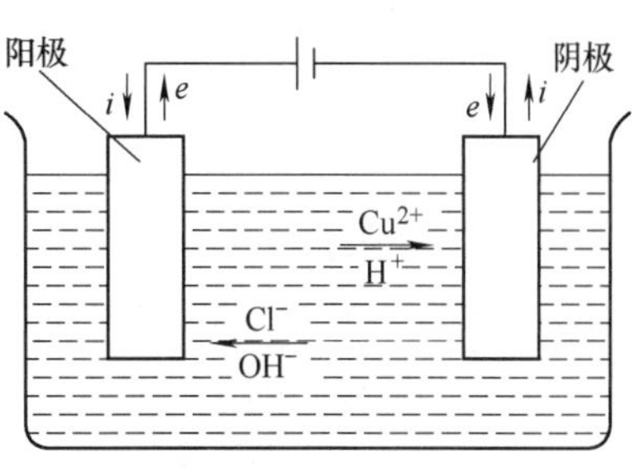

图 4-1　电化学加工原理

2. 电解质溶液

溶于水或在熔融状态下能导电的物质称为电解质，如硫酸（H_2SO_4）、盐酸（HCl）、氢氧化钠（NaOH）、氯化钠（NaCl）等酸、碱、盐均为电解质。电解质与水形成的溶液称为电解质溶液（简称电解液）。电解液中含有电解质的量称为电解液含量，如果是用质量来衡量电解液的含量就称为质量分数。此外，含量还可以是体积分数。

以电解质氯化钠（NaCl）为例，放入水中时，NaCl 组成的是离子键，即 NaCl 的组成不是分子而是离子，这样一些水分子的正极端就会吸附在 Na^+ 离子上，而一些水分子的负极端就会吸附在 Cl^- 离子上。由于水分子具有一定的动能，当动能足够大时，就可以将 Na^+ 离子和 Cl^- 离子从固体表面拉出，进入水中，形成水化离子，这个过程称为电离，即

$$NaCl \longrightarrow Na^+ + Cl^-$$

能够在水中 100% 电离的电解质称为强电解质，如强酸、强碱和大多数盐（NaCl）；不能在水中 100% 电离的电解质称为弱电解质，如氨水和醋酸等。此外，水本身也是弱电解质，水分子也可以部分电离为 H^+ 和 OH^-。由于溶液中正负离子的数量相等，所以电解质溶液呈现中性。

3. 电极电位

当金属和金属原子组成的盐溶液（或其他溶液）接触时，弱极性分子水的负极端就吸附到金属正离子上，形成水化离子。当水的动能超过一定数值时，就克服金属对该离子的约束跑到溶液中，这就等于把电子失去（留在金属里）。当然，溶液中的离子也有可能因动能不足而被金属俘获，相当于得到电子，变成原子。这是个动态的过程，在某个状态会达到平衡，即从金属上跑到溶液中的离子数量相当于从溶液中跑回金属上的离子数量。当金属活泼性大时，金属本身因为留下的电子多而带上了负电，在金属附近的溶液里因带正电的水化离子多而带正电，这样就形成了双电层（Electric Double Layer，EDL）。双电层结构如图 4-2 所示，只有界面上极薄的一层（紧密层）具有较大的电位差。由于双电层的存在，在正负电层之间，也就是金属和溶液之间形成了电位差。金属和溶液之间的电位差称为电极电位。由于此电极电位是金属本身盐溶液中溶解和沉积相平衡的电位差，所以也称之为平衡电极电位。

金属活泼性越强，这种趋势就越强；反之，如果金属活泼性较差，甚至从金属上跑出来的离子比溶液里跑回到金属上的还多，则金属带正电，而溶液带负电，如图 4-3 所示。

到目前为止，还没有一种直接测量金属与其盐溶液之间的电极电位差的办法，但是盐桥法可以测量出两种不同的电极电位差。生产实践中规定采用一种电极作为标准和其他电极比较得出相对值，称为标准电极电位。通常采用标准氢电极为标准，人为地规定它的电极电位为零。表 4-1 为常用离子在 25℃时的标准电极电位，它反映了物质得失电子的能力，即氧化还原能力。一般电位最负的元素首先在阳极表面产生电化学反应，反之电位最正的元素首先

在阴极表面产生电化学反应。

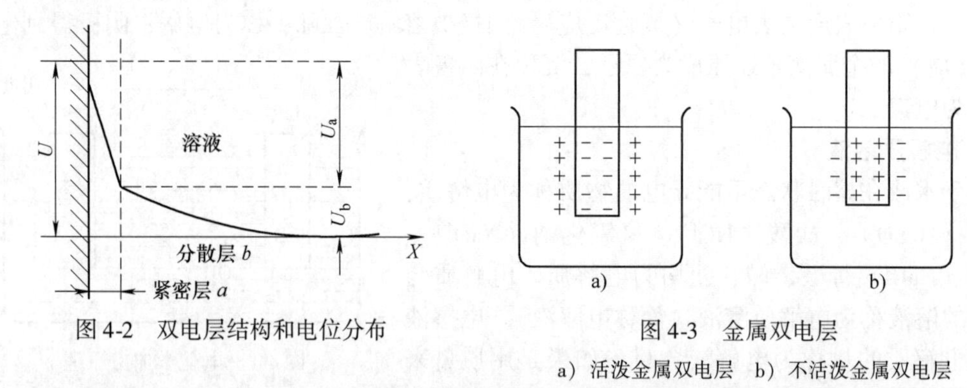

图 4-2 双电层结构和电位分布

图 4-3 金属双电层
a）活泼金属双电层 b）不活泼金属双电层

表 4-1 常用离子在25℃时的标准电极电位

电极氧化态/还原态	电极反应	电极电位/V	电极氧化态/还原态	电极反应	电极电位/V
K^+/K	$K^+ + e \Leftrightarrow K$	−2.925	Sn^{2+}/Sn	$Sn^{2+} + 2e \Leftrightarrow Sn$	−0.14
Ca^{2+}/Ca	$Ca^{2+} + 2e \Leftrightarrow Ca$	−2.84	Pb^{2+}/Pb	$Pb^{2+} + 2e \Leftrightarrow Pb$	−0.126
Na^+/Na	$Na^+ + e \Leftrightarrow Na$	−2.713	Fe^{3+}/Fe	$Fe^{3+} + 3e \Leftrightarrow Fe$	−0.036
Ti^{2+}/Ti	$Ti^{2+} + 2e \Leftrightarrow Ti$	−1.75	H^+/H	$H^+ + e \Leftrightarrow H$	0
Al^{3+}/Al	$Al^{3+} + 3e \Leftrightarrow Al$	−1.66	Cu^{2+}/Cu	$Cu^{2+} + 2e \Leftrightarrow Cu$	+0.34
V^{3+}/V	$V^{3+} + 3e \Leftrightarrow V$	−1.5	O_2/OH^-	$H_2O + 1/2O_2 + 2e \Leftrightarrow 2OH^-$	+0.401
Mn^{2+}/Mn	$Mn^{2+} + 2e \Leftrightarrow Mn$	−1.05	Cu^+/Cu	$Cu^+ + e \Leftrightarrow Cu$	+0.522
Zn^{2+}/Zn	$Zn^{2+} + 2e \Leftrightarrow Zn$	−0.763	Fe^{3+}/Fe^{2+}	$Fe^{3+} + e \Leftrightarrow Fe^{2+}$	+0.771
Cr^{3+}/Cr	$Cr^{3+} + 3e \Leftrightarrow Cr$	−0.71	Ag^+/Ag	$Ag^+ + e \Leftrightarrow Ag$	+0.7996
Fe^{2+}/Fe	$Fe^{2+} + 2e \Leftrightarrow Fe$	−0.44	Mn^{4+}/Mn^{2+}	$MnO_2 + 4H^+ + 2e \Leftrightarrow Mn^{2+} + 2H_2O$	+1.208
Co^{2+}/Co	$Co^{2+} + 2e \Leftrightarrow Co$	−0.27	Cr^{6+}/Cr^{3+}	$Cr_2O_7{}^{2-} + 14H^+ + 6e \Leftrightarrow Cr^{3+} + 7H_2O$	+1.33
Ni^{3+}/Ni	$Ni^{3+} + 3e \Leftrightarrow Ni$	−0.23	Cl_2/Cl^-	$Cl_2 + 2e \Leftrightarrow 2Cl^-$	+1.3583
Mo^{3+}/Mo	$Mo^{3+} + 3e \Leftrightarrow Mo$	−0.20	F_2/F^-	$F_2 + 2e \Leftrightarrow 2F^-$	+2.87

由表 4-1 可知，例如两种金属 Fe 和 Cu 插入某一电解液（如 NaCl）中时，该金属表面分别与电解液形成双电层，两金属之间存在一定的电位差，其中较活泼的金属 Fe 的电位负于较不活泼的金属 Cu，当两金属电极间有导线连通时，即有电流流过，成为一个原电池。导线上的电子由铁一端向铜流去，铁原子失去电子进入溶液，但这种自发的溶解过程很慢。

电化学加工就是利用外加电场，促进上述电子移动过程的加剧，同时也促进铁离子溶解过程的加剧。

4. 电极极化

前面讨论的双电层处于动态平衡中，如果此时在溶液中还有一片金属，它与溶液之间也会产生双电层，也处于动态平衡状态。当有电流通过时，电极的平衡状态遭到破坏，使阳极的电极电位向正移（代数值增大），阴极的电极电位向负移（代数值减小），这种现象称为极化。

电解加工时，在阳极和阴极都存在着离子的扩散、迁移和电化学反应两种过程。在电极极化过程中若离子的扩散、迁移步骤缓慢，引起的电极极化称为浓差极化，而由于电化学反

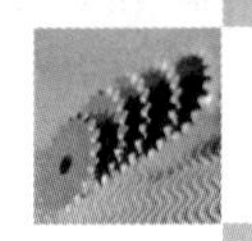

应缓慢而引起的电极极化称为电化学极化。

（1）浓差极化　在极化过程中，金属不断被溶解的条件之一是生成的金属离子需要越过双电层向外迁移和扩散，从而与溶液发生离子反应，但迁移与扩散的速度是有一定限制的。在外电场的作用下，如果阳极表面液体层中金属离子的扩散与迁移速度较慢，来不及扩散到溶液中去，使阳极表面造成金属离子堆积，引起了电位值增大（即阳极电位向正移），这就是浓差极化。

阴极上由于水中氢离子的迁移与扩散速度很快，所以氢的浓差极化很小。凡能加速电极表面离子的迁移与扩散速度的措施，都能减少浓差极化。

改善方法：提高电解液流速以增强搅拌速度，升高电解液温度等。

（2）电化学极化　电化学极化也称活化极化，主要发生在阴极上，从电源流入的电子来不及转移给电解液中的 H^+ 离子，因而在阴极上积累过多的电子，使阴极电位向负移，从而形成了电化学极化。

电解液流速对电化学极化几乎没有影响，而仅仅取决于电化学反应，即与电极材料和电解液成分有关。此外，电化学极化还与电极表面状态、电解液温度和电流密度有关。

改善方法：电解液温度升高。

由上述可知，在阳极电极电位低的物质容易失去电子，因此只要外加电压达到某物质的电极电位，该物质就开始失去电子。但由于极化会使阳极的电位升高，在原来的电压下物质不会失去电子，所以极化明显影响着阳极材料的溶解速度。

5. 钝化与活化

钝化是由于电化学反应过程中，阳极表面生成一层钝化性氧化膜和吸附膜，使电流通过困难，引起阳极电位的升高。电解过程中的这种现象称为阳极钝化，简称钝化。

对于钝化的原因，至今还有不同的看法，其中最主要的有成相膜理论和吸附理论。

（1）成相膜理论　金属钝化是因为在表面生成了一层紧密的、完整的、有一定厚度（一般为 20～100Å㊀）的钝化膜。这层膜是一个独立相，将金属与溶液机械地隔离开，致使金属的溶解速度大大下降。

（2）吸附理论　当电极电位足够高时，电极表面上形成了氧的吸附层，这层吸附层降低了金属阳极溶解过程的交换电流密度，使电极进入钝态。

例如，铁基合金在硝酸钠电解液中电解时，电流密度增加到一定值后，铁的溶解速度在大电流密度下维持一段时间后反而急剧下降，使铁成稳定状态，不再溶解。

使金属钝化膜破坏的过程称为活化。活化的具体方法有加热电解液、通入还原性气体或加入某种活性离子以及用机械方法破坏钝化膜。

4.1.2　电化学加工的特点

电化学加工的特点主要有以下几个方面。

1）可对任何金属材料进行形状、尺寸和表面加工，尤其是对高温合金、钛合金、淬硬钢和硬质合金等难加工材料，优点更为突出。

2）加工中无机械切削力和切削热作用，故加工后无表面冷硬层、残余应力以及毛刺和棱边。

㊀ 埃，$1Å = 10^{-10}m$。

3）工具电极无磨损，可以长期使用，但要防止阴极的沉积现象对工具电极的影响。

4）加工可以在大面积上同时进行，无须划分粗、精加工，因此生产率较高。

5）电化学加工产生的产物，对环境、设备有污染和腐蚀作用。

4.1.3 电化学加工的分类

电化学加工有三种不同的类型。第Ⅰ类是利用电化学反应过程中的阳极溶解来进行加工，主要有电解加工和电化学抛光等；第Ⅱ类是利用电化学反应过程中的阴极沉积来进行加工，主要有电镀和电铸等；第Ⅲ类是利用电化学加工与其他加工方法相结合的电化学复合加工工艺进行加工，目前主要有电解磨削和电化学阳极机械加工（其中还含有电火花放电作用）。电化学加工的分类见表4-2。

表4-2 电化学加工的分类

类 别	加工方法及原理	应 用
阳极溶解	电解加工	用于形状、尺寸加工
	电化学抛光	用于表面光整加工和去毛刺
阴极沉积	电镀	用于表面加工、装饰及保护
	电铸	用于形状尺寸加工
	电刷镀	用于表面修复强化
	复合电镀	用于表面强化、模具
电化学复合加工	电化学磨削	用于形状、尺寸加工和超精镜面加工
	电解电火花加工	用于形状尺寸加工，难加工材料
	超声电解加工	用于难加工材料的深小孔以及表面光整

4.1.4 电化学加工的适用范围

电化学加工的适用范围因电解和电镀两大类工艺的不同而不同。

电解加工可以加工复杂成形模具和零件，如汽车、拖拉机连杆等各种型腔锻模，航空、航天发动机的扭曲叶片，汽轮机定子、转子的扭曲叶片，齿轮、液压件内孔的电解去毛刺及扩孔、抛光等。

电镀和电铸可以复制复杂、精细的表面。

4.1.5 电化学加工的表面质量和加工精度

1. 电化学加工的表面质量

无论是电解加工或电镀、电铸、电刷镀加工，都有较好的表面质量，没有切削加工和电火花加工后的表面破坏层、变质层，也没有“刀花”，一般表面粗糙度值可在 $Ra0.8$ ~ $Ra0.9\mu m$ 以下。因为电化学加工是以原子、分子逐层进行的，金属的金相组织和晶粒大小对加工后的表面粗糙度值有一定的影响。

2. 电化学加工的阳极加工精度

电解加工时，因工件与阴极工具间有较大的加工间隙（0.2 ~ 2mm），而电解液的电阻率很低（电导率高），电极间隙较大，在加工过程中有“杂散腐蚀”现象，加工精度在 ±(0.1 ~ 0.2) mm。只有采用低含量的硝酸钠等非线性电解液进行小间隙加工时，加工精度

才可达到 ±0.05mm。

电镀时因镀层很薄（1～10μm），镀后还常用布轮抛光，因此尺寸精度决定于原工件的精度。

电铸后的表面形状和尺寸是原工件（母件）表面的阴阳翻版，可以获得很高的尺寸精度，可以复制很精细的花纹图案。

4.2 电解加工

电解加工（ECM）是继电火花加工之后发展较快、应用较广泛的一项新工艺，是在电解抛光（EP）的基础上发展而来的。目前，在国内外已成功地应用于枪炮、航空发动机和火箭等制造工业，在汽车、拖拉机和采矿机械的模具制造中也得到了应用，已成为不可缺少的工艺方法。

4.2.1 电解加工的基本原理和基本规律

1. 电解加工的基本原理

电解加工是利用金属在电解液中的电化学阳极溶解现象去除多余材料的工件成形电化学加工方法。如图4-4所示，在工件（阳极）与工具（阴极）之间接上直流电源，使工具（阴极）与工件（阳极）间保持较小的加工间隙（0.1～0.8 mm），两极间的直流电压为6～24V，间隙中通过高速流动的电解液（5～60m/s）。这时，工件（阳极）开始溶解。开始时，两极之间的间隙大小不等，间隙小处电流密度大，阳极金属去除速度快，间隙大处电流密度小，阳极金属去除速度慢。随着工件表面金属材料的不断溶解，工具（阴极）不断地向工件进给，溶解的电解产物不断地被电解液冲走，工件表面也就逐渐被加工成接近于工具电极的形状，并如此下去，直至将工具的形状复制到工件上。

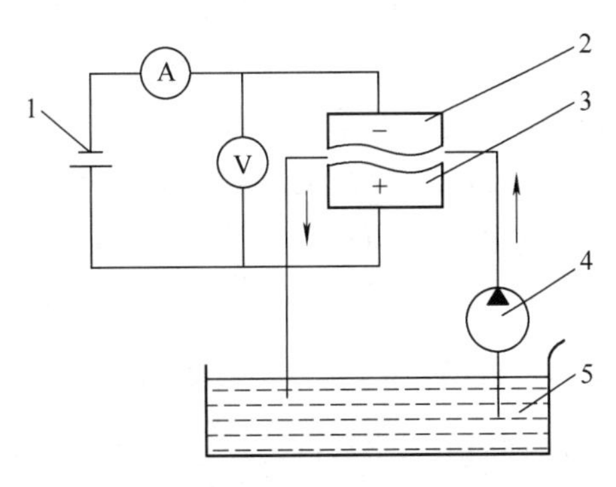

图4-4 电解加工示意图

1—直流电源 2—工具（阴极） 3—工件（阳极） 4—电解液泵 5—电解液

电解加工的成形原理如图4-5所示，图中的细竖线表示通过阴极与阳极间的电流，竖线的疏密程度表示电流密度的大小。在加工刚开始时，阴极与阳极距离较近的地方通过的电流密度较大，电解液的流速也非常高，阳极溶解也就较快，如图4-5a所示。由于工具相对工件不断进给，工件表面就不断被电解，电解产物不断被电解液冲走，直至工件表面形成与阴极工作面相似的形状为止，如图4-5b所示。

一般电解加工两极的间距较小，为0.1～0.8 mm；电流密度较大，为20～1500A/cm^2；电解液压力较大，为0.5～2MPa；电解液流速较高，为5～50m/s。

2. 电解加工的特点

（1）电解加工的优点

1）加工范围广，可以加工硬质合金、淬火钢、不锈钢和耐热合金等高硬度、高韧性的金属材料，并可以加工叶片和锻模等各种复杂型面。

2）电解加工的生产率较高，为电火花加工的5~10倍。

3）表面质量较好（$Ra0.2 \sim Ra1.25\mu m$），且能获得±0.1mm左右的平均加工精度。

4）没有机械切削力，所以不会有残余应力和变形，没有飞边、毛刺。

5）加工过程中工具（阴极）理论上不会损耗，可长期使用。

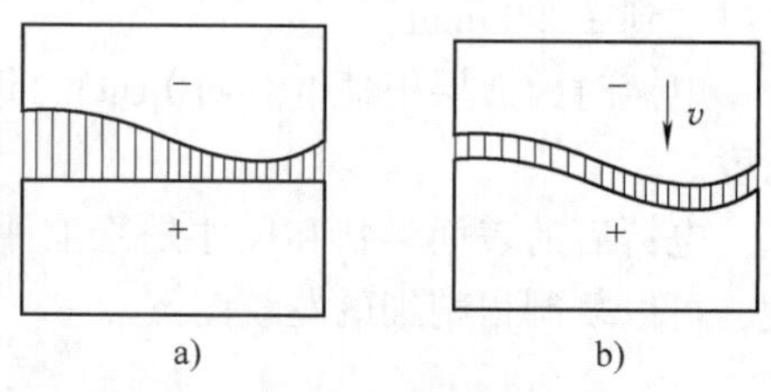

图4-5 电解加工成形原理示意图

（2）电解加工的主要缺点和局限性

1）不易达到较高的加工精度和加工稳定性。

2）工具（阴极）的设计和修正较麻烦，难适用于单件生产。

3）电解加工的附属设备较多，占地面积较大。

4）电解产物需进行妥善处理，否则将污染环境。

选用电解加工的三原则，即难加工材料、复杂形状零件、批量大。

3. 电解加工的基本规律

在电解加工过程中，电极上的物质之所以产生溶解或析出等电化学反应，是因为电极和电解液间有电子得失交换，而与其他条件如温度、压力、含量等在理论上没有直接关系。

（1）加工速度　电解加工时，当电解液和工具确定后，加工速度与电流密度成正比。提高电流密度是提高加工速度的最直接方法，但要注意电解液的流动速度必须与之相适应，同时要避免电压过高而将间隙击穿。

（2）加工间隙　电解加工是在阴阳两极间进行的，加工间隙的作用是使电解液均匀地流过，并能将电解产物和热量及时排出，所以间隙分布均匀、间隙大小合适并稳定是电解加工获得高的生产率和加工精度的基本保证。

4.2.2　电解加工时的电极反应

电解加工时电极间的反应是相当复杂的，这主要是因为：一般工件材料不是纯金属，而多是含多种金属元素的合金；电解液也往往不是该金属的盐溶液，而含有多种成分。电解液的含量、温度、压力及流速等对电极的电化学过程有很大的影响。下面以NaCl溶液电解加工钢为例分析电极反应。

1. 阴极反应

$$2H^+ + 2e \rightarrow H_2\uparrow$$

根据电极反应过程的基本原理，在负极，平衡电极电位越正，反应越易发生，所以在阴极只会产生氢气逸出，绝不可能产生钠沉淀。

2. 阳极反应

$$Fe^{2+} + 2OH^- \rightarrow Fe(OH)_2\downarrow$$

根据电极反应过程的基本原理，在正极，平衡电极电位越负，反应越易进行，因此在阳极，首先是铁失去电子成为二价铁离子溶入溶液中，又由于阴极H^+放电，生成氢气，溶液中剩余大量OH^-，此时溶入溶液的Fe^{2+}会与溶液内剩余的OH^-结合生成$Fe(OH)_2$，而$Fe(OH)_2$溶解度很小，故以沉淀形式离开反应系统。$Fe(OH)_2$为白色絮状物，在空气中极不

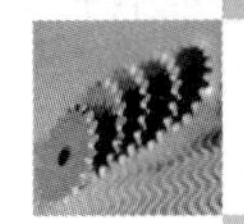

稳定，将逐渐变成红褐色的 $Fe(OH)_3$，即

$$4Fe(OH)_2 + 2H_2O + O_2 \rightarrow 4Fe(OH)_3 \downarrow$$

4.2.3 电解液

1. 电解液的作用

1）电解液必须是导电介质才能传递电流。

2）在电场作用下可进行电化学反应，使阳极溶解顺利进行。

3）及时带走加工间隙中的电解产物和热量，起到更新、冷却的作用。

2. 对电解液的要求

（1）具有足够的蚀除速度

1）电解质在溶液中要有较高的溶解度和电离度，具有很好的导电性。例如，NaCl 水溶液中的 NaCl 几乎完全电离成 Na^+ 和 Cl^-，与水中的 H^+ 和 OH^- 共存。

2）电解液里含有的阴离子的标准电极电位较正，如 Cl^- 和 ClO_3^- 等，以免在阳极产生析氧等副反应，降低电流效率。

（2）能产生较高的加工精度和表面质量　电解液中的金属阳离子不应在阴极产生得到电子的反应而沉积在工具电极上，以免改变工具（阴极）的尺寸，所以电解液中的金属阳离子的电极电位一定要较负，如 Na^+ 和 K^+ 等。

（3）阳极反应的最终产物应是不溶性的化合物　即通常被加工工件的主要组成元素的氢氧化物大多难溶于中性盐溶液，主要目的是便于处理阳极溶解下来的物质。但电解加工小孔和窄缝时，则要求电解产物可溶，否则很容易堵塞小孔和窄缝。此时经常采用 HCl 溶液作为电解液。

此外，电解液还应具有性能稳定、操作安全、对设备的腐蚀性小以及价格便宜等特点。

3. 三种常用的电解液

电解液可分为中性盐溶液、酸性溶液和碱性溶液三种。中性盐溶液腐蚀性小，使用时较安全，应用普遍，最常见的有 NaCl、$NaNO_3$ 和 $NaClO_3$ 三种电解液。

（1）NaCl 电解液　NaCl 在水中几乎完全电离，导电能力强，适应性好，而且价格低、货源足，是应用最为广泛的一种电解液。NaCl 溶液蚀除速度高，但杂散腐蚀也严重，故复制精度较差。NaCl 电解液的含量应在 20% 以内，一般为 14% ~18%，电解液温度为 25 ~35℃。

所谓杂散腐蚀指的是除了加工区域正常电解溶解外，由于工件非加工侧面等也有电场存在，也会产生阳极溶解，从而产生侧面腐蚀，影响电解加工的复制精度。

（2）$NaNO_3$ 电解液　$NaNO_3$ 电解液是钝化型电解液，在含量为 30% 以下时，成形精度高，而且对机床腐蚀性小，价格也不高。其主要缺点是电流效率低，生产率也低，另外加工时阴极有氨气析出，所以 $NaNO_3$ 会被消耗。

（3）$NaClO_3$ 电解液　$NaClO_3$ 电解液与 $NaNO_3$ 电解液类似，也是钝化型电解液，其杂散腐蚀能力小，加工精度高。某些资料显示，当加工间隙达到 1.25mm 以上时，其阳极溶解几乎完全停止，而且加工表面质量也很好。

$NaClO_3$ 电解液的另一特点就是具有很高的溶解度，导电能力强，可达到与 NaCl 相近的生产率，而且对机床、管道和泵等的腐蚀作用小。它的缺点是价格较贵，属于强氧化剂，而且在电解过程中不断消耗 ClO_3^- 离子，产生 Cl^- 离子，而 Cl^- 离子会加大杂散腐蚀。另外，

使用 $NaClO_3$ 电解液时要注意安全防火。

（4）电解液中加添加剂 几种常见的电解液都有一定的缺点，因此为了改善其性能，可以考虑增加添加剂。例如：为减少 NaCl 电解液的散蚀能力，可加入少量磷酸盐等，使表面产生一定的钝化膜，提高成形精度；在 $NaNO_3$ 电解液中加入少量 NaCl，使其加工精度和生产率均较高；为改善加工表面质量，还可添加络合剂和光亮剂等，如添加 NaF；为改善表面质量，减轻腐蚀性，可用缓蚀添加剂等。

4.2.4 电解加工质量的提高

1. 影响加工精度的因素

（1）机床及工艺设备 机床刚度、进给机构精度及运动的平稳性、夹具结构与定位精度等都会直接影响加工精度；直流电压的稳定性，电解液的清洁性、流速、压力和流向，也会影响到加工精度。

（2）电解液 电解液钝化性能强，含量、温度、pH 小，则加工精度高。

（3）工艺参数 工艺参数是指进给速度、加工间隙、电解液的压力和电流密度。适当提高进给速度，减小加工间隙，选用适中的压力和较小的电流密度，都有利于提高加工精度。

2. 提高加工精度的有效途径

影响加工精度的因素有很多，机理也很复杂，常见的提高加工精度的主要措施见表 4-3。

表 4-3 常见的提高加工精度的主要措施

序号	影响因素	具体措施
1	加工工件	毛坯余量足够、均匀和稳定；材料组织均匀；工件表面清洁，没有油污和氧化皮
2	电解液	电解液的电流效率特性良好；严格控制含量、温度、pH 值；采用复合电解液；提高电解液的过滤效率
3	工具（阴极）	正确而光洁的型面；合适的流动方向和合理的出液口设计；足够的刚度和强度；正确的安装定位
4	加工工艺参数	高的进给速度；足够的电解液压力和流速；适当的背压
5	机床设备	高的传动精度和机床刚度；可靠的电源稳定性
6	其他	脉冲电解；混气电解

3. 混气电解加工

用混气装置将一定压力的气体（主要是压缩空气）与电解液混合在一起，使电解液成为包含无数气泡的气液混合物，然后将其送入加工区进行电解加工，称为混气电解加工。它可使加工间隙内的电极反应、电场分布和电阻率趋于均匀，提高了电解加工的成形精度，如图 4-6 所示。

（1）混气电解加工的作用 因为气体不导电，增加了加工间隙内的电阻率，减少了杂散腐蚀，提高了复制精度；气液混合物中的气体具有压缩性，降低了电解液的密度和黏度。

（2）混气电解加工的优点 缩短了工具（阴极）的设计和制造周期，提高了加工精度，减少了钳工修磨量，提高了生产率。

（3）混气电解加工的缺点 混气电解加工时由于电阻率增大、电流密度减小，所以加工速度低于一般的电解加工。例如，用 NaCl 电解液加工时的加工速度为一般电解加工速度的 1/3～1/2。

4. 脉冲电解加工

脉冲电解加工是以周期性间隙供电代替连续供电的加工方法。脉冲电解加工技术从根本上改善了电解加工间隙的电场和电化学过程，从而得到了较高的蚀除能力和较小的加工间隙，也证明了在保证加工效率条件下可以较大幅度地提高电解加工精度的可能性和现实性。

脉冲电解加工有以下特点。

1）可改善电场，提高电解过程的稳定性。

2）有利于电解产物的排出。

3）可提高加工精度。

4）生产率低于直流电解加工。

5. 电解加工中常见的缺陷

表 4-4 为电解加工中常见的缺陷及消除方法。

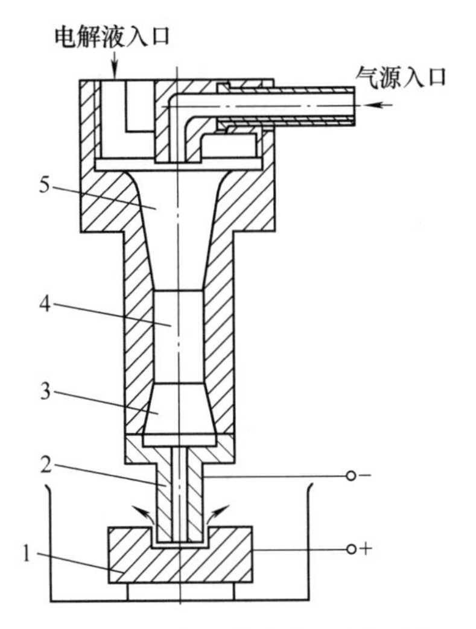

图 4-6　混气电解的加工原理图

1—工件　2—工具（阴极）　3—扩散部　4—混合部　5—引导部

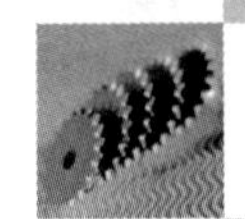

表 4-4　电解加工中常见的缺陷及消除方法

序号	缺陷种类	缺陷特征	产生原因	消除方法
1	表面粗糙	表面呈细小纹理或点状	工件金相组织不均，晶粒粗大；电解液中杂质多；工艺参数不配，流速过低	采用均匀的金相组织；控制电解液中的杂质；合理选择参数，提高流速
2	纵向条纹	与电解液流动方向一致的沟痕和条纹	加工区域电场分布不均；电解液流速与电流密度不匹配；阴极绝缘物破损	调整电解液的压力和电流密度；检查阴极绝缘
3	横向条纹	在工件横截面方向上的沟痕和条纹	机床进给不稳，有爬行；加工余量小，机械加工痕迹残留	检查机床，消除爬行；检查工件与阴极的配合；合理选择加工余量
4	小凸点	呈很小的粒状凸起，高于表面	杂质附于工件表面；零件表面铁锈未除干净	加强电解液过滤；仔细擦洗加工零件表面
5	鱼鳞	鱼鳞状波纹	电场分布不均，流速过低	提高压力，加大流速
6	瘤子	块状表面凸起	加工表面不干净；阴极上的绝缘层剥落，阻碍流动；材料中含有非金属杂质；加工间隙有非导电物阻塞	加工前清理工件表面；检查过滤网和阴极绝缘
7	表面严重凸凹不平	表面块状规则凸起	阴极出水口堵塞，流速不均；电解液流量不足	电解液中非钠盐成分过高；调整电解液压力和流速

4.2.5　电解加工工艺及应用

我国自 1958 年在膛线加工方面成功采用电解加工工艺后，目前电解加工已广泛应用于机械制造业中，如深孔加工、型孔加工、内齿轮加工和叶片加工等。

1. 深孔加工

深孔加工可根据阴极是否运动分为固定式和移动式两种。

固定式深孔电解加工是工具和工件之间没有相对运动，如图 4-7 所示。其优点是：设备简单，只需一套夹具来保持阴极和工件的同心以及导电和引进电解液的作用，生产率高；因为整个加工面可以同时加工，操作简单，不需要任何运动。其缺点是：阴极比工件长，电源的功率大；电解液进出口的温度和电蚀产物浓度不均，会引起加工表面粗糙度和尺寸精度的不均匀现象；当加工表面过长时，阴极刚度容易不足。

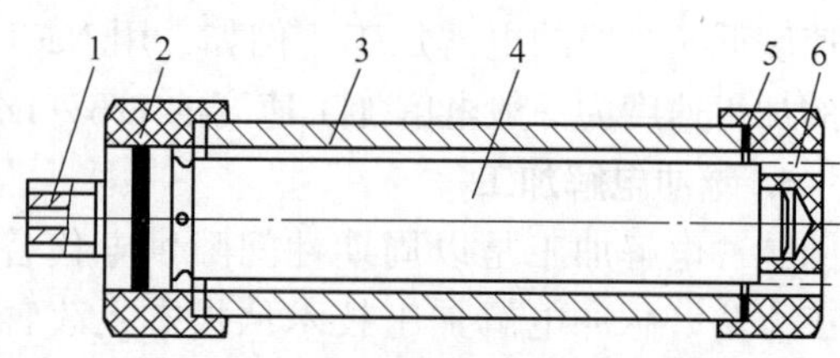

图 4-7　固定式深孔电解加工原理图

1—入水口　2—绝缘固定套　3—工件　4—固定阴极　5—密封面　6—出水口

移动式深孔电解加工通常采用卧式，阴极在零件内孔做轴向移动，如图 4-8 所示。移动工具电极较短，精度要求较低，制造容易，可加工任意长度的工件，但需要有效长度大于工件长度的机床，同时由于工件两端加工面积不断变化会引起电流密度的变化，容易出现“收口”和“喇叭口”，需要自动控制。

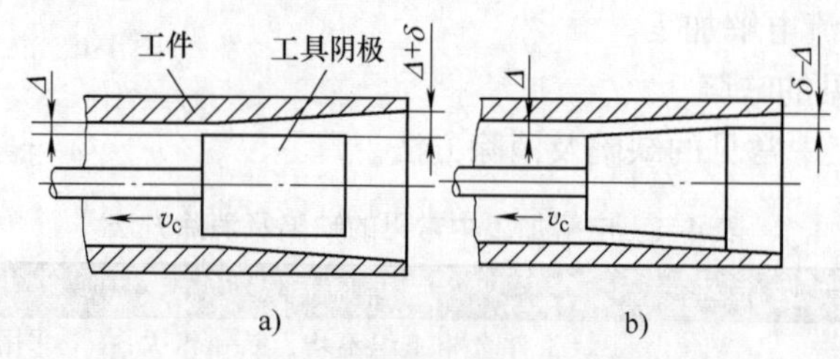

图 4-8　移动式深孔电解加工示意图

2. 型孔加工

在生产实际中经常会遇到一些形状复杂的方孔、椭圆孔和半圆孔等，有些是通孔，有些是不通孔，机械加工难度很大，如果采用电解加工则可以大大提高生产率和加工质量。型孔加工一般采用端面进给法。为了避免产生锥度，阴极侧面必须绝缘；为了提高加工速度，可适当增加端面工作面积，如阴极内圆锥高度一般为1.5～3.5mm，工作端面和侧面成形环面的高度一般为0.3～0.5mm，出水口的截面积应大于加工间隙的截面积。

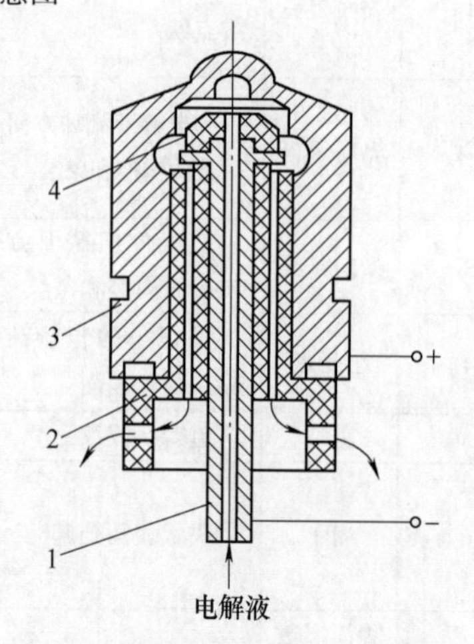

图 4-9　电解加工喷油嘴内圆弧槽

1—工具阴极　2、4—绝缘层　3—工件阳极

图 4-9 所示为电解加工喷油嘴内圆弧槽，如果采用机械加工难度很大，而采用固定式阴极电解扩孔加工则很容易实现，而且可以同时加工多个工件，提高生产率。加工时，电解液从工具阴极 1 中心进入，由阴极底端经绝缘层 2 的孔隙流出，工件阳极 3 裸露表面在电解液中被工具阴极的突出圆环电解成内圆弧环槽。

3. 型腔加工

锻模和塑料模等都是型腔模，由于电火花加工比电解加工更容易控制，所以大部分都采用电火花加工。然而电火花加工的生产率低，所以当模具消耗量大、精度要求不高时，多采用电解加工。

加工复杂型腔表面时，电解液流动不易均匀，在流速和流量不足的区域电解腐蚀量偏小，容易短路，此时应在阴极相应的地方加开增液孔或喷液槽，如图 4-10 所示。

4. 套料加工

用套料加工的方法可以加工等截面大面积的异形孔或零件下料。如图 4-11 所示，零件形状如主视图，图中阴极片为 0.5mm 厚的纯铜片，用软钎焊焊接在阴极体上，零件尺寸精度由阴极片内腔保证。当加工中发生短路烧伤时，只需更换阴极片，阴极体则可以长期使用。

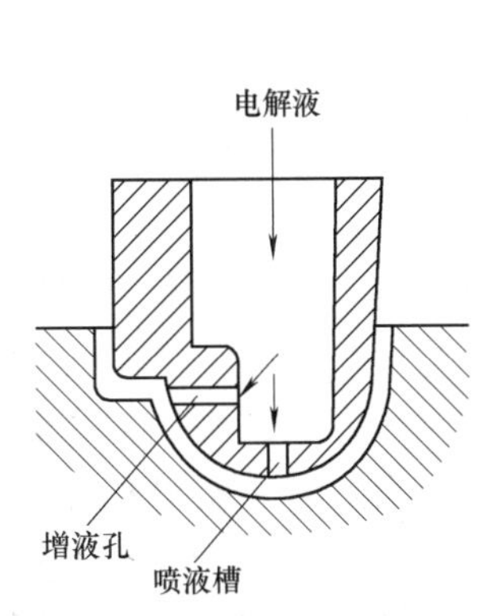

图 4-10　增液孔与喷液槽的位置

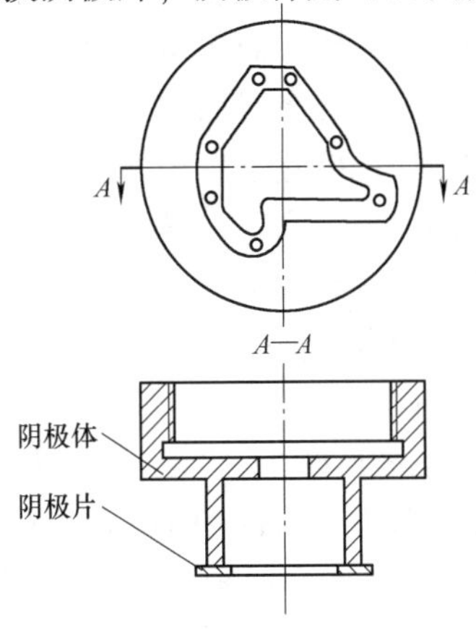

图 4-11　套料加工的阴极

在套料加工中，电流密度为 100～200A/cm^3，工作电压为 13～15 V，端面间隙为 0.3～0.4mm，侧面间隙为0.5～0.6mm，电解液压力约为 0.8MPa，温度为 20～40℃，NaCl 溶液的质量分数为 12%～14%，进给速度为 1.8～2.5mm/min。

5. 叶片加工

叶片是汽轮机的重要零件，其型面复杂，加工要求高、加工批量大，采用机械加工难度大、生产率低、加工周期长。如果采用电解加工，可不受材料力学性能的影响，可一次性加工复杂叶片，生产率高，表面质量好。

电解加工整体叶轮的原理图如图 4-12 所示，叶轮上的叶片逐个采用套料法加工，加工完一个叶片后退出阴极，分度后加工下一个叶片。在采用电解加工前，叶片都是经锻造、机械加工、抛光后镶嵌到榫槽中焊接而成的，加工周期长、加工量大、质量难以保证。而电解加工叶轮，只要做好叶轮坯就可以在轮坯上直接加工叶片，加工周期大大缩短，而且叶片的强度高、质量好。

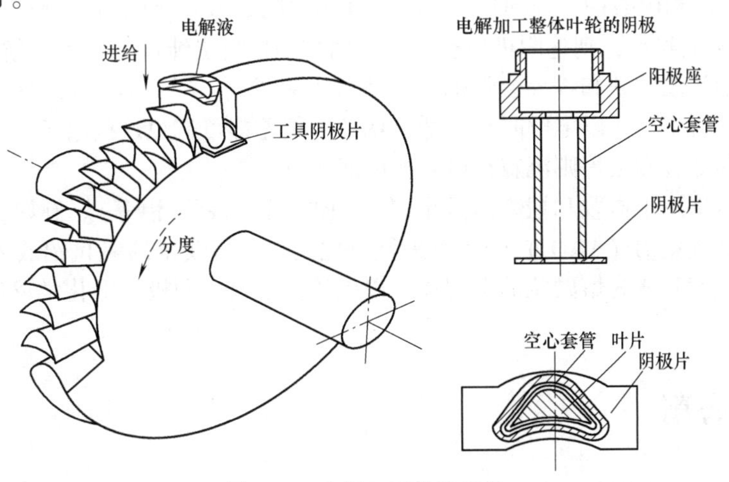

图 4-12　电解加工整体叶轮

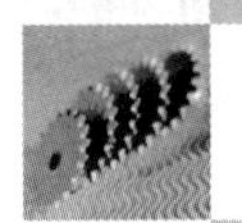

6. 电解刻蚀

在零件表面打标记或加工浅槽时，传统的加工方法是采用冲压或雕刻工艺。但有些零件的表面硬度大，或要求在零件内表面加工浅槽或刻标记，此时采用传统的加工方法无法完成，而电解刻蚀工艺则完全能够胜任。图4-13所示为电解刻蚀示意图。

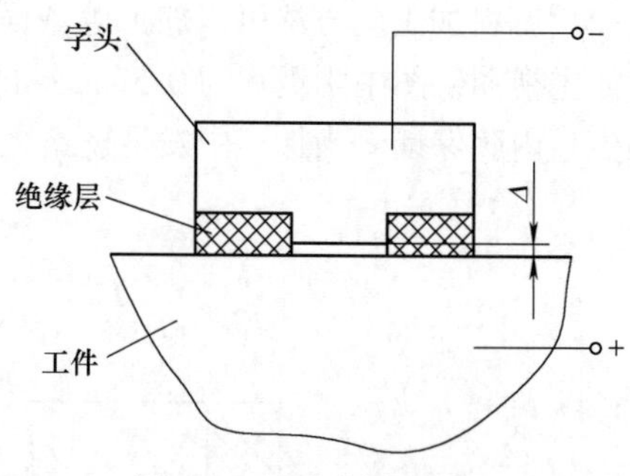

图4-13 电解刻蚀示意图

电解刻蚀是应用电化学阳极溶解的原理在金属表面蚀刻出所需的图形或文字，其基本加工原理与电解加工相同。由于电解刻蚀所去除的金属量较少，因而无需用高速流动的电解液来冲走由工件上溶解出的产物，加工时，阴极固定不动。电解刻蚀有以下四种加工方法。

1）按要刻的图形或文字，用金属材料加工出凸模作为阴极，被加工的金属工件作为阳极，两者一起放入电解液中。接通电源后，被加工件的表面就会溶解出与凸模上相同的图形或文字。

2）将导电纸（或金属箔）裁剪或用刀刻出所需加工的图形或文字，然后粘贴在绝缘板材上，并设法将图形中各个不相连的线条用导线在绝缘板背面相连，作为阴极。此方法适用于图形简单，精度要求不高的工件。

3）对于图形复杂的工件，可采用制印制电路板的技术，即在双面敷铜板的一面形成所需加工的正的图形，并设法将图形中各孤立线条与敷铜板的另一面相连，作为阴极。此方法不适于加工精细且不相连的图形。

4）在待加工的金属表面涂一层感光胶，再将要刻的图形或文字制成负的照相底片覆在感光胶上，采用光刻技术将要刻除的部分暴露出来。这时阳极仍是待加工的工件，而阴极可用金属平板制成。

7. 电解冶炼

电解冶炼是利用电解原理，对非铁和稀有金属进行提炼和精炼，分为水溶液电解冶炼和熔盐电解冶炼两种。

水溶液电解冶炼在冶金工业中广泛用于提取和精炼铜、锌、铅、镍等金属。例如，铜的电解提纯方法为：将粗铜（含铜99%）预先制成厚板作为阳极，纯铜制成薄板作为阴极，以硫酸（H_2SO_4）和硫酸铜（$CuSO_4$）的混合液作为电解液。通电后，铜从阳极溶解成铜离子（Cu^{2+}）向阴极移动，到达阴极后获得电子而在阴极析出纯铜（也称电解铜）。粗铜中的杂质，例如比铜活泼的铁和锌等会随铜一起溶解为离子（Zn^{2+}、Fe^{2+}），且由于这些离子与铜离子相比不易析出，所以电解时只要适当调节电位差即可避免这些离子在阳极析出；而不如铜活泼的金属如金和银等则沉寂在电解槽的底部。

熔盐电解冶炼用于提取和精炼活泼金属（如钠、镁、钙、铝等）。例如，工业上提取铝的方法为：将含氧化铝（Al_2O_3）的矿石进行净化处理，将获得的氧化铝放入熔融的冰晶石（Na_3AlF_6）中，使其成为熔融状的电解体，以碳棒为电极，两极的电化学反应式为

$$4Al^{3+}+3O^{2-}+3C \longrightarrow 4Al+3CO$$

4.3 电解磨削

电解磨削又称导电磨削，是电解作用和机械磨削相结合的加工过程。电解磨削时，工件

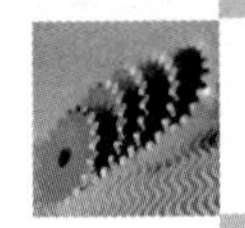

接在直流电源的阳极上，导电的砂轮接在阴极上，两者保持一定的接触压力，并将电解液引入加工区。当接通电源后，工件的金属表面发生阳极溶解并形成很薄的氧化膜，其硬度比工件低得多，容易被高速旋转的砂轮磨粒刮除，随即又形成新的氧化膜，又被砂轮磨去。如此反复，直至达到加工要求为止。

在整个加工过程中，电解是主要的，被去除的材料均要进行电解加工；磨削则是在电解中起活化作用，即把被蚀但又不能及时溶解的材料刮掉。

4.3.1 电解磨削的原理及特点

1. 电解磨削的原理

电解磨削属电化学机械加工范畴，如图 4-14 所示为其原理图。导电砂轮与直流电源相连，被加工工件（车刀）接阳极，并在一定压力下与导电砂轮相接触，加工区域中送入电解液，在电解和机械磨削的双重作用下，车刀的后刀面很快被磨光。

图 4-15 所示为电解磨削加工过程原理图。电流从工件通过电解液流向磨轮，形成通路。于是工件表面的金属在电流和电解液的作用下发生电解作用，被氧化成为一层极薄的氧化物或氢氧化物薄膜，一般称为阳极薄膜。但刚形成的阳极薄膜迅速被导电砂轮中的磨料刮除，在阳极工件上又露出新的金属表面并继续电解。这样，电解作用和刮除薄膜的磨削作用交替进行，使工件连续地被加工，直至达到一定的尺寸精度和表面质量。

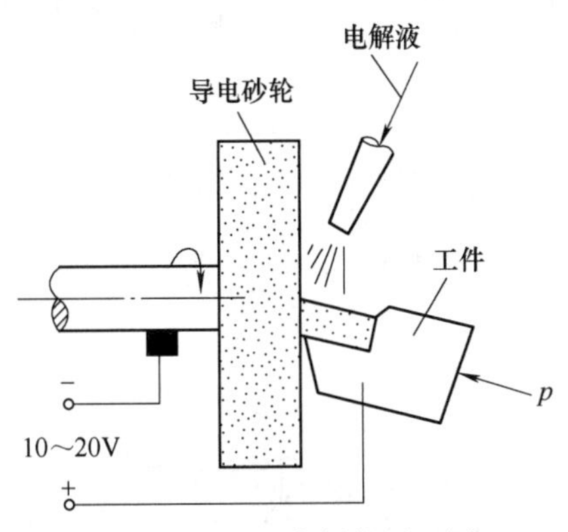

图 4-14　电解磨削的原理图

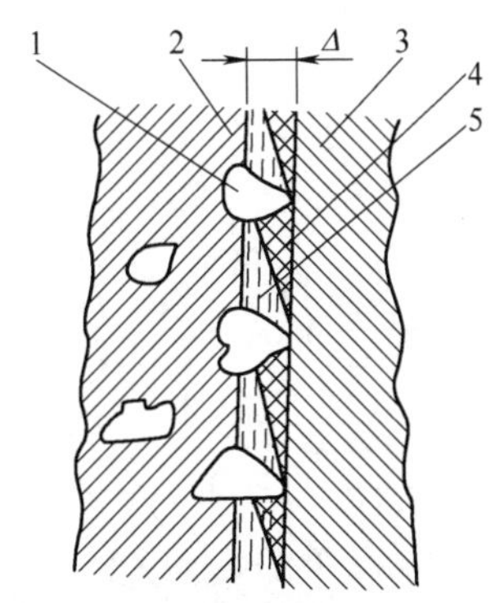

图 4-15　电解磨削加工过程原理图

1—磨料沙粒　2—导电砂轮　3—工件
4—电解产物　5—电解液

2. 电解磨削的特点

1）磨削力小，生产率高。这是由于电解磨削具有电解加工和机械磨削加工的优点。电解腐蚀降低了材料的强度和硬度，减少了磨削力；磨削刮出了阳极钝化膜，加速了电解速度。

2）加工精度高，表面质量好。因为电解磨削加工中，一方面工件尺寸或形状是靠磨轮刮除钝化膜得到的，故能获得比电解加工更好的加工精度；另一方面，材料的去除主要靠电解加工，加工中产生的磨削力较小，不会产生磨削毛刺和裂纹等现象，故加工工件的表面质量好。

3）设备投资较高。其原因是电解磨削机床需要电解液过滤装置、抽风装置和防腐处理设备等。

4）砂轮的磨损量小。无论工件材料的强度、硬度、塑性和韧性如何，电解后都较软。

例如，用碳化硅砂轮磨削硬质合金，砂轮的磨损量是硬质合金去除量的4~6倍，而用电解磨削则砂轮的损耗只有工件材料去除量的60%~100%。

4.3.2 电解磨削的应用

电解磨削集中了电解和机械磨削的优点，广泛应用于加工硬质合金刀具及平面磨削、成形磨削和内、外圆磨削。

1. 硬质合金刀具的电解磨削

用氧化铝导电砂轮电解磨削硬质合金车刀和铣刀，表面粗糙度值可达 *Ra*0.1~*Ra*0.2μm，刃口半径小于0.02mm，直线度也较普通砂轮磨出的好。

采用金刚石导电砂轮磨削精密丝杠的硬质合金成形车刀，表面粗糙度值可达 *Ra*0.016μm，刃口非常锋利，效率可提高2~3倍，而且大大节省了金刚石砂轮，一个金刚石砂轮可用5~6年。

2. 电解成形磨削

图4-16所示为电解成形磨削示意图，其磨削原理是将导电磨轮的外圆圆周按需要的形状进行预先成形，然后进行电解磨削。

3. 电解研磨

图4-17所示为电解研磨加工示意图，其磨削原理是采用钝化型电解液，利用机械研磨去除表面微观不平度各高点的钝化膜，使其露出基体金属并再次形成新的钝化膜，实现表面的镜面加工。

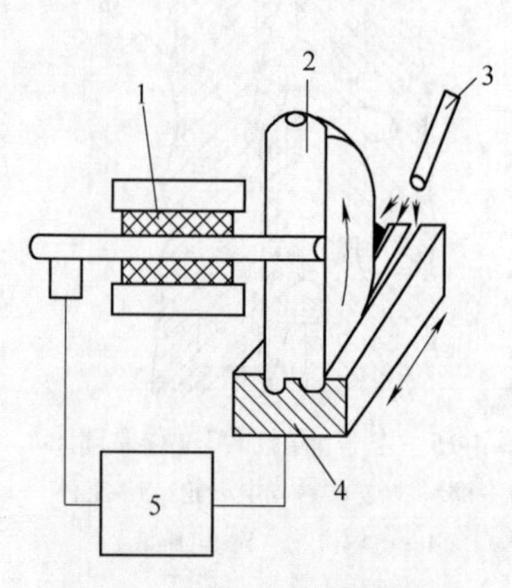

图4-16 电解成形磨削示意图
1—绝缘套 2—砂轮 3—工作液 4—工件 5—电源

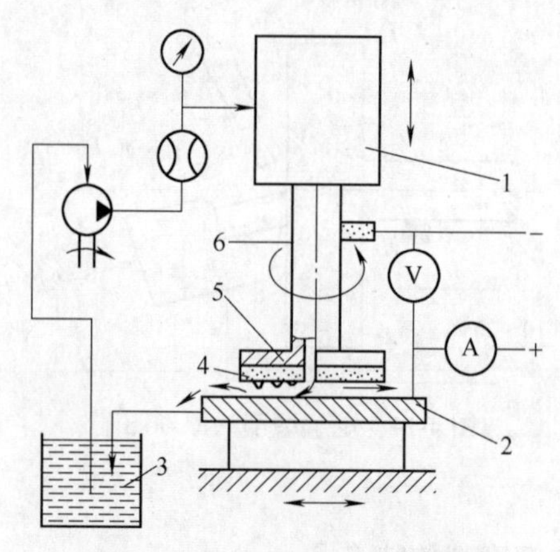

图4-17 电解研磨加工示意图
1—回转装置 2—工件 3—电解液 4—研磨材料 5—工具电极 6—主轴

4.4 电解抛光

4.4.1 电解抛光的原理及特点

1. 电解抛光的原理

电解抛光也是利用金属在电解液中的电化学阳极溶解对工件表面进行腐蚀抛光的。它只是一种表面光整加工方法，用于改善工件的表面质量和表面物理力学性能，而不用于对工件

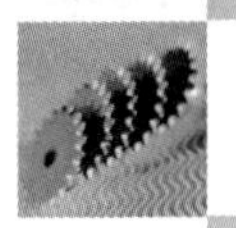

形状和尺寸的加工。它与电解加工的主要区别是：工件和工具之间的加工间隙大，有利于表面的均匀溶解；电流密度比较小；电解液一般不流动，必要时应加以搅拌。

2. 电解抛光的特点

电解抛光的效率要比机械加工效率高，而且抛光后表面生成致密牢固的氧化膜，不会产生加工变质层，也没有残余应力，不受材料限制，生产中常被采用。电解抛光有以下特点。

1）小电流、大间隙。

2）简单快捷。

3）氧化膜起防腐保护作用。

4）无加工硬化和残余应力。

4.4.2 电解抛光的影响因素

影响电解抛光的因素有很多，但主要有以下几点。

1. 电解液成分

根据抛光材料的不同，所采用的电解液成分及密度不同，抛光参数也不相同。常用的电解液及抛光参数见表4-5。

表4-5 常用的电解液及抛光参数

适用金属	电解液成分		阴极材料	阴极电流密度/（A/dm^2）	电解液温度/℃	抛光时间/min
钢	H_3PO_4 CrO_3 H_2O	70% 20% 10%	铜	40～50	30～50	5～8
	H_3PO_4 H_2SO_4 H_2O $(COOH)_3$	65% 15% 18%～19% 1%～2%	铅	30～50	15～20	5～10
不锈钢	H_3PO_4 H_2SO_4 甘油 H_2O	10%～50% 15%～40% 12%～45% 18%～19%	铅	60～120	50～70	3～7
	H_3PO_4 H_2SO_4 CrO_3 H_2O	40%～45% 35%～40% 3% 18%～19%	铜、铅	40～70	70～80	5～15
40CrMnMo	H_3PO_4 H_2SO_4 CrO_3 H_2O 甘油	65% 15% 5% 3% 12%	铅	80～100	35～45	10～12
铬镍合金	H_3PO_4 H_2SO_4 H_2O	64mL 15 mL 21 mL	不锈钢	60～75	70	5

（续）

适用金属	电解液成分		阴极材料	阴极电流密度/（A/dm^2）	电解液温度/℃	抛光时间/min
铜合金	H_3PO_4 H_2SO_4 H_2O	670mL 100 mL 300mL	铜	12～20	10～20	5
铜	CrO_3 H_2O	60% 40%	铝、铜	5～10	18～25	5～15
铝合金	H_3PO_4 H_2SO_4 HNO_3 H_2O	体积15% 体积70% 体积1% 体积14%	铝、不锈钢	12～20	30～50	2～10
	H_3PO_4 CrO_3	100g 10g	不锈钢	5～8	50	0.5

注：表中无注明的百分数为质量分数。

2. 电流密度

电流密度对金属表面整平速度及金属溶解量的影响明显。如加工时间相同，电流密度大时表面整平和金属溶解速度较快，不平处的相对整平率（抛光前后不平高度比值）在同一电量时与电流密度无关。

3. 金相组织与原始表面

电解抛光对金相组织的均匀性十分敏感。金属的金相组织越均匀、细密，其抛光效果越好。如果金属以合金形式存在，则应选择合金成分能均匀溶解的电解液。

4. 温度及搅拌情况

电解液的温度对溶液黏度及阳极薄膜的性能和成分有很大影响，一般温度越高，整平速度越快。当温度从30℃升高至70℃时，金属溶解速度几乎增大了1.5倍。如电流密度为0.5A/cm^2时，电解抛光时间为10min，最适宜的温度为100℃，但是为了不使溶液沸腾，一般为70℃左右。

电解抛光时应尽量搅拌电解液，这样既能促使电解液的流动，又能保证抛光区域的离子扩散和新电解液的补充，并使电解温度差减小，从而保证最适宜的抛光条件。

4.4.3 电解抛光的应用

电解抛光能降低零件的表面粗糙度值、控制材料宏观不平度、增加表面光泽、减小摩擦因数，故在很多场合可替代机械抛光，可较大幅度地提高生产率，降低材料、工具、设备、电力等的消耗。电解抛光在轴承、反光罩、切削工具、计量工具、自行车零件、纺织机械零件及医疗器械等的加工中有广泛的应用。

在实验室研究某些材料的金属表面特性时，如光学性能、磁性能、电化学性能、电极的衍射性能、腐蚀和摩擦性能等，大多采用电解抛光。

4.5 电铸、涂镀和复合镀加工

电镀是指用电解的方法将金属沉积于导体（如金属）或非导体（如塑料、陶瓷和玻璃钢等）表面，从而提高其耐磨性，增加其导电性，并使其具有抗腐蚀和装饰功能。对于非

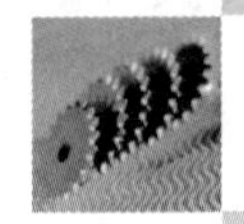

导体制品的表面，需经过适当的处理（用石墨、导电漆、化学镀处理，或经气相涂层处理），使其形成导电层后，才能进行电镀。电镀时，将被镀的制品接在阴极上，要镀的金属接在阳极上。电解液是含有与阳极金属相同离子的溶液。通电后，阳极逐渐溶解成金属正离子，溶液中有相等数目的金属离子在阴极上获得电子并随即在被镀制品的表面上析出，形成金属镀层。例如，在铜板上镀镍，以含硫酸镍的水溶液作为电镀液，通电后，阳极上的镍逐渐溶解成正离子，而在阴极的铜板表面上不断有镍析出。

电镀与电解加工相反，是金属正离子在电场的作用下运动到阴极，并得到电子在阴极沉积下来的过程。电镀、电铸、涂镀和复合镀在工艺原理上均属于阴极沉积的电镀工艺，但这几种工艺之间也有明显的差异，见表4-6。

表4-6 电镀、电铸、涂镀和复合镀工艺比较

工艺名称 / 工艺 / 目的 / 工艺要求	电镀	电铸	涂镀	复合镀
目的	表面装饰、防腐蚀	复制、成形加工	增大尺寸、表面改性	镀耐磨层 磨具、刀具制造
镀层厚度/mm	0.001～0.05	0.05～5	0.001～0.05	0.05～1
精度要求	表面光亮、光滑	尺寸、形状精度要求	尺寸、形状精度要求	尺寸、形状精度要求
镀层牢固	牢固粘接	可与原模分离	牢固粘接	粘接基本牢固
阴极材料	同镀层金属	同镀层金属	石墨、铂等材料	同镀层金属
镀液	自配电镀液	自配电镀液	按被镀金属选购电镀液	自配电镀液
工作方式	镀槽、工件浸泡在镀液中、无相对运动	镀槽、工件与阳极有或无相对运动	镀液浇注在相对运动的工件和阳极间	镀槽、被复合镀的硬质材料放在工件表面

4.5.1 电铸加工

1. 电铸加工的原理与特点

（1）电铸加工的原理　如图4-18所示，用可导电的原模作为阴极，用电铸材料作为阳极，用电铸材料的金属盐溶液作为电铸液，在直流电源的作用下，金属盐溶液中的金属离子在阴极获得电子而沉积在阴极母模的表面，阳极的金属原子失去电子而成为正离子，源源不断地补充到电铸液中，使溶液中的金属离子浓度基本保持不变。当母模上的电铸层达到所需的厚度时取出，将电铸层与型芯分离，即可获得型面与型芯凹、凸相反的电铸模具型腔零件的成形表面。

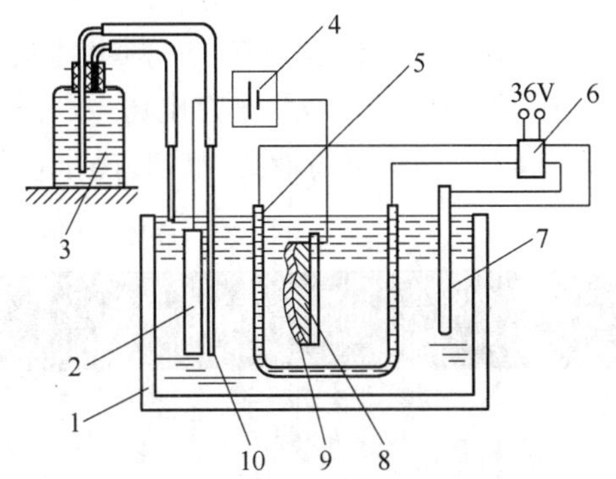

图4-18　电铸的加工原理

1—电铸槽　2—阳极　3—蒸馏水　4—直流电源　5—加热器　6—恒温装置　7—温度计　8—原模　9—电镀层　10—玻璃管

（2）电铸加工的特点

1）复制精度高，可以做出机械加工不可能加工出的细微形状（如微细花纹和复杂形状等），表面粗糙度值可达 $Ra0.1\ \mu m$，一般不需抛光即可使用。

2）母模材料不限于金属，有时还可用制品零件直接作为母模。

3）表面硬度可达35～50HRC，所以电铸型腔使用寿命长。

4）电铸可获得高纯度的金属制品，如电铸铜，它纯度高，具有良好的导电性能，十分有利于电加工。

5）电铸时，金属沉积速度缓慢，制造周期长。如电铸镍，一般需要一周左右。

6）电铸层厚度不易均匀，且厚度较薄，仅为4～8 mm。电铸层一般都具有较大的应力，所以大型电铸件变形显著，且不易承受大的冲击载荷。这样，就使电铸加工的应用受到了一定的限制。

2. 电铸加工的设备及工艺

（1）电铸加工的设备　电铸加工的设备主要包括电铸槽、直流电源、搅拌和循环过滤系统、恒温控制系统等。

1）电铸槽。电铸槽材料的选取以不与电解液作用引起腐蚀为原则，一般用钢板焊接，内衬铅板或聚氯乙烯薄板等。

2）直流电源。电铸采用低电压大电流的直流电源，常用硅整流电源，电压为6～12 V，并可调。

3）搅拌和循环过滤系统。为了降低电铸液的浓差极化，加大电流密度，减少加工时间，提高生产速度，最好在阴极运动的同时加速溶液的搅拌。搅拌的方法有循环过滤法、超声波或机械搅拌等。循环过滤法不仅可以使溶液搅拌，而且可在溶液反复流动时进行过滤。

4）恒温控制系统。电铸时间很长，所以必须设置恒温控制设备，包括加热设备（加热玻璃管、电炉等）和冷却设备（冷水或冷冻机等）。

（2）电铸加工的工艺过程　电铸加工的主要工艺过程为：原模表面处理→电铸至规定尺寸→衬背处理→脱模→清洗干燥→成品。

1）原模表面处理。凡是金属材料一般在表面清洗干净后、电铸前需进行表面钝化处理（一般用重铬酸盐溶液处理），使其形成不太牢固的钝化膜，以便于电铸后脱模；对于非金属材料，需对表面作导电化处理，否则不导电无法电铸。

2）电铸过程。电铸过程通常时间很长，生产率较低。如果电流密度太大，容易使沉积的金属晶粒粗大，强度下降。一般电铸层每小时铸0.02～0.5mm。电铸常用金属有铜、镍、铁三种，相应的电铸液为含有电铸金属离子的硫酸盐、氨基硝酸盐、氟硼酸盐和氯化物等水溶液。表4-7为铜电铸液的组成和操作条件。

表4-7　铜电铸液的组成和操作条件

	质量浓度/（g/L）		操作条件			
			温度/℃	电压/V	电流密度/（A/dm²）	溶液密度/°Bè①
硫酸盐溶液	硫酸铜190～200	硫酸37.5～62.5	25～45	＜6	3～15	
氟硼酸盐溶液	氟硼酸铜 190～375	氟硼酸 pH＝0.3～1.4	25～50	＜4～12	7～30	29～31

①°Bè为波美度，它与密度$\rho_{15.56}$的换算关系为：若温度用60℉（15.56℃），$\rho_{15.56}=145/(145-°Bè)$，美国一般用此式。若温度用15℃，$\rho_{15}\approx\frac{144.3}{144.3-°Bè}$。

电铸过程有以下要点。

① 溶液必须连续过滤，以去除电解质水解或硬水形成的沉淀、阳极夹杂物和尘土等固

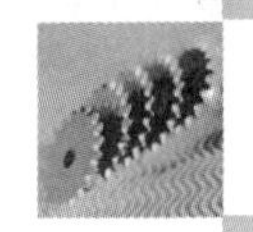

体悬浮物。

② 必须搅拌电铸液，降低浓差极化，以增大电流密度，缩短电铸时间。

③ 为了使厚薄均匀，凸出部分应加以屏蔽，凹入部分要加装辅助阳极。

④ 要严格控制电铸液的成分、含量、酸碱度、温度和电流密度等，以免铸件内应力过大导致变形、起皱、开裂或剥落。

3）衬背和脱模。有些电铸件（如塑料模具电铸件）常用的衬背方法为浇铸铝或铅锡低熔合金；印制电路板则常用热固性塑料等做衬背。

电铸件与原模的脱离方法有锤击敲打、加热或冷却胀缩分离、用薄刀刃撕剥分离、加热熔化和化学溶解等。

3. 电铸加工的应用范围和应用实例

（1）电铸加工的应用范围

1）复制精细的表面轮廓花纹，如唱片模、工艺美术模、纸币、证券和邮票的印刷版。

2）复制注射用的模具和电火花型腔加工用的电极工具。

3）制造复杂、高精度的空心零件和薄壁零件，如波导管等。

4）制造表面粗糙度标准样块、反光镜、表盘和异形孔喷嘴等特殊零件。

（2）电铸加工的应用实例——电动剃须刀网罩

电动剃须刀网罩其实就是固定刀具，其网孔外面边缘倒圆，从而保证网罩在脸上能平滑移动，并使胡须容易进入网孔，而网孔的内侧则锋利，能使旋转的刀片很容易将胡须切断。其制造工艺如图 4-19 所示，具体过程如下。

1）制造原模。在铜或铝上涂上感光胶，再将照相底片与之靠近，进行曝光、显影、定影后即获得有规定图形的绝缘层原模。

2）钝化处理。对原模进行化学处理，获得钝化层，使电铸后的工件能与原模分离。

3）弯曲成形。将原模弯曲成所需的形状。

4）电铸。一般控制镍层的硬度为 500～550HV，硬度过高则容易发脆。

5）脱模。

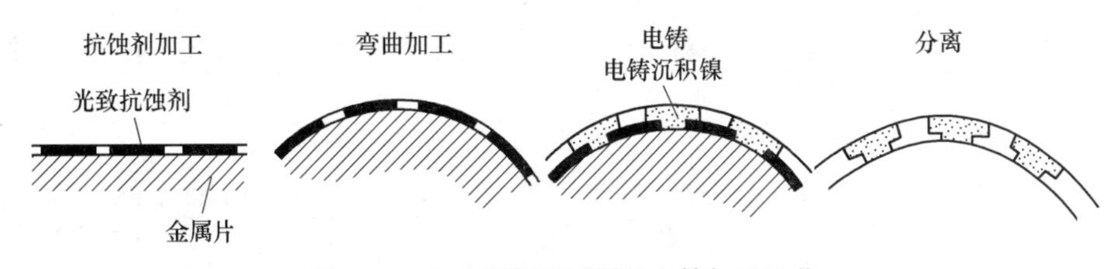

图 4-19　电动剃须刀网罩的电铸加工工艺

4.5.2　涂镀加工

1. 涂镀加工的原理和特点

（1）涂镀加工的原理　涂镀加工又称刷镀或无槽镀，如图 4-20 所示。它利用直流电源 3，并将工件 1 接负极、镀笔 4 接正极，用脱脂棉 5 包住其端部的不溶性石墨电极，蘸饱镀液 2（有的也采用浇淋），多余的镀液流回容器 6。加工时接通电源，工件旋转，在电化学的作用下，镀液中的离子流向阴极，并在阴极得到电子还原为原子，结晶为镀膜，其厚度一般为0.001～0.5mm。

(2) 涂镀加工的特点

1) 不需要渡槽，设备简单、操作方便、灵活机动，可现场操作，不受工件大小、形状和工作条件的限制。

2) 镀液种类和可涂镀金属比槽镀多，易于实现复合镀层。

3) 涂镀层的质量好，镀层均匀、致密，结合力比槽镀牢固，镀层容易控制。

4) 需人工操作，工作量大。

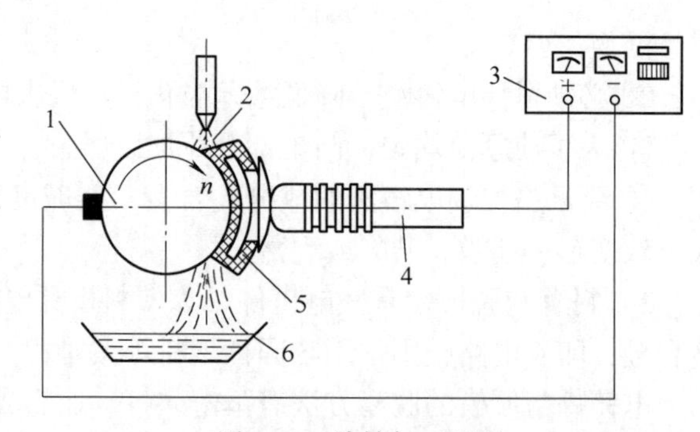

图4-20　涂镀加工原理

1—工件　2—镀液　3—直流电源　4—镀笔　5—脱脂棉　6—容器

2. 涂镀的工艺和设备

(1) 涂镀的加工设备　涂镀的基本设备包括直流电源、镀笔、镀液及泵等辅助装置。

1) 直流电源。与电解和电铸相似，涂镀也需要直流电源，且电压一般为0～30V可调。为了保证镀层质量，应配置镀层厚度测量仪器和安培计。直流电源应带有正负极可转换装置，以便在镀前对工件表面进行反接电解处理，同时可以满足电镀、活化和电净等不同工艺的要求。

2) 镀笔。镀笔由手柄和阳极两部分组成。阳极上所包脱脂棉的作用是吸饱和储存镀液，并防止阳极与工件直接接触而引起短路、滤除阳极上脱落下来的石墨颗粒进入镀液。

3) 镀液。涂镀用的镀液比槽镀用的镀液离子浓度要高许多，由金属络合物水溶液及少量添加剂组成。为了对被镀表面进行预处理（如电解、活化和电净等），镀液中经常包含电净液和活化液等。表4-8为常用涂镀液的性能及用途。

表4-8　常用涂镀液的性能及用途

序号	镀液名称	pH	性能及用途
1	电净液	11	清除工件表面油污杂质、轻微去锈
2	0号电净液	10	去除表面疏松材料的油污
3	1号活化液	2	去除氧化膜，对高碳钢和高合金钢去碳
4	2号活化液	2	强腐蚀能力，去除氧化膜，在中碳、高碳、中碳合金钢中有去碳作用
5	铬活化液	2	去旧铬层上的氧化层
6	特殊镍	2	镀底层0.001～0.002mm，再起清洗活化作用
7	快速镍	7.5	镀液沉积速度快，疏松材料做底层，修复各种耐热耐磨件
8	镍钨合金	2.5	耐磨零件工作层
9	低应力镍	3.5	镀层组织致密，压应力大，用于保护性镀层和夹心层
10	半光亮镍	3	增加表面光亮度，好的耐磨和耐蚀性
11	高堆积碱铜	9	镀液沉积速度快，修复大磨损零件，可做复合镀层，对钢铁无腐蚀
12	锌	7.5	表面防腐
13	低氢脆镉	7.5	镀超高强钢的低氢脆性层，钢铁材料表面防腐，填补凹坑和划痕
14	钴	1.5	光亮性、导电性和磁化性
15	高速铜	1.5	沉积速度快，修补不承受过分磨损和热的零件，对钢铁有腐蚀
16	半光亮铜	1	提高表面光亮度

4）回转台。用以涂镀回转体工件表面。

（2）涂镀的工艺过程及要点

1）表面预加工。去除表面毛刺、凹凸不平和锥度等，使其基本平整并露出金属基体。通常预加工要求表面粗糙度值小于 $Ra2.5\mu m$。

2）电净处理。所谓电净处理，即用电解的方法清除零件金属表面上的油污和杂质。

3）活化处理。活化处理是去除工件表面的氧化层和钝化膜，同时去除碳元素微粒黑膜，使得工件表面呈均匀的银灰色，最后用水清洗。

4）镀底层。需要用特殊镍、碱铜等预镀厚度为0.001～0.002mm的薄底层，以提高工作镀层与基体的结合强度。

5）涂镀加工。由于单一镀层随镀层厚度增加产生的内应力增大、结晶变粗、强度下降，容易引起裂纹，一般单一镀层不能超过安全厚度。因此，常需要几种镀层交替叠加，以达到既恢复尺寸快，又能增强镀层强度的目的，最后才镀上一层满足表面物理、化学、力学性能的工作镀层。

6）清洗。用自来水清洗已镀表面和邻近部位，用压缩空气或热风吹干，最后涂上防锈液（或油）。

3. 涂镀加工的应用

（1）涂镀加工的应用范围

1）涂镀加工主要应用于零件的维修和表面处理与强化。

2）修补表面被磨损的零件，如轴类、轴瓦和套类零件的修补工作；补救尺寸超差的零件。

3）修补表面划伤、孔洞和锈蚀等缺陷。

4）大型、复杂、小批工件表面的局部镀金属，或非金属零件的金属化。

（2）涂镀加工的应用实例

机床导轨划伤的典型修复工艺如下。

1）整形。用刮刀、磨石等工具将划痕扩大整形，使划痕底部露出金属本体，能与镀笔和镀液充分接触。

2）涂保护层。对镀液能流到的不需要涂镀的其他表面，要涂上绝缘清漆，以防止产生不必要的电化学反应。

3）脱脂。对待镀表面及相邻部位，用丙酮或汽油进行清洗和脱脂。

4）待镀表面的保护。用涤纶透明绝缘胶带纸贴在划伤沟痕的两侧。

5）净化和活化。电净时工件接负极，电压为12V，时间为30s；活化用2号活化液，工件接正极，电压为12V，时间更短，清水冲洗后表面呈黑灰色，再用3号活化液除去炭黑，表面呈银灰色，清水冲洗后立即起镀。

6）镀底层。用非酸性的快速镍镀底层，电压为10V，清水冲洗，检查底层与基体的结合情况和覆盖情况。

7）尺寸层。镀高速碱铜层为尺寸层，电压为8V，沟痕较浅的一次镀成，较深的则需要用砂布或细磨石打磨掉高出的镀层，再经电净、清水冲洗，再镀碱铜，反复多次，达到要求的尺寸为止。

8）修平。当沟痕镀满后，用磨石等机械方式修平，可再镀上2～5μm的快速镍。

4.5.3 复合镀加工

1. 复合镀的加工原理及分类

复合镀是在金属工件表面镀覆金属镍或钴的同时，将磨料作为镀层的一部分也一起镀到工件表面上去，故称为复合镀。

复合镀的分类如下：

（1）作为耐磨层的复合镀　磨料为微粉级，与金属离子络合成离子团镀到工件表面，耐磨性可增加好几倍。

（2）制造切削工具的复合镀或镶嵌镀　磨料为人造金刚石（或立方氮化硼），粒度为F80～F240。电镀时，控制镀层的厚度稍大于磨料尺寸的一半，使紧挨工件表面的一层磨料被镀层包覆、镶嵌，形成一层切削刃，用以对其他材料进行加工。

2. 复合镀加工工艺的应用实例

（1）复合镀工艺的应用

1）用管状刀具毛坯，制造套料加工刀具。

2）制造小孔铰刀。

3）制造切割锯片等。

（2）复合镀工艺的应用实例——套料刀具及小孔加工刀具　制造电镀金刚石套料刀具时，先将已加工好的管状套料刀具毛坯插入人造金刚石磨料中，把不需复合镀的刀柄部分绝缘，然后将含镍离子的镀液倒入磨料中，并在欲镀刀具毛坯外再加一环形镍阳极，而刀具毛坯接阴极。通电后，刀具毛坯内、外圆和端面将镀上一层镍，而紧挨刀具毛坯表面的磨料也被镀层包覆，成为一把管状的电镀金刚石套料刀具，可以用于玻璃、石英上钻孔或套料加工，如牙科钻。

4.6 电化学加工典型训练实例

1. 目的和内容

阐明电化学（电解）加工的基本原理，演示原电池模型，钝化、极化现象，氯化钠电解液中电化学加工的电极反应，电解刻字原理。

2. 训练用具

食盐（NaCl）、水、万用表、5 号电池 4 节、断锯条、铝片、铜片、石墨棒（干电池炭棒芯）等。

3. 演示过程

1）把食盐溶入水中，搅拌成含量约为 20% 的溶液。

2）将铁片（断锯条）、铝片、铜片和石墨棒等分别插入食盐水溶液中，成为一原电池。

3）用万用表电压挡分别测量铁铝、铁铜、铜铝、石墨铝等各电极对间产生的电压，观察比较不同电极对间的电极电位差值，即原电池产生的电位的正负和大小。

4）用万用表电流挡分别测量原电池各电极对产生的电流大小，观察电流由大到小，逐渐钝化、极化的现象。

5）将一个断锯条表面加热涂蜡绝缘，用尖针刻画出文字图案。

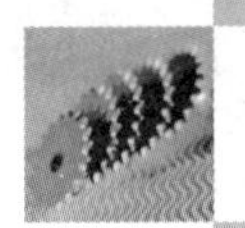

6）用4节干电池（6V直流）正极接屏蔽刻字锯条，负极接未屏蔽锯条，浸入食盐水电解液中。

7）观察正、负电极表面的电化学反应：负极表面析出氢气泡，正极表面产生白色的絮状沉淀物 $Fe(OH)_2$。

8）几分钟后，白色的絮状沉淀物 $Fe(OH)_2$ 逐渐氧化，变为红褐色的 $Fe(OH)_3$。

9）取出锯条观察，阴极锯条表面无变化，用汽油擦去阳极锯条表面的蜡层，露出黑色的电化学腐蚀文字图案。

复　习　题

1. 填空题

（1）电解加工是利用金属工件在电解液中产生________作用而进行加工的方法。除电解研磨外还包括________、________、________等。

（2）电解加工的生产率较电火花加工________，主要适用于___________加工。

（3）电解加工机床主要有________、________和________三部分组成。

（4）电解加工时，工具接________电源的______极，工件接________极。

（5）电解加工与电火花加工相类似，但有本质区别，电解加工是靠________其两极，放电间隙________。

（6）电解磨削是将________的作用原理和________相结合的一种复合加工方法。

2. 判断题

（1）电解加工的工具电极没有损耗。（　　）

（2）电解加工与电镀加工原理是相同的，前者侧重阳极，后者侧重阴极。（　　）

（3）电解磨削的加工方法生产率低。（　　）

3. 简答题

（1）阳极钝化现象在电解加工中是优点还是缺点？举例说明。

（2）为什么说电化学加工过程中的阳极溶解是氧化过程，而阴极沉积是还原过程？

（3）电化学加工有哪些实际应用？

（4）电解加工和电镀加工在加工原理上有哪些不同？

（5）电解磨削与电解抛光各有哪些应用？

第 5 章 快速成型技术

学习目标

- ❖了解快速成型技术及其发展趋势。
- ❖掌握快速成型加工的特点及分类。
- ❖理解快速成型技术的应用领域及工艺过程。

快速成型技术（Rapid Prototyping，RP）又称快速原型制造技术，诞生于20世纪80年代后期，是基于材料堆积法的一种高新制造技术，被认为是近年来制造领域的一个重大成果。它集机械工程、CAD、逆向工程技术、分层制造技术、数控技术、材料科学、激光技术于一身，可以自动、直接、快速、精确地将设计思想转变为具有一定功能的原型制作或直接制造零件，从而为零件原型制作、新设计思想的校验等方面提供了一种高效低成本的实现手段。快速成型技术就是利用三维CAD的数据，通过快速成型机，将一层层的材料堆积成实体原型。

快速成型技术是在现代CAD/CAM技术、激光技术、计算机数控技术、精密伺服驱动技术以及新材料技术的基础上集成发展起来的。不同种类的快速成型系统因所用成型材料不同，成型原理和系统特点也各有不同。但是，其基本原理都是一样的，那就是分层制造、逐层叠加，类似于数学上的积分过程。形象地讲，快速成型系统就像是一台立体打印机。

在众多快速成型工艺中，具有代表性的工艺是：立体光固化成型工艺、选择性激光烧结工艺、薄片分层叠加成型工艺、熔融沉积成型工艺及三维印刷工艺等。

5.1 快速成型技术基础

随着全球市场一体化的形成，制造业的竞争十分激烈，产品的开发速度日益成为主要矛盾。在这种情况下，自主快速产品开发（快速设计和快速加工模具）的能力（周期和成本）成为制造业全球竞争的实力基础。制造业为满足日益变化的用户需求，要求制造技术有较强的灵活性，能够小批量甚至单件生产而不增加产品的成本。因此，产品的开发速度和制造技术的柔性化就十分关键。从技术发展角度看，计算机科学、CAD技术、材料科学、激光技术的发展和普及为新的制造技术的产生奠定了技术基础。

5.1.1 快速成型技术原理

快速成型技术是近年来制造领域中一个革命性的技术突破，它不仅在制造技术原理上与传统方法迥然不同，更重要的是当前新产品开发是以市场反应为第一晴雨表，产品竞争越来越激烈，应用快速成型技术就可以在不开模具的前提下，迅速得到产品原型，快速响应市场，并且缩短产品开发周期，降低开发成本。表 5-1 为传统机床加工技术与快速成型技术的比较。

表 5-1 传统机床加工技术与快速成型技术的比较

项 目	传统机床加工技术	快速成型技术
零件的复杂程度	无法制造太复杂的曲面或异形深孔等	可制造任意复杂（曲面）形状的零件
材料利用率	产生切屑，利用率低	利用率高，材料基本无浪费
加工方法	去除成形，切削加工	添加成型，逐层加工
加工对象	个体（金属树脂片、木片等）	液体、图像、粉末、纸、其他
工 具	切削工具	光束、热束

快速成型技术的优越性显而易见：它可以在无须准备任何模具、刀具和工装卡具的情况下，直接接受产品设计（CAD）数据，快速制造出新产品的样件、模具或模型。因此，快速成型技术的推广应用可以大大缩短新产品开发周期，降低开发成本，提高开发质量。由传统的“去除法”到今天的“增长法”，由有模制造到无模制造，这就是快速成型技术对制造业产生革命性意义。

快速成型属于离散、堆积成型，它将计算机上制作的零件三维模型进行网格化处理并存储，对其进行分层处理，得到各层截面的二维轮廓信息，按照这些轮廓信息自动生成加工路径，由成型头在控制系统的控制下，选择性地固化或切割一层层的成型材料，形成各个截面轮廓薄片，并逐步顺序叠加成三维坯件，然后进行坯件的后处理，形成零件，如图 5-1 所示。

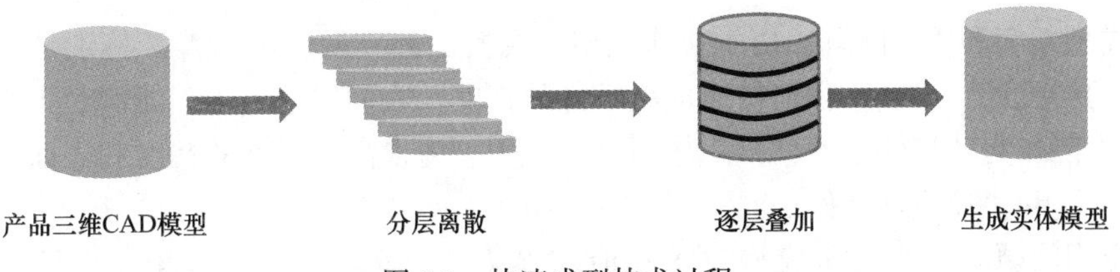

图 5-1 快速成型技术过程

快速成型技术是在计算机控制下，基于离散、堆积的原理采用不同方法堆积材料，最终完成零件的成型与制造的技术。

1）从成型角度看，零件可视为“点”或“面”的叠加。从 CAD 电子模型中离散得到“点”或“面”的几何信息，再与成型工艺参数信息结合，控制材料有规律、精确地由点到面、由面到体地堆积零件。

2）从制造角度看，它根据 CAD 造型生成零件三维几何信息，控制多维系统，通过激光束或其他方法将材料逐层堆积而形成原型或零件。

5.1.2 快速成型技术特征

1）可以制造任意复杂的三维几何实体，由于采用离散、堆积成型的原理，它将一个十分复杂的三维制造过程简化为二维过程的叠加，可实现对任意复杂形状零件的加工。越复杂零件越能显示快速成型技术的优越性，快速成型技术适合于复杂型腔、复杂型面等传统方法难以制造甚至无法制造的零件。

2）快速性。通过对一个 CAD 模型的修改或重组就可获得一个新零件的设计和加工信息。从几小时到几十小时就可以制造出零件，具有快速制造的突出特点。

3）高度柔性。无须任何专用工具或夹具即可完成复杂的制造过程，快速制造工模具、原型或零件。

4）快速成型技术实现了机械工程学科多年来追求的两大先进目标，即材料的提取（气、液固相）过程与制造过程一体化和设计（CAD）与制造（CAM）一体化。

5）与反求工程（Reverse Engineering）、CAD 技术、网络技术、虚拟实现等相结合，成为产品快速开发的有力工具。

同时快速成型也存在一些问题。

1）材料问题。目前快速成型技术中成型材料的成型性能大多不太理想，成型件的物理性能不能满足功能性、半功能性零件的要求，必须借助于后处理或二次开发才能生产出令人满意的产品。由于材料技术开发的专门性，一般快速成型材料的价格都比较贵，使生产成本提高。

2）高昂的设备价格。快速成型技术是综合计算机、激光、新材料、CAD/CAM 集成等技术而形成的一种全新的制造技术，是高科技的产物，技术含量较高，所以目前快速成型设备的价格较贵，限制了快速成型技术的推广应用。

3）功能单一。现有快速成型机的成型系统都只能进行一种工艺成型，而且大多数只能用一种或少数几种材料成型。这主要是因为快速成型技术的专利保护问题，各厂家只能生产自己开发的快速成型工艺设备，随着技术的进步，这种保护体制已成为快速成型技术集成的障碍。

4）成型精度和质量问题。由于快速成型的成型工艺发展还不完善，特别是对快速成型软件技术的研究还不成熟，目前快速成型零件的精度及表面质量大多不能满足工程直接使用的需要，不能作为功能性零件，只能作为原型使用。为提高成型件的精度和表面质量，必须改进成型工艺和快速成型软件。

5）应用问题。虽然快速成型技术在航空航天、汽车、机械、电子、电器、医学、玩具、建筑、艺术品等许多领域都已获得了广泛应用，但大多仅作为原型件进行新产品开发及功能测试等，如何生产出能直接使用的零件是快速成型技术面临的一个重要问题。随着快速成型技术的进一步推广应用，零件直接制造是快速成型技术发展的必然趋势。

5.1.3 快速成型技术应用

不断提高快速成型技术的应用水平是推动快速成型技术发展的重要方面。目前，快速成型技术已在工业造型、机械制造、航空航天、军事、建筑、影视、家电、轻工、医学、考古、文化艺术、雕刻和首饰等领域得到了广泛应用，并且随着这一技术本身的发展，其应用

领域将不断拓展。快速成型技术的实际应用主要集中在以下几个方面。

1. 在新产品造型设计过程中的应用

快速成型技术为工业产品的设计开发人员建立了一种崭新的产品开发模式。运用快速成型技术能够快速、直接、精确地将设计思想转化为具有一定功能的实物模型（样件），这不仅缩短了开发周期，而且降低了开发费用，也使企业在激烈的市场竞争中占有先机。

2. 在机械制造领域的应用

由于快速成型技术自身的特点，使得其在机械制造领域内获得广泛的应用，多用于单件、小批量金属零件的制造。有些特殊复杂制件，由于只需单件生产，或少于50件的小批量，一般均可用快速成型技术直接进行成型，不但成本低，而且周期短。

3. 快速模具制造

传统的模具生产时间长，成本高。将快速成型技术与传统的模具制造技术相结合，可以大大缩短模具制造的开发周期，提高生产率，是解决模具设计与制造薄弱环节的有效途径。快速成型技术在模具制造方面的应用可分为直接制模和间接制模两种，直接制模是指采用快速成型技术直接堆积制造出模具；间接制模是先制出快速成型零件，再由零件复制得到所需要的模具。

4. 在医学领域的应用

近几年来，人们对快速成型技术在医学领域的应用研究较多。以医学影像数据为基础，利用快速成型技术制作人体器官模型，对外科手术有极大的应用价值。

5. 在文化艺术领域的应用

在文化艺术领域，快速成型制造技术多用于艺术创作、文物复制、数字雕塑等。

6. 在航空航天技术领域的应用

在航空航天领域中，空气动力学地面模拟实验（即风洞实验）是设计性能先进的天地往返系统（即航天飞机）所必不可少的重要环节。该实验中所用的模型形状复杂、精度要求高，又具有流线型特性，采用快速成型技术，根据CAD模型，由快速成型设备自动完成实体模型，能够很好地保证模型质量。

5.1.4 快速成型工艺过程

快速成型技术的基本原理是将计算机内的三维数据模型进行分层切片得到各层截面的轮廓数据，计算机据此信息控制激光器（或喷嘴）有选择性地烧结一层接一层的粉末材料（或固化一层又一层的液态光敏树脂，或切割一层又一层的片状材料，或喷射一层又一层的热熔材料或黏合剂），形成一系列具有一个微小厚度的片状实体，再采用熔结、聚合、黏结等手段使其逐层堆积成一体，便可以制造出所设计的新产品样件、模型或模具，如图5-2所示。

快速成型的工艺过程具体如下。

1. 前处理

（1）三维模型的构建　由于快速成型系统是由三维CAD模型直接驱动，因此首先要构建所加工工件的三维CAD模型。该三维CAD模型可以利用计算机辅助设计软件（如Creo、I-DEAS、SolidWorks、UG等）直接构建，也可以将已有产品的二维图样进行转换而形成三维模型，或对产品实体进行激光扫描、CT断层扫描，得到点云数据，然后利用反求工程的方法来构造三维模型。

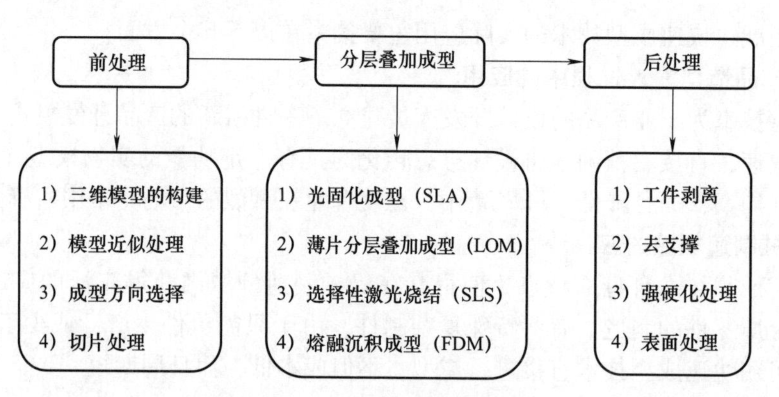

图 5-2　快速成型制造过程

（2）三维模型的近似处理　由于产品往往有一些不规则的自由曲面，加工前要对模型进行近似处理，以方便后续的数据处理工作。由于 STL 格式文件格式简单、实用，目前已经成为快速成型领域的标准接口文件。它是用一系列的小三角形平面来逼近原来的模型，每个小三角形用 三个顶点坐标和一个法向量来描述，三角形的大小可以根据精度要求进行选择。

（3）三维模型的切片处理　根据被加工模型的特征选择合适的加工方向，在成型高度方向上用一系列一定间隔的平面切割近似后的模型，以便提取截面的轮廓信息。间隔一般取 0.05～0.5mm，常用 0.1mm 。间隔越小，成型精度越高（PolyJet 技术分层厚度可以做到 0.001 6mm），但成型时间也越长，效率就越低、反之则精度低，但效率高。

2. 分层叠加成型

根据模型文件切片处理的截面轮廓，在计算机控制下，相应的成型头（激光头或喷头）按各截面轮廓信息做扫描运动，在工作台上一层一层地堆积材料，然后将各层相黏结（有的技术是层堆积和固化，同步完成，如 Object 的 Polyjet 技术），最终得到原型产品。

3. 后处理

不同的成型工艺，其后处理复杂与简单程度不同。有的成型工艺需要从成型系统里取出成型件后，再次进行打磨、抛光和繁杂的二次固化以及去除支撑材料等，或放在高温炉中进行后烧结，进一步提高其强度，如 SLA；有的成型工艺则只需要很简单的后处理，无须打磨和二次固化等。

5.2　快速成型工艺

近十几年来，随着全球市场一体化的形成，制造业的竞争十分激烈。尤其是计算机技术的迅速普遍和 CAD/CAM 技术的广泛应用，使得快速成型技术得到了异乎寻常的高速发展，表现出很强的生命力和广阔的应用前景。快速成型技术发展至今，以其技术的高集成性、高柔性、高速性而得到了迅速发展。目前，快速成型的工艺方法已有几十种之多，其中主要工艺有五种基本类型：光固化成型、选择性激光烧结、薄片分层叠加成型、熔融沉积成型及三维印刷，如图 5-3 所示。

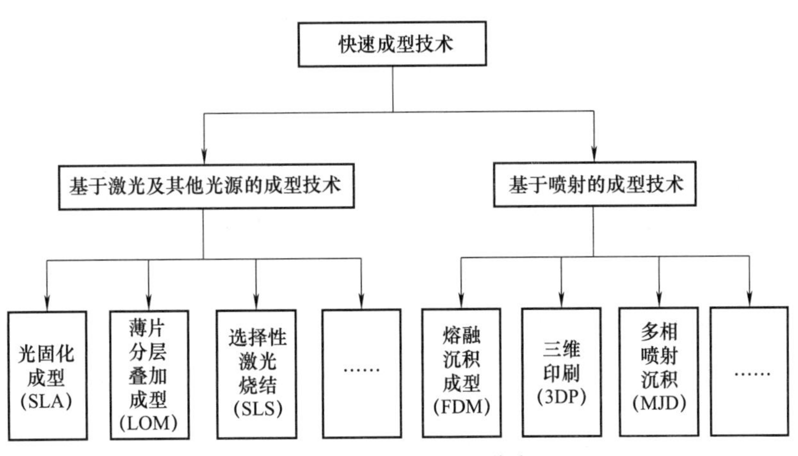

图 5-3　快速成型工艺分类

5.2.1　光固化成型工艺

1. 光固化成型工艺概述

光固化成型工艺（Stereo Lithography Appearance，SLA），又称为立体光刻成型，属于快速成型工艺的一种。该工艺是美国于 1986 年研制成功的一种快速成型工艺，1987 年获美国专利，是最早出现的、技术最成熟和应用最广泛的快速原型技术。它以光敏树脂为原料，用特定波长与强度的激光，聚焦到光固化材料表面，使之由点到线、由线到面顺序凝固，完成一个层面的绘图作业；然后升降台在垂直方向移动一个层片的高度，再固化另一个层面。这样层层叠加构成一个三维实体，通过计算机控制紫外线激光器逐层凝固成型。这种方法能简捷、自动地制造出表面质量和尺寸精度较高、几何形状复杂的原型，如图 5-4 所示。

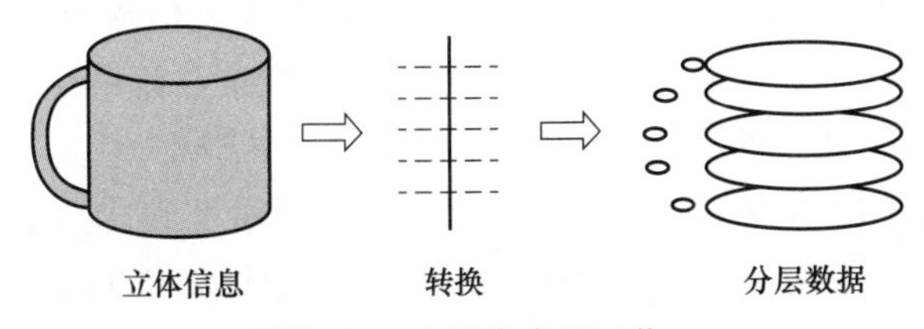

图 5-4　光固化成型工艺

2. 光固化成型工艺的基本原理

光固化成型是最早实用化的快速成型技术，采用液态光敏树脂原料，工艺原理如图 5-5 所示。

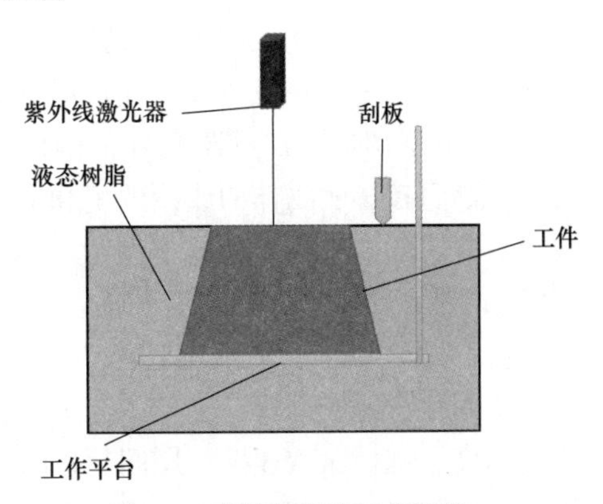

图 5-5　光固化成型工艺原理

首先通过 CAD 设计出三维实体模型，利用离散程序将模型进行切片处理，设计扫描路径，产生的数据将精确控制激光扫描器和升降台的运动；激光光束通过数控装置控制的扫描器，按设计的扫描路径 照射到液态光敏树脂表面，使表面特定区域内的一层树脂固化，当一层加工完毕后，就生成零件的一个截面；然后升降台下降一定距离，固化层上覆盖另一层液态树脂，再进行第二层扫描，第二固化层牢固地黏结在前一固化层上，这样一层层叠加而成三维工件原型。将原型从树脂中取出后，进行最终固化，再经抛光、电镀、喷漆或着色处理，即得到要求的产品。

3. 光固化成型技术的工艺过程

光固化成型工艺一般可以分为三个主要工艺步骤：数据处理、成型制造、后处理。

（1）数据处理　数据处理作为快速成型的第一步有着至关重要的作用，是获得优质成型件的基础。数据处理主要包括数据模型获取、模型格式转换、成型方向选择、支撑设计以及分层切片几个方面，其中的关系如图5-6所示。

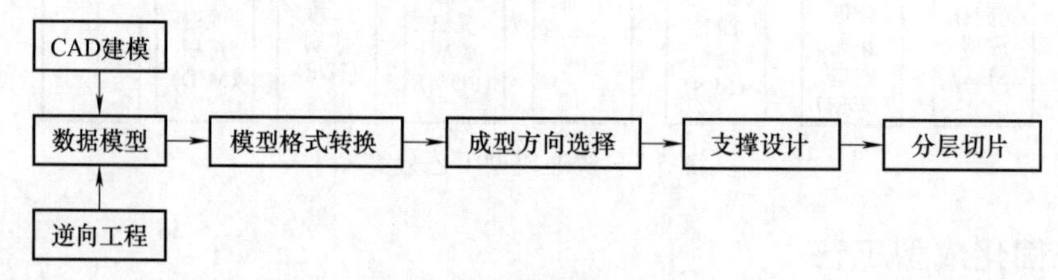

图5-6　数据处理过程

1）数据模型获取。数据模型获取通常有两种方式，一种是通过CAD设计软件自行设计所要成型物体的三维造型。由于CAD设计软件广泛普及，此种方式也是现今采用最多的数据模型获取手段。随着逆向工程技术的发展，反求所得的模型精度越来越高，并且该方式方便快捷，采用逆向工程反求模型也是一种可行的手段。

2）模型格式转换。三维模型在进行切片操作前，通常需要进行格式转换。这是因为三维模型一般是由许多不规则自由曲面组成，直接对三维模型进行切片的技术受制于该技术的实现目前还高度依赖各三维造型软件内核的强大处理功能，所以普适性较差。目前常用的方法是转换为STL格式文件。该文件是用一系列小三角面片近似逼近自由曲面。其中，每个三角面片是由三个顶点坐标和一个与三个顶点满足右手螺旋法则的法向量组成。STL格式文件表述简单，实现方便，几乎所有三维造型软件都支持，已成为快速成型的实际行业标准。

3）成型方向选择。物体成型方向需要综合考虑成型精度和成型效率。简单物体的成型方向往往一目了然，而复杂物体的成型方向选择则需经过计算机的精确计算。

4）支撑设计。通过相应的快速成型软件自动添加支撑。支撑的形式有很多，比如点支撑、网状支撑、树状支撑等。支撑的设计和添加需保证制件能顺利成型，不能破坏物体的表面精度，还要考虑在成型加工完成后支撑去除的方便性。

5）分层切片。在机器允许范围内合理选择切片层高，同样需兼顾成型效率和成型精度。层高直接影响物体的成型效率和成型精度，是快速成型中非常重要的参数之一，需慎重决定。分层的大小根据被成型件精度和生产效率的要求选定，但要在满足制件精度的同时尽量增加层厚，提高效率。

（2）成型制造　完成前述数据处理过程后，需对成型加工设备进行工艺参数的设定。对于光固化快速成型机，主要工艺参数包括：扫描速度、扫描间距、支撑扫描速度、空行程跨越速度、刮板涂敷速度、层间等待时间、光斑补偿半径等参数。设置完成后，在系统控制下进行固化成型。首先调整工作台的高度，使其在液面下一个分层厚度开始成型加工，计算机按照分层参数指令驱动镜头使光束沿着 X、Y 方向运动，扫描固化树脂，支撑截面黏附在

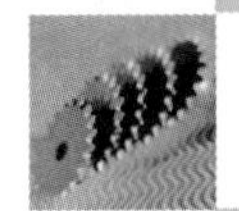

工作台上，工作台下降一个层厚，光束按照新一层截面数据扫描、固化树脂，同时牢牢地黏结在底层上。依次逐层扫描固化，最终形成实体原型。

（3）后处理　后处理是指整个零件成型完成后进行的辅助处理工艺，包括零件的清洗、支撑去除、打磨、表面涂覆以及后固化等。零件成型完成后，将零件从工作台上分离出来，用酒精清洗干净，用刀片等其他工具将支撑与零件剥离，之后进行打磨喷漆处理，为了获得良好的力学性能，可以在固化箱内进行二次固化。

4. 光固化成型工艺应用

光固化成型技术主要用于制造多种模具和模型等，还可以在原料中通过加入其他成分，用 SLA 原型模代替熔模精密铸造中的蜡模。光固化成型技术成型速度较快，精度较高，但由于树脂固化过程中产生收缩，不可避免地会产生应力或引起形变。因此开发收缩小、固化快、强度高的光敏材料是其发展趋势。

5. 光固化成型工艺的特点

1）光固化成型法是最早出现的快速原型制造工艺，成熟度高，已经过时间的检验。

2）由 CAD 数字模型直接制成原型，加工速度快，产品生产周期短，无须切削工具与模具。

3）可以加工结构外形复杂或使用传统手段难以成型的原型和模具。

4）使 CAD 数字模型直观化，降低错误修复的成本。

5）为实验提供试样，可以对计算机仿真计算的结果进行验证与校核。

6）可联机操作，可远程控制，利于生产的自动化。

6. 光固化成型工艺的不足

1）光固化成型系统造价高昂，使用和维护成本过高。

2）光固化成型系统是要对液体进行操作的精密设备，对工作环境要求苛刻。

3）成型件多为树脂类，强度、刚度、耐热性有限，不利于长时间保存。

4）预处理软件与驱动软件运算量大，与加工效果关联性太高。

5）软件系统操作复杂，入门困难，使用的文件格式不为广大设计人员所熟悉。

5.2.2　选择性激光烧结工艺

1. 选择性激光烧结工艺概述

选择性激光烧结（Selective Laser Sintering，SLS）又称为选区激光烧结，由美国得克萨斯大学奥斯汀分校的 C. R. Dechard 于 1989 年研制成功。该方法已被美国 DTM 公司商品化，于 1992 年开发了基于 SLS 的商业成型机（Sinterstation）。二十几年来，DTM 公司在 SLS 领域做了大量的研究工作。德国的 EOS 公司在这一领域也做了很多研究工作，并开发了相应的系列成型设备。国内华中科技大学（武汉滨湖机电技术产业有限责任公司）、南京航空航天大学、中北大学和北京隆源自动成型系统有限公司等，也取得了许多重大成果和系列的商品化设备。

SLS 工艺是利用粉末材料（金属粉末或非金属粉末）在激光照射下烧结的原理，在计算机控制下层层堆积成型。SLS 的原理与 SLA 十分相似，主要区别在于所使用的材料及其形状。SLA 所用的材料是液态的紫外光敏可凝固树脂，而 SLS 则使用粉状的材料。这是该项技术的主要优点之一，因为理论上任何可熔的粉末都可以用来制造模型，这样的模型可以用作真实的原型制件。

2. 选择性激光烧结工艺原理

如图5-7所示，选择性激光烧结的加工过程是采用铺粉辊将一层粉末材料平铺在已成型零件的上表面，并加热至恰好低于该粉末烧结点的某一温度，控制系统控制激光束按照该层的截面轮廓在粉层上扫描，使粉末的温度升至熔化点，进行烧结并与下面已成型的部分实现黏结。当一层截面烧结完后，工作台下降一个层的厚度，铺料辊又在上面铺上一层均匀密实的粉末，进行新一层截面的烧结，直至完成整个模型。在成型过程中，未经烧结的粉末对模型的空腔和悬臂部分起着支撑作用，不必像SLA和FDM工艺那样另行生成支撑工艺结构。

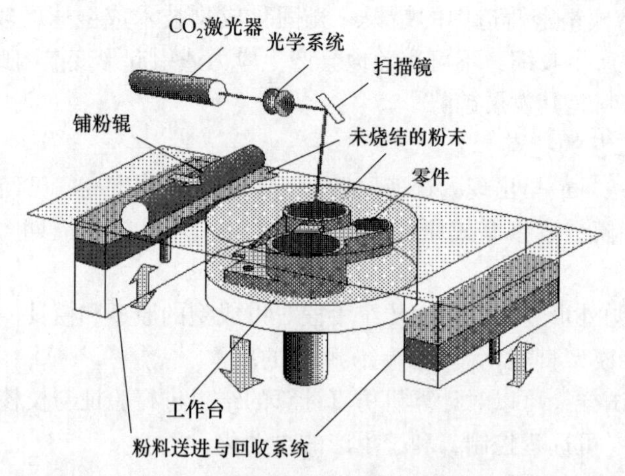

图5-7 选择性激光烧结工艺原理

当实体构建完成并在原型部分充分冷却后，粉末块会上升到初始的位置，将其拿出并放置到工作台上，用刷子小心刷去表面粉末，露出加工件部分，其余残留的粉末可用压缩空气除去。

3. 选择性激光烧结工艺分类及过程

（1）粉末原料的烧结工艺 它包括金属粉末原料的烧结、陶瓷粉末的烧结和塑料粉末的烧结。

1）金属粉末原料的烧结。用于选择性激光烧结的金属粉末主要有三种：单一金属粉末、金属混合粉末、金属粉末加有机黏结剂粉末等。相应地，金属粉末的激光烧结也有三种方法。

① 单一金属粉末的烧结。例如铁粉，先将铁粉预热到一定温度，再用激光束扫描、烧结。烧结好的制件经热等静压㊀处理，可使最后零件的相对密度达到99.9%。

② 金属混合粉末的烧结。主要是两种金属的混合粉末，其中一种金属粉末熔点较低，另一种金属粉末熔点较高。例如，青铜粉和镍粉的混合粉末，先将金属混合粉末预热到一定温度，再用激光束扫描，使低熔点粉末熔化（青铜粉），从而将难熔的镍粉粘接在一起。烧结好的制件再经液相烧结后处理，可使最后零件的相对密度达到82%。

㊀ 热等静压（Hot Isostatic Pressing，HIP）工艺是将制品放置到密闭的容器中，向制品施加各向同等的压力，同时施以高温，在高温高压的作用下，制品得以烧结和致密化。热等静压是高性能材料生产和新材料开发不可或缺的手段。

③ 金属粉末加有机黏结剂粉末的烧结。将金属粉末与有机黏结剂粉末按一定比例均匀混合，激光束扫描后使有机黏结剂熔化，并将金属粉末粘接在一起。例如，铜粉和有机玻璃粉。烧结好的制件再经高温后续处理，一方面去除制件中的有机黏结剂，另一方面提高制件的力学强度和耐热强度，并增加制件内部组织和性能的均匀性。

2）陶瓷粉末的烧结。陶瓷粉末的选择性激光烧结需要在粉末中加入黏结剂。目前所用的纯陶瓷粉末原料有 Al_2O_3 和 SiC，而黏结剂有无机黏结剂、有机黏结剂和金属黏结剂等三种。

3）塑料粉末的烧结。塑料粉末的选择性激光烧结均为直接激光烧结，烧结好的制件一般不必进行后续处理。采用一次烧结成型，将粉末预热至稍低于熔点，然后控制激光束来加热粉末，使其达到“烧结温度”，从而把粉末材料烧结在一起。

（2）烧结件的后处理　金属或陶瓷粉末（或混合型粉末）经过选择性激光烧结后只形成了原型或零件的坯体，这种坯体还需要进行后处理以进一步提高其力学性能和热学性能。坯体的后处理方法有多种，如高温烧结、热等静压、熔浸和浸渍等。根据不同材料坯体和不同性能要求，可以采用不同的后处理方法。

1）高温烧结。金属和陶瓷坯体均可用高温烧结的方法进行处理。经高温烧结后，坯体内部孔隙减少，密度、强度增加，其他性能也得到改善。

虽然高温烧结后制件密度、强度增加，但由于内部孔隙减少导致体积收缩，影响制件的尺寸精度。同时，在高温烧结后处理中，要尽量保持炉内温度梯度均匀分布。若炉内温度梯度分布不均匀，可能造成制件各个方向的收缩不一致，使制件翘曲变形，在应力集中点还会使制件产生裂纹和分层。

2）热等静压。热等静压后处理工艺是通过流体介质将高温和高压同时均匀地作用于坯体表面，消除其内部气孔，提高密度和强度，并改善其他性能。热等静压处理可使制件非常致密，这是其他后处理方法难以达到的，但制件的收缩也较大。

3）熔浸。熔浸是将金属或陶瓷制件与另一种低熔点的液体金属接触或浸埋在液态金属内，让金属填充制件内部的孔隙，冷却后得到致密的零件。熔浸过程依靠金属液在毛细管力作用下湿润零件，液态金属沿着颗粒间孔隙流动，直到填满孔隙为止。

前两种处理方法，虽然能够提高制件密度。但也会引起制件较大的收缩和变形。为了获得足够的强度（或密度），又希望收缩和变形小，可采用熔浸的方法对选择性激光烧结的坯体进行后处理。

4）浸渍。浸渍和熔浸相似，所不同的是浸渍是将液态非金属物质浸入多孔的选择性烧结坯体的孔隙内，和熔浸相似，经过浸渍处理的制件尺寸变化很小。

在后处理中，要控制浸渍后坯体零件的干燥过程。干燥过程中温度、湿度、气流等对干燥后坯体的质量有很大的影响。干燥过程控制不好，会导致坯体开裂，严重影响零件质量。

4. 选择性激光烧结工艺特点

选择性激光烧结工艺和其他快速成型工艺相比，具有以下优点。

1）可直接制作金属制品。在目前广泛应用的几种快速原型工艺方法中，唯有 SLS 方法可直接烧结制作金属材质的原型，这是 SLS 工艺的独特优点。

2）可采用多种材料。从原理上说，这种方法可采用加热时黏度降低的任何粉末材料，通过材料或各类含黏结剂的涂层颗粒制造出任何造型，适应不同的需要，制造工艺比较简单。由于可用多种材料，选择性激光烧结工艺按采用的原料不同可以直接生产复杂形状的原型、型腔模型三维构件或部件及工具。例如，制造概念原型，可安装为最终产品模型的概念原型，蜡模铸造模型及其他少量母模，直接制造金属注射模等。

3）无须支撑结构。和 LOM 工艺一样，SLS 工艺也无须支撑结构，叠层过程中出现的悬空层面可直接由未烧结的粉末来实现支撑。

4）材料利用率高。由于 SLS 工艺过程不需要支撑结构，也不像 LOM 工艺那样出现许多工艺废料，也不需要制作基底支撑，所以该工艺方法在常见的几种快速原型工艺中材料利用率是最高的，材料的利用率基本可以认为是 100%。SLS 工艺中的多数粉末的价格较便宜，所以 SLS 模型的成本相比较来看也是较低的。

虽然选择性激光烧结工艺有很多优点，但与其他成型加工形式比起来，它还是有一定的缺点，具体包括以下几点。

1）原型表面粗糙。由于 SLS 工艺的原材料是粉状的，原型的建造是由材料粉层经过加热熔化而实现逐层粘接的，因此原型表面严格讲是粉粒状的，因而表面质量不高。

2）烧结过程挥发异味。SLS 工艺中的粉层粘接是需要激光能源使其加热而达到熔化状态，高分子材料或粉粒在激光烧结熔化时一般要挥发异味气体。

3）有时需要比较复杂的辅助工艺。SLS 技术视所用的材料而异，有时需要比较复杂的辅助工艺过程。以聚酰胺粉末烧结为例，为避免激光扫描烧结过程中材料因高温起火燃烧，必须在机器的工作空间充入阻燃气体，一般为氮气。为了使粉状材料可靠地烧结，必须使机器的整个工作空间直接参与造型。工作的所有机件以及所使用的粉状材料预先加热到规定的温度，这个预热过程常常需要数小时。造型工作完成后，为了除去工件表面的浮粉，需要使用软刷和压缩空气，而这一步骤必须在闭封空间中完成，以免造成粉尘污染。

5. 选择性激光烧结工艺应用

（1）直接制作快速模具　SLS 工艺可以选择不同的材料粉末制造不同用途的模具，例如烧结金属模具和陶瓷模具，用作注射、压铸、挤塑等塑料成型模具及钣金成形模具。DTM 公司将 SLS 烧结得到的模具，放在聚合物的溶液中浸泡一定的时间后，放入加热炉中加热蒸发聚合物，接着进行渗铜，出炉后打磨并嵌入模架内即可。

（2）复杂金属零件的快速无模铸造　将 SLS 激光快速成型技术与精密铸造工艺结合起来，特别适合具有复杂形状的金属零件的整体制造。在新产品试制和零件单件生产中，不需要复杂工装和模具，可大大提高制造速度，并降低成本。

（3）内燃机进气管模型　采用 SLS 工艺快速制造内燃机进气管模型，可以直接与相关零部件安装进行功能验证，快速检测内燃机的运行效果，以评价设计的优劣，然后进行针对性的改进，以达到内燃机进气管产品的设计要求。

5.2.3 薄片分层叠加成型工艺

1. 薄片分层叠加成型工艺概述

薄片分层叠加成型（Laminated Object Manufacturing，LOM）是几种最成熟的快速成型制造技术之一。这种制造方法和设备自 1991 年问世以来，得到迅速发展。由于叠层实体制造技术多使用纸材，成本低廉，制件精度高，而且制造出来的木质原型具有外在的美感和一些特殊的品质，因此受到了较为广泛的关注。在产品概念设计可视化、造型设计评估、装配检

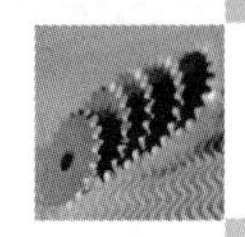

验、熔模铸造型芯、砂型铸造木模、快速制模以及直接制模等方面得到了迅速应用。LOM常用材料是纸、金属箔、塑料膜、陶瓷膜等，此方法除了可以制造模具、模型外，还可以直接制造结构件或功能件，特点是原材料价格便宜、成本低。

2. 薄片分层叠加成型工艺原理

如图5-8所示，薄片分层叠加成型工艺采用薄片材料（如纸片、塑料薄膜或复合材料）为原材料，用激光切割系统按照计算机提取的横截面轮廓线数据，将背面涂有热熔胶的纸用激光切割出工件的内外轮廓。切割完一层后，送料机构将新的一层纸叠加上去，利用热粘压装置将已切割层黏合在一起，然后再进行切割，这样一层层地切割、黏合，最终成为三维工件。

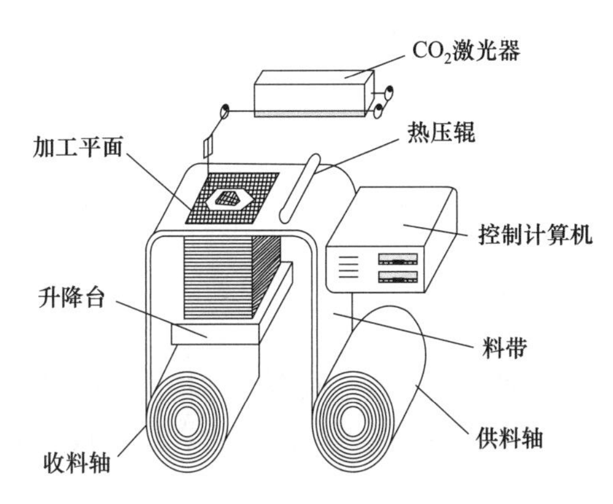

图5-8　薄片分层叠加成型工艺原理

3. 薄片分层叠加成型工艺过程

薄片分层叠加成型工艺过程可以归纳为前处理、分层叠加成型、后处理三个主要步骤。

（1）前处理——图形处理阶段　制造一个产品，首先通过三维造型软件（如Creo、UG、SolidWorks等）进行产品的三维模型构造，然后将得到的三维模型转换为STL格式，再将STL格式的模型导入到专用的切片软件中（如华中科大的HRP软件）进行切片。

（2）分层叠加成型——基底制作、原型制作

1）基底制作。由于工作台的频繁起降，所以必须将LOM原型的叠件与工作台牢固连接，这就需要制作基底，通常设置3~5层的叠层作为基底，为了使基底更牢固，可以在制作基底前给工作台预热。

2）原型制作。制作完基底后，快速成型机就可以根据事先设定好的加工工艺参数自动完成原型的加工制作，而工艺参数的选择与原型制作的精度、速度以及质量有关。这其中最重要的参数有激光切割速度、加热辊温度、激光能量、破碎网格尺寸法等。

（3）后处理——废料去除、后置处理

1）废料去除。废料去除是一个极其烦琐的辅助过程，它需要工作人员仔细、耐心，并且最重要的是要熟悉制件的原型，这样在剥离的过程中才不会损坏原型。

2）后置处理。废料去除后，为提高原型表面质量或需要进一步翻制模具，则需对原型进行后置处理。如防水、防潮及使其表面光滑等，只有经过必要的后置处理工作，才能满足快速原型表面质量、尺寸稳定性、精度和强度等要求。

当原型零件出现如下情况时，要对原型零件进行修补、打磨、抛光和表面涂覆等后处理。后处理完成后，原型的表面强度、力学性能、尺寸稳定性、尺寸精度等都会得到提高。

① 台阶效应或 STL 格式化的缺陷比较明显。

② 某些薄壁和小特征结构强度、刚度㊀(即弹性模量㊁) 不足。

③ 某局部的形状、尺寸不够精确。

④ 原型的某些物理、力学性能不太理想。

4. 薄片分层叠加成型技术的特点

1）无须设计和构建支撑结构。

2）快速成型速度较快，由于只需要使激光束沿着物体的轮廓进行切割，无须扫描整个断面，所以成型速度很快，因而常用于加工内部结构简单的大型零件。

3）有较高的硬度和较好的力学性能，可进行各种切削加工。

4）无须后固化处理。

LOM 快速成型技术的缺点如下。

1）有激光损耗，并需要专门实验室环境，维护费用高昂。

2）当加工室的温度过高时常有火灾发生。因此，工作过程中需要专职人员职守。

3）工件表面有台阶纹。

4）难以构建形状精细、多曲面的零件，仅限于结构简单的零件。

5）必须进行防潮处理，纸制零件很容易吸湿变形，所以成型后必须立即进行树脂、防潮漆涂覆等后处理。

6）可实际应用的原材料种类较少，尽管可选用若干原材料，例如纸、塑料、陶土以及合成材料，但目前常用的只是纸，其他箔材尚在研制开发中。

7）不能直接制作塑料工件，工件的抗拉强度和弹性不够好。

5. 误差分析及改进措施

提高薄片分层叠加原型制作误差来源于文件输出、切片软件、设备精度以及成形环境变化等，具体分析如下。

在进行 STL 转换时，可以根据零件形状的不同复杂程度来定。在保证成型件形状完整平滑的前提下，尽量避免过高的精度。不同的 CAD 软件所用的精度范围也不一样，例如 Creo 所选用的范围是 0.01 ~0.05mm，UGⅡ所选用的范围是 0.02 ~0.08mm，如果零件细小结构较多可将转换精度设高一些。

STL 文件输出精度的取值应与相对应的原型制作设备上切片软件的精度相匹配。如图 5-9所示，精度过高会使切割速度严重减慢，精度过低会引起轮廓切割的严重失真。

模型的成型方向对工件品质（如尺寸精度、表面粗糙度、强度等）、材料成本和制作时间产生很大的影响。一般而言，无论哪种快速成型方法，由于不易控制工件 Z 方向的翘曲

㊀ 刚度是指材料或结构在受力时抵抗弹性变形的能力。是材料或结构弹性变形难易程度的表征。材料的刚度通常用弹性模量 E 来衡量。在宏观弹性范围内，刚度是零件荷载与位移成正比的比例系数，即引起单位位移所需的力。

㊁ 弹性模量 E 是指材料在外力作用下产生单位弹性变形所需要的应力。它是反映材料抵抗弹性变形能力的指标，相当于普通弹簧中的刚度。弹性模量可视为衡量材料产生弹性变形难易程度的指标，其值越大，使材料发生一定弹性变形的应力也越大，即材料刚度越大，亦即在一定应力作用下，发生弹性变形越小。

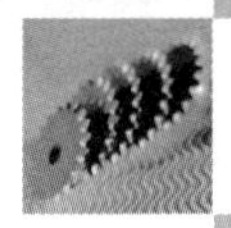

变形等原因，工件的 X、Y 方向的尺寸精度比 Z 方向的更易保证，故应该将精度要求较高的轮廓尽可能放置在 X、Y 平面。

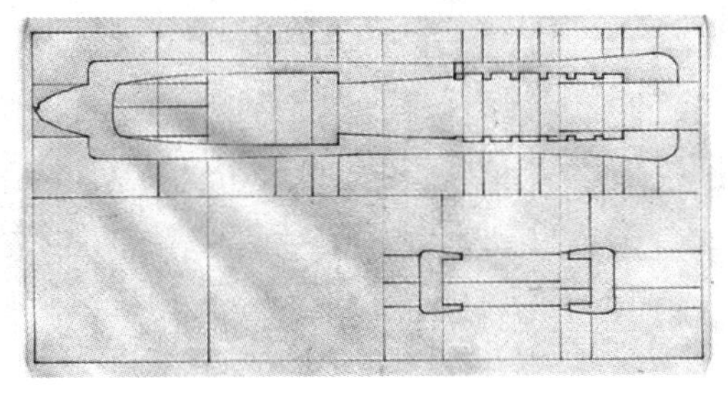

CADSTL精度：0.08；切片软件精度：0.08

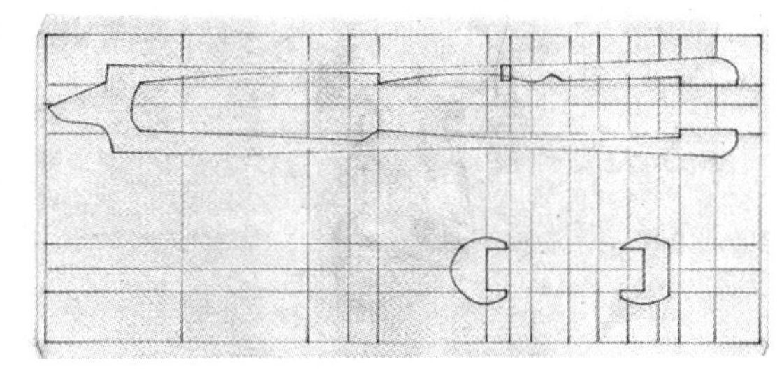

CADSTL 精度：0.08；切片软件精度：2.00

图 5-9　文件输出精度与切片精度对比

切碎网格的尺寸有多种设定方法。当原型形状比较简单时，可以将网格尺寸设大一些，提高成型效率；当形状复杂或零件内部有废料时，可以采用变网格尺寸的方法进行设定，即在零件外部采用大网格划分，零件内部采用小网格划分。

处理湿胀变形的一般方法是涂漆。为考察原型的吸湿性及涂漆的防湿效果，选取尺寸相同的通过快速成型机成型的长方形叠加块经过不同处理后，置入水中 10min 进行实验，其尺寸和重量的变化情况见表 5-2。

表 5-2　叠加块置入水中后尺寸和重量的变化情况

	叠加块初始尺寸/(X/mm × Y/mm × Z/mm)	叠加块初始重量/g	置入水中后叠加块尺寸/(X/mm × Y/mm × Z/mm)	叠层方向增长的高度/mm	置入水中后叠加块重量/g	吸入水分的重量/g
未经处理的叠加块	65 × 65 × 110	436	67 × 67 × 155	45	590	164
涂一层漆的叠加块	65 × 65 × 110	436	65 × 65 × 113	3	440	4
涂二层漆的叠加块	65 × 65 × 110	438	65 × 65 × 110	0	440	2

从此表可以看出，未经任何处理的叠加块对水分十分敏感，在水中浸泡 10min，叠层方向便涨高 45mm，增长 41%，而且水平方向的尺寸也略有增长，吸入水分的重量达 164g，说明未经处理的 LOM 原型是无法在水中进行使用，或者在潮湿环境中不宜存放太久。为此，将叠加块涂上薄层油漆进行防湿处理。从实验结果看，涂漆起到了明显的防湿效果。在相同浸水时间内，叠层方向仅增长 3mm，吸水重量仅 4g。当涂刷两层漆后，原型尺寸已得到稳定控制，防湿效果已十分理想。

6. 薄片分层叠加成型应用

薄片分层叠加成速成型工艺适合制作大中型原型件（如汽车发动机零件样件）如图 5-10所示，翘曲变形较小，成型时间较短，激光器使用寿命长，制件有良好的力学性能。薄片分层叠加成型还适合于产品设计的概念建模和功能性测试零件（如汽车车灯组件的设计），如图 5-11 所示，且由于制成的零件具有木质属性，特别适合于直接制作砂型。

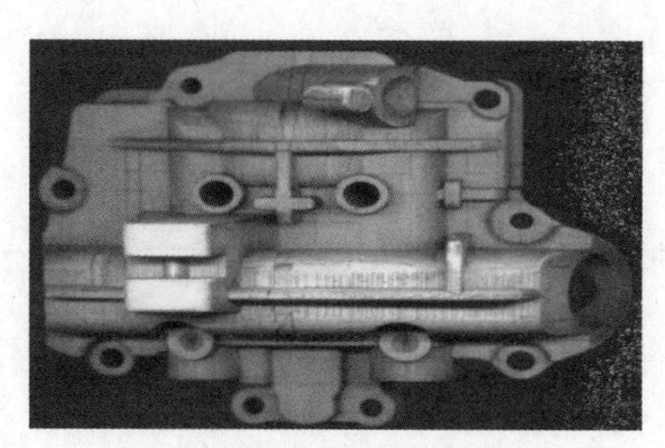

图5-10 薄片分层叠加成型工艺制作汽车发动机零件样件

图5-11 薄片分层叠加成型工艺制作轿车车灯

5.2.4 熔融沉积成型工艺

1. 熔融沉积成型工艺概述

熔融沉积快速成型（Fused Deposition Modeling，FDM）是继光固化成型和薄片分层叠加成型工艺后的另一种应用比较广泛的快速成型工艺。该工艺方法以美国 Stratasys 公司开发的 FDM 制造系统应用最为广泛。该公司自1993年开发出第一台 FDM1650 机型后，先后推出了 FDM2000、FDM3000、FDM8000 及 1998 年推出的引人注目的 FDM Quantum 机型，FDM Quantum 机型的最大造型体积达到600mm×500mm×600mm。我国清华大学与北京殷华激光快速成形与模具技术有限公司也较早地进行了 FDM 工艺商品化系统的研制工作，并推出熔融挤压制造设备 MEM 250 等。

2. 熔融沉积成型工艺原理

熔融沉积又称熔丝沉积，它是将丝状的热熔性材料加热熔化，通过带有一个微细喷嘴的喷头挤喷出来。喷头可沿着 X 轴方向移动，而工作台则沿 Y 轴方向移动。如果热熔性材料的温度始终稍高于固化温度，而成型部分的温度稍低于固化温度，就能保证热熔性材料挤喷出喷嘴后，随即与前一层面熔结在一起。一个层面沉积完成后，工作台按预定的增量下降一个层的厚度，再继续熔喷沉积，直至完成整个实体造型。图5-12所示为其成型工艺原理。熔融沉积制造工艺的具体过程如下。

将实心丝原材料缠绕在供料辊上，由电动机驱动辊子旋转，辊子和丝材之间的摩擦力使丝材向喷头的出口送进。在供料辊与喷头之间有一导向套，导向套采用低摩擦材料制成，以便丝材能顺利、准确地由供料辊送到喷头的内腔（最大送料速度为10~25mm/s，推荐速度为5~18mm/s）。喷头的前端有电阻丝式加热器，在其作用下，丝材被加热熔融（熔模铸造蜡丝的熔融温度为74℃，机加工蜡丝的熔融温度为96℃，聚烯烃树脂丝为106℃，聚酰胺丝为155℃，ABS塑料丝为270℃），然后通过出口（内径为0.25~1.32mm，随材料的种类和送料速度而定），涂覆至工作台上，并在冷却后形成界面轮廓。由于受结构的限制，加热器的功率不可能太大，因此丝材一般为熔点不太高的热塑性塑料或蜡。丝材熔融沉积的层厚随喷头的运动速度（最高速度为380mm/s）而变化，通常最大层厚为0.15~0.25mm。

熔融沉积快速成型工艺在原型制作时需要同时制作支撑，为了节省材料成本和提高沉积效率，新型 FDM 设备采用了双喷头，如图5-13所示。一个喷头用于沉积模型材料，一个喷头用于沉积支撑材料。一般来说，模型材料丝精细而且成本较高，沉积的效率也较低，而支撑材料丝较粗且成本较低，沉积的效率也较高。双喷头的优点除了沉积过程中具有较高的沉

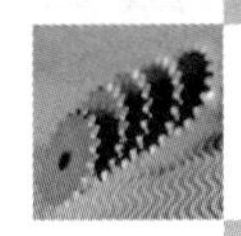

积效率和降低模型制作成本以外，还可以灵活地选择具有特殊性能的支撑材料，以便于后处理过程中支撑材料的去除，如水溶材料、低于模型材料熔点的热熔材料等。

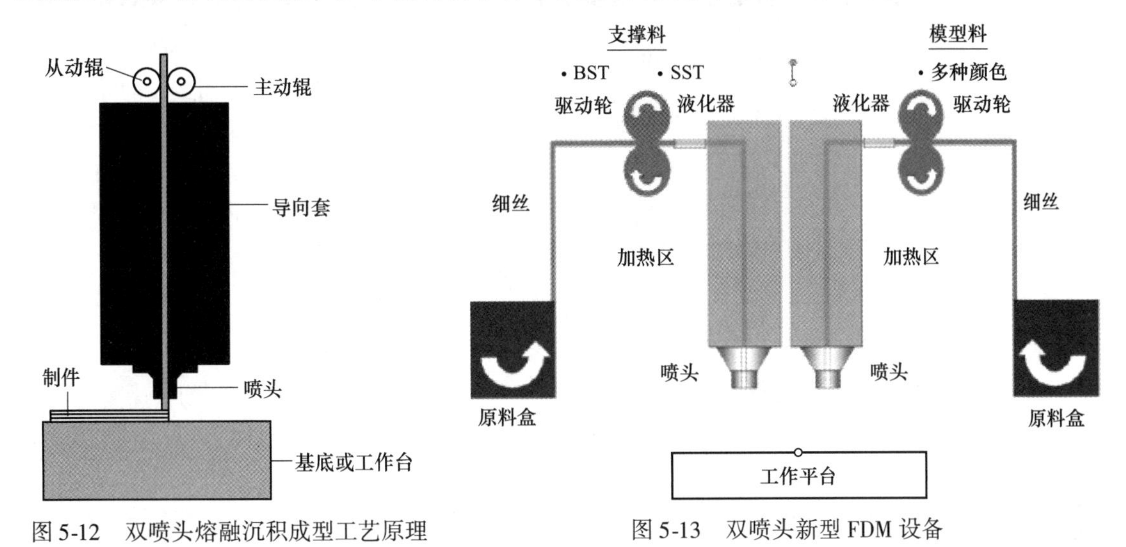

图 5-12 双喷头熔融沉积成型工艺原理

图 5-13 双喷头新型 FDM 设备

3. 熔融沉积成型的原料

FDM 快速成型系统使用的材料分为成型材料和支撑材料。

FDM 快速成型系统对成型材料的要求如下。

1）材料的黏度低。材料的黏度低，流动性好，阻力小，有助于材料顺利挤出。

2）材料的熔融温度低。熔融温度低可以使材料在较低温度下挤出，有利于提高喷头和整个机械系统寿命，可以减少材料在挤出前后温度的温差，减少热应力，从而提高原型精度。

3）黏结性好。FDM 成型是分层制造的，层与层之间是连接最薄弱的地方，如果黏结性过低，则会因热应力造成层与层之间开裂。

4）材料的收缩率对温度不能太敏感。材料的收缩率如果对温度太敏感会引起零件尺寸超差，甚至翘曲、开裂。

FDM 快速成型系统对支撑材料的要求如下。

1）能承受一定的高温。由于支撑材料与成型材料在支撑面上接触，所以支撑材料必须能够承受成型材料的高温。

2）与成型材料不浸润。加工完毕后支撑材料必须去除，所以支撑材料与成型材料的亲和性不能太好，以便于后处理。

3）具有水溶性或酸溶性。为了便于后处理，支撑材料最好能溶解在某种液体中。由于现在的成型材料一般用 ABS 工程塑料，该材料一般能溶解在有机溶剂中，所以支撑材料最好具有水溶性或酸溶性。

4）具有较低的熔融温度。具有较低的熔融温度可以使材料在较低的温度下挤出，提高喷头的使用寿命。

5）流动性好。对支撑材料的成型精度要求不高，为了提高机器的扫面速度，要求支撑材料具有很好的流动性。FDM 快速成型常用材料见表 5-3。

表 5-3 FDM 快速成型常用材料

材 料	适用的设备系统	可供选择的颜色	备 注
ABS 丙烯腈丁二烯苯乙烯	FDM1650、FDM2000、FDM8000、FDM	白、黑、红、绿、蓝	耐用的无毒塑料
ABS（医学专用 ABS）	FDM1650、FDM2000	白、黑	被食品及药物管理局认可的、耐用的且无毒塑料
E20	FDM1650、FDM2000	所有颜色	人造橡胶塑料、与封铅、水龙头和软管等使用的类似材料
ICW06 熔模铸造用蜡	FDM1650、FDM2000		
可机加工蜡	FDM1650、FDM2000		
造型材料	Genisys Modeler		高强度聚酯化合物

4. 熔融沉积成型工艺过程

跟其他快速成型工艺一样，FDM 快速成型的工艺过程一般分为前处理、原型制作和后处理 3 个部分。

（1）前处理　前处理包括 CAD 三维造型、三维 CAD 模型的近似处理、确定成型方向、切片分层等。

（2）原型制作　原型制作包括支撑制作和实体制作两部分。

1）支撑制作。由于 FDM 的工艺特点，快速成型系统必须对产品三维 CAD 模型做支撑处理，否则在分层截面大于下层截面时，上层截面的多出部分将会出现悬浮（或悬空），从而使截面部分发生塌陷或变形，影响零件原型精度，甚至导致产品原型不能成型。

支撑还有一个重要作用就是建立基础层。在工作平台和原型底层之间建立缓冲层，使原型制作完成后便于剥离工作平台。此外，基础支撑还可以给制造过程提供一个基准面。所以 FDM 造型的关键一步是制作支撑。在设计支撑时，需要考虑影响支撑的因素，包括支撑的强度和稳定性、支撑的加工时间、支撑的可去除性等。

2）实体制作。在支撑的基础上进行实体造型，自下而上层层叠加形成三维实体。

（3）后处理　FDM 快速成型的后处理，主要是对原型进行表面处理。去除实体的支撑部分，对部分实体表面进行处理，使原型精度、表面粗糙度等达到要求。但是，原型部分复杂和细微结构的支撑很难去除，在处理过程中会出现损坏原型表面的情况，从而影响表面质量，在实际操作中采用水溶性支撑材料，可有效地解决这个问题。

5. 熔融沉积成型工艺特点

熔融沉积成型的优点有以下几点。

1）采用热熔挤压头的专利，整个系统构造原理和操作简单，维护成本低，系统运行安全。

2）成型速度快，不需要 SLA 中的刮板再加工工序，系统校准为自动控制。

3）用蜡成型的零件，可直接用于熔模铸造。

4）可以成型任意复杂程度的零件，常用于具有很复杂的内腔、孔等零件。

5）成型材料广泛，主要是石蜡、ABS、人造橡胶、铸蜡和聚酯热塑料等低熔点材料和低熔点金属、陶瓷等线材或粉料。

6）原材料利用率高，并且材料寿命长。

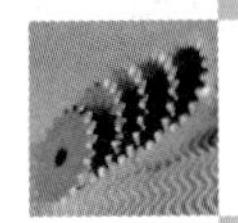

7）支撑去除简单，无须化学清洗，分离容易。

8）成本低，FDM 工艺不用激光器件，因此使用、维护简单，成本较低；原材料的利用率高、无污染。

当然熔融沉积成型工艺也有以下不足之处。

1）只适用于中、小型塑料件。

2）成型件的表面有较明显的条纹，仍需后处理，不如 SLA 成型件好。

3）成型件轴向强度比较弱。

4）需设计、制作支撑结构。

5）需要对整个截面进行扫描涂覆，成型时间较长。

6）原材料价格昂贵。

表 5-4 为 FDM 工艺与其他快速成型工艺的比较。

表 5-4　FDM 工艺与其他快速成型工艺的比较

指　标	SLA	LOM	SLS	FDM
成型速度	较快	快	较慢	较慢
原型精度	高	较高	较低	较低
制造成本	较高	低	较低	较低
复杂程度	复杂	简单	复杂	中等
零件大小	中小件	中大件	中小件	中小件
常用材料	热固性光敏树脂	纸、金属箔、塑料薄膜	石蜡、金属、塑料、陶瓷等粉末	石蜡、尼龙、ABS、低熔点金属
蚀除占用率/（%）	70	10	7	6

6. 熔融沉积成型工艺应用

FDM 快速成型技术已被广泛应用于汽车、机械、航空航天、家电、通讯、电子、建筑、医学、玩具等产品的设计开发过程，如产品外观评估、方案选择、装配检查、功能测试、用户看样订货、塑料件开模前校验设计以及少量产品制造等，也应用于政府、大学及研究所等机构。用传统方法需几个星期、几个月才能制造的复杂产品原型，用 FDM 成型法无须任何刀具和模具，短时间便可完成。图 5-14 为利用 FDM 制作的巧克力和儿童玩具模型。

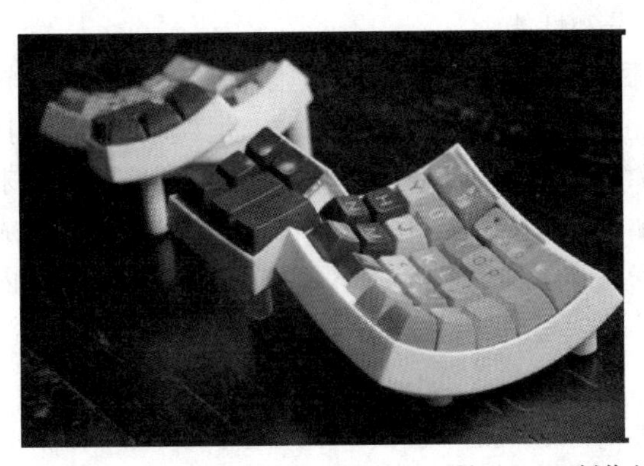

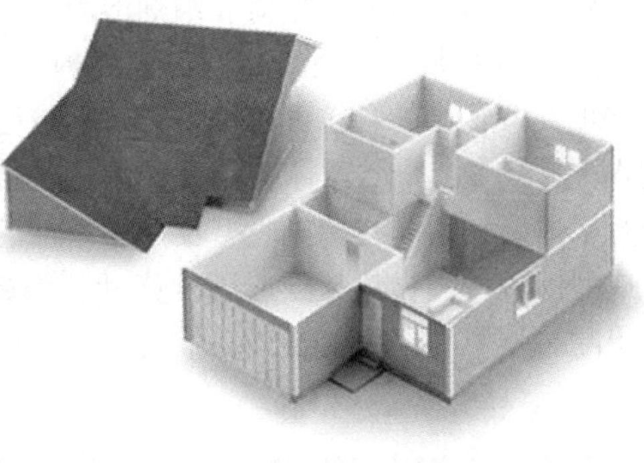

图 5-14　利用 FDM 制作的巧克力和儿童玩具模型

5.2.5 三维印刷工艺

1. 三维印刷工艺概述

三维印刷（简称 3DP）快速成型技术是一种不依赖激光的成型技术。其原理类似于喷墨打印机，它使用粉末材料和黏结剂，按原型或零件分层截面轮廓，喷头在每一层铺好的材料粉末上有选择地喷射黏结剂，喷过黏结剂的材料被黏结在一起，其他地方仍为松散的粉末。层层黏结后就得到一个三维空间实体，去除实体周围的粉末材料后烧结成型，就得到了所要的原型或零件。

2. 三维印刷工艺原理

3DP 技术成型原理如图 5-15 所示。先由铺粉辊从左往右移动，将供粉缸里的粉末均匀地成型缸上，然后按照设计好的零件模型，由打印头在第一层粉末上喷出零件最下层截面形状，然后成型缸平台向下移动一定距离，再由铺粉辊从供粉缸中平铺一层粉末到刚才打印完的粉末层上，再由打印头按照第二层截面的形状喷洒黏结剂，层层递进，最后得到的零件整体是由各个横截面层层重叠起来的。

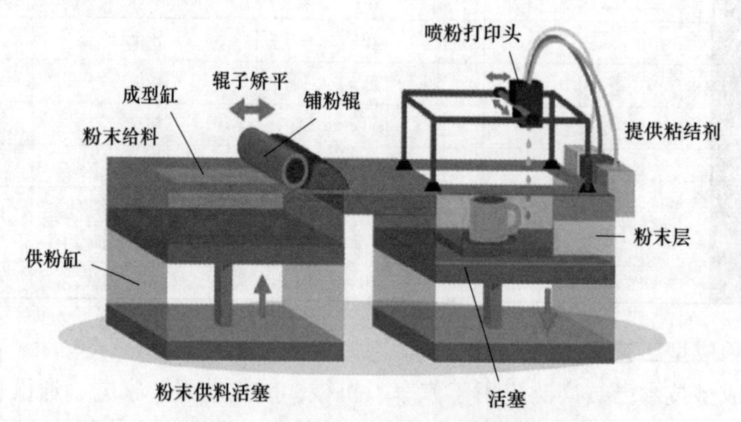

图 5-15　三维印刷工艺技术成型原理

3. 三维印刷成型材料

三维印刷成型材料有自己的特殊要求，其成型材料有很多。三维印刷成型的材料并不是由简单的粉末够成，它包括粉末材料、与之匹配的黏结剂以及后处理材料等。为了满足要求，需要综合考虑粉末及相应黏结剂溶液的成分和性能。

（1）粉末材料　成型粉末部分由填料、添加剂等组成。相对其他条件而言，粉末的粒径非常重要。径小的颗粒可以提供相互间较强的范德瓦尔兹力㊀，但滚能动性差，并且在打印过程中易扬尘，导致打印头堵塞；大的颗粒滚动性好，但是会影响制件的打印精度。粉末的粒径根据所使用的打印机类型及操作条件的不同可从 1～100μm；其次需要选择能快速成型且成型性较好的材料，可选择石英砂、陶瓷粉末、石膏粉末、聚合物粉末（如聚甲基丙烯酸甲酯、聚甲醛、聚苯乙烯、聚乙烯、石蜡等）、金属氧化物粉末、（如氧化铝等）和淀

㊀ 范德瓦尔斯方程（又译范德华方程），简称范氏方程，范氏方程是对理想气体状态方程的一种改进，特点在于将被理想气体模型所忽略的气体分子自身大小和分子之间的相互作用力考虑进来，以便更好地描述气体的宏观物理性质。

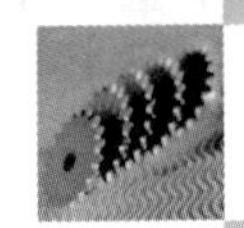

粉等作为材料的主体，选择与之配合的黏结剂即可达到快速成型的目的。

成型材料除了填料和黏结剂两个主体部分，还需要加入粉末助剂调节其性能。可加入一些固体润滑剂增加粉末滚动性，如氧化铝粉末、可溶性淀粉、滑石粉等，有利于铺粉层均匀；加入二氧化硅等密度大且粒径小的颗粒增加粉末密度，减小孔隙率，防止打印过程中黏结剂过分渗透；加入卵磷脂减少打印过程中小颗粒的飞扬以及保持打印形状的稳定性等。另外，为防止粉末由于粒径过小而团聚，需采用相应方法对粉末进行分散。

（2）黏结材料　液体黏结剂包括本身不起黏结作用的液体、本身与粉末反应的液体及本身就有部分黏结作用的液体。

本身不起黏结作用的黏结剂为粉末相互结合提供黏结介质。其本身在制件制作完成后挥发，适用于本身就可以通过自反应硬化的粉末，此液体有氯仿、乙醇等。

对于本身参与粉末成型的黏结剂，如果粉末与液体黏结剂的酸碱性不同，可以通过液体黏结剂与粉末的反应达到凝固成型的目的。目前，最常用的是以水为主要成分的水基黏结剂，适用于可以利用水中氢键作用相互连接的石膏、水泥等粉末，黏结剂为粉末相互结合提供介质和氢键作用力，成型之后挥发。或者是相互之间能反应的，如以氧化铝为主要成分的粉末，通过酸性黏结剂的喷射反应固化。对于金属粉末，常常是在黏结剂中加入一些金属盐来诱发其反应。

对于本身不与粉末反应的黏结剂，还可通过加入一些起黏结作用的物质实现，通过液体挥发，剩下起黏结作用的关键部分。其中可添加的黏结作用的物质如丁醛树脂、聚氯乙烯、聚碳硅烷、聚乙烯吡咯烷酮以及一些其他高分子树脂等。

4. 三维印刷成型后处理

印刷完成的制件还需要适宜的后处理工序，以增加制件的强度、硬度等，防止掉粉，防止因长期放置而吸水导致强度降低等，以延长制件使用寿命。

后处理过程主要包括静置、强制固化、去粉、包覆等。打印过程结束后，需要将打印的制件静置一段时间，使得成型粉末和黏结剂之间通过交联反应、分子间作用力等作用完全固化，尤其是对于以石膏或水泥为主要成分的粉末，成型的首要条件是粉末与水之间作用硬化，之后才是黏结剂部分的加强作用。当制件具有初步硬度时，可根据不同类别用外加措施进一步强化作用力，例如通过加热、真空干燥、紫外光照射等方式。此工序完成之后所制备的制件具有较高硬度，需要将表面其他粉末除去，用刷子将周围大部分粉末扫去，剩余较少粉末可通过机械振动、不同方向吹风等除去。将制件浸入特制溶剂中，也可去除多余粉末。

对于去除粉末完毕的制件，特别是石膏基、陶瓷基等易于吸水材料制成的制件，还需要考虑其长久保存问题，常见的方法是在模具外面刷一层防水固化胶，或以固化胶固定器连接关键部位，防止因吸水而减弱强度。或者将制件浸入能起保护作用的聚合物中，比如环氧树脂、氰基丙烯酸酯、熔融石蜡等，最后的制件可兼具防水、坚固、美观、不易变形等特点。

5. 三维印刷成型工艺特点

（1）成本低，体积小　3DP成型不需要复杂的激光系统，整体造价大大降低，喷射结构高度集成化，整个设备系统简单，结构紧凑，可以将以往只能在工厂进行的成型制造搬到普通的办公室完成。

（2）材料类型选择广泛　3DP成型材料可以是热塑性材料、光敏材料，也可以是一般具备特殊性能的无机粉末，如陶瓷、金属、淀粉、石膏及其他复合材料，还可以是成型复杂的梯度材料。

(3) 打印过程无污染　打印过程中不会产生大量的热量，也不会产生挥发性有机化合物（VOC)，无毒无污染，是环境友好型技术。

(4) 成型速度快　打印头一般具有多个喷嘴，成型速度比采用单个激光头驻点扫描快得多。单个打印喷头的移动速度十分迅速，并且成型之后的干燥硬化速度很快。

(5) 运行维护费用低、可靠性高　打印喷头和设备维护简单，只需要简单地定期清理，每次使用的成型材料少，剩余材料可以继续重复使用，可靠性高，运行费用和维护费用低。

(6) 高度柔性　这种成型方式不受所打印制件的形状和结构的任何约束，理论上可打印任何形状的模型，可用于复杂模型的直接制造。

三维印刷成型也存在制件强度和精度不够高等不足之处。由于采用分层打印黏结成型，制件强度较其他快速成型方式稍低。因此，一般需要加入一些后处理程序（如干燥、涂胶等）以增强最终强度，延长所成型制件的使用寿命。三维印刷成型虽然具备一定的成型精度，但是比起其他的快速成型技术，制件的精度还有待提高，制件的表面精度受粉末成型材料特性和成型设备的约束比较明显。

6. 三维印刷成型工艺应用

(1) 原型制造　在产品设计出来之后，通过3D打印出来模型，能够让设计者更好的改良产品，打造出更出色的产品。

(2) 模具制造　用三维印刷成型技术可以制造形状复杂高精度的模型。

(3) 医疗领域　人体的骨骼和内部器官具有极其复杂的内部组织结构。要真实地复制人体内部的器官构造，反映病变特征，快速成型几乎是唯一的方法。利用三维印刷成型技术，以医学影像数据为基础，利用快速成型技术制作人体器官模型有极大的应用价值。

复　习　题

1. 判断题

(1) SLS 周期长是因为有预热段和后冷却时间。（　）

(2) SLA 过程有后固化工艺，后固化时间比一次固化时间短。（　）

(3) SLS 工作室的气氛一般为氧气气氛。（　）

(4) SLS 在预热时，要将材料加热到熔点以下。（　）

(5) LOM 胶涂布到纸上时，涂布厚度厚一点效果会更好。（　）

(6) FDM 中要将材料加热到其熔点以上，加热的设备主要是喷头。（　）

(7) FDM 一般不需要支撑结构。（　）

(8) LOM 生产相同的产品速度比 SLA 速度要快。（　）

(9) RP 技术比传统的切削法好，主要原因是速度快。（　）

(10) LOM 激光只起到加热的作用。（　）

2. 选择题

(1) 薄片分层叠加成型工艺常用激光器为（　　）。

A. 氦－镉激光器　B. 氩激光器　C. Nd：YAG 激光器　D. CO_2激光器

(2) 以下成型工艺不需要激光系统的是（　　）。

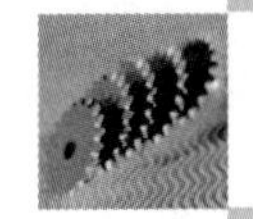

A. SLA　　B. LOM　　C. SLS　　D. FDM

(3) 光固化成型工艺树脂发生收缩的原因主要是（　　）。

A. 树脂固化收缩　　B. 热胀冷缩

C. 范德华力导致的收缩　　D. 树脂固化收缩和热胀冷缩

(4) 就制备工件尺寸相比较，以下成型工艺制备尺寸最大的是（　　）。

A. SLA　　B. LOM　　C. SLS　　D. FDM

3. 填空题

(1) 快速成型技术建立的理论基础有______、______、______和______。

(2) 快速成型的全过程包括3个阶段：______、______和______。

(3) 用于FDM的支撑类型为______和______。

4. 简答题

(1) 什么是快速成型技术？有哪些成熟工艺？

(2) 快速成型技术的特点有哪些？

(3) 光固化成型的原理和特点是什么？

(4) 薄片分层叠加成型的原理是什么？

(5) LOM工艺特点有哪些？

(6) SLS工艺的基本原理是什么？

第 6 章 激光加工技术

学习目标

❖了解激光加工技术及其发展趋势。

❖掌握激光加工特点。

❖理解激光加工技术的应用及工艺过程。

❖激光是 20 世纪以来，继原子能、计算机、半导体之后，人类的又一项重大发明，被称为“最快的刀”“最准的尺”“最亮的光”“奇异的激光”。它的亮度约为太阳光的 100 亿倍。

激光的原理早在 1916 年已被著名的美国物理学家爱因斯坦发现，但直到 1960 年激光才首次被成功制造，如图 6-1 所示。激光是在有理论准备和生产实践迫切需要的背景下应运而生的，一经问世，就获得了飞快发展，激光的发展不仅使古老的光学科学和光学技术获得了新生，而且推动整个一门新兴产业的出现。

图 6-1 激光现象

激光加工是利用光的能量经过透镜聚焦后在焦点上达到很高的能量密度，靠光热效应来加工的。激光加工不需要工具，加工速度快，表面变形小，可加工各种材料。用激光束可对材料进行各种加工，如打孔、切割、划片、焊接、热处理等。某些具有亚稳态能级的物质，在外来光子的激发下会吸收光能，使处于高能级原子的数目大于低能级原子的数目——粒子数反转，若有一束光照射，则光子的能量等于这两个能级相对应的差，这时就会产生受激辐射，输出大量的光能。

6.1 激光加工技术基础

从全球激光产品的应用领域来看，材料加工行业仍是其主要的应用市场，占比为 35.2%；通信行业排名第二，所占比重为 30.6%；数据存储行业占据第三位，所占比重为 12.6%。

与传统加工技术相比，激光加工技术具有材料浪费少，在规模化生产中成本效应明显、对加工对象具有很强的适应性等优势特点。在欧洲，对高档汽车车壳与底座、飞机机翼以及航天器机身等特种材料的焊接，基本采用的是激光技术。

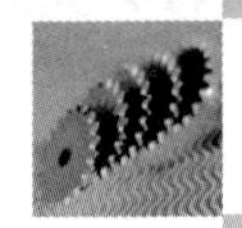

1）激光功率密度大，工件吸收激光后温度迅速升高而熔化或汽化，即使熔点高、硬度大和质脆的材料（如陶瓷、金刚石等）也可用激光加工。

2）激光头与工件不接触，不存在加工工具磨损问题。

3）工件不受应力，不易污染。

4）可以对运动的工件或密封在玻璃壳内的材料进行加工。

5）激光束的发散角可小于 1mrad，光斑直径可小到微米量级，作用时间可以短到 ns 和 ps，同时，大功率激光器的连续输出功率又可达千瓦至十千瓦量级，因而激光既适于精密微细加工，又适于大型材料加工。

6）激光束容易控制，易于与精密机械、精密测量技术和电子计算机相结合，实现加工的高度自动化和达到很高的加工精度。

7）在恶劣环境或其他人难以接近的地方，可用机器人进行激光加工。

6.1.1 激光加工技术原理

1. 激光的产生

激光的英文简称 LASER，是取自英文 Light by Stimulated Emission of Radiation 的各单词头一个字母组成的缩写词，意思是“通过受激光发射光放大”。激光的英文名称已经表达出了制造激光的主要过程。

原子是由原子核和核外电子构成的。原子核很小，但质量很重，核外电子围绕在原子核周围，电子分布在原子核外不同的电子轨道上。不同电子轨道上的电子具有不同的能量，从而形成所谓的能级。当原子的内能增加时（例如用光照射原子，外界传给原子一定的能量），外层电子的轨道半径将扩大，被激发到能量更高的能级。因此，电子可以在不同能级之间发生跃迁，这样就会伴随光的吸收或发射。电子跃迁有 3 种方式。

1）自发辐射：电子自发地透过释放光子从高能级跃迁到较低能级；

2）受激吸收：电子通过吸收光子从低能级跃迁到高能级；

3）受激辐射：光子射入物质诱发电子从高能级跃迁到低能级，并释放光子。

激光就是通过受激辐射而产生的。

2. 激光加工原理

激光被广泛应用是因为它具有的单色波长、同调性和平行光束 3 大特性。科学家在电管中以光或电流的能量来撞击某些晶体或原子等易受激发的物质，使其原子的电子达到受激发的高能量状态。当这些电子要恢复到平静的低能量状态时，原子就会射出光子，以放出多余的能量。这些被放出的光子又会撞击其他原子，激发更多的原子产生光子，引发一连串的连锁反应，并且都朝同一个方向前进，进而形成集中的朝某一方向的强烈光束。由此可见，激光几乎是一种单色光波，频率范围窄，又可在一个狭小的方向内集中高能量，所以利用聚焦后的激光束可以穿透各种材料。以红宝石激光器为例，它输出脉冲的总能量不够煮熟一个鸡蛋，但却能在 3mm 的钢板上钻出一个小孔。激光拥有上述特性，并不是因为它有别于不同的光源，而是它的功率密度十分高，这就是激光被广泛应用的主要原因。

激光加工利用高功率密度的激光束照射工件，使材料熔化、汽化而进行穿孔、切割和焊接等特种加工。早期的激光加工由于功率较小，大多用于打小孔和微型焊接。到 20 世纪 70 年代，随着大功率二氧化碳激光器和高重复频率钇铝石榴石激光器的出现，以及对激光加工机理和工艺的深入研究，激光加工技术有了很大进展，使用范围随之扩大。数千瓦的激光加工机已用于各种材料的高速切割、深熔焊接和材料热处理等方面。各种专用的激光加工设备竞相出现，并与光电跟踪、计算机数字控制、工业机器人等技术相结合，大大提高了激光加工机的自动化水平和使用功能。

6.1.2 激光加工的特点

激光加工属于无接触加工，并且高能量激光束的能量及其移动速度均可调，因此可以实现多种加工的目的。它可以对多种金属、非金属加工，特别是可以加工高硬度、高脆性及高熔点的材料。激光加工柔性大，主要用于切割、表面处理、焊接、打标和打孔等。激光表面处理包括激光相变硬化、激光熔敷、激光表面合金化和激光表面熔凝等。

激光加工技术主要有以下独特的优点。

1）使用激光加工，生产率高，质量可靠，经济效益。

2）可以通过透明介质对密闭容器内的工件进行各种加工；在恶劣环境或其他人难以接近的地方，可用机器人进行激光加工。

3）激光加工过程中无“刀具”磨损，无“切削力”作用于工件。

4）可以对多种金属、非金属进行加工，特别是可以加工高硬度、高脆性及高熔点的材料。

5）激光束易于导向、聚焦实现作各方向变换，极易与数控系统配合，对复杂工件进行加工，因此，它是一种极为灵活的加工方法。

6）无接触加工，对工件无直接冲击，因此无机械变形，并且高能量激光束的能量及其移动速度均可调，因此可以实现多种加工的目的。

7）激光加工过程中，激光束能量密度高，加工速度快，并且是局部加工，对非激光照射部位没有或影响极小，因此，其热影响区小，工件热变形小，后续加工量小。

激光加工技术已在众多领域得到广泛应用，随着激光加工技术、设备、工艺研究的不断深进，将具有更广阔的应用远景。由于加工过程中输入工件的热量小，所以热影响区和热变形小；加工效率高，易于实现自动化。

6.1.3 激光加工常用的激光器

常用的激光器按激活介质种类可分为固体激光器和气体激光器。按激光器的输出方式可分为连续激光器和脉冲激光器。表6-1为激光加工常用激光器的主要性能特点。

表6-1 激光加工常用激光器的主要性能特点

<table>
<tr><th>种类</th><th>工作物质</th><th>激光波长/μm</th><th>输出方式</th><th>输出能量或功率</th><th>主要用途</th></tr>
<tr><td rowspan="4">固体激光器</td><td>红宝石（Al_2O_3，Cr^{3+}）</td><td>0.69（红光）</td><td>脉冲</td><td>几焦耳至十焦耳</td><td>打孔、焊接</td></tr>
<tr><td>钕玻璃（Nd^{3+}）</td><td>1.06（外线）</td><td>脉冲</td><td>几焦耳至几十焦耳</td><td>打孔、切割、焊接</td></tr>
<tr><td rowspan="2">掺钕钇铝石榴石 YAG（Al_2O_3，$Cr^{3+}Nd^{3+}$）</td><td rowspan="2">1.06（外线）</td><td>脉冲</td><td>几焦耳至几十焦耳</td><td rowspan="2">打孔、切割、焊接、微调</td></tr>
<tr><td>连续</td><td>100～1000W</td></tr>
<tr><td rowspan="3">气体激光器</td><td rowspan="2">二氧化碳（CO_2）</td><td rowspan="2">1.06（外线）</td><td>脉冲</td><td>几焦耳</td><td rowspan="2">热处理、切割、焊接、微调</td></tr>
<tr><td>连续</td><td>几十瓦至几千瓦</td></tr>
<tr><td>氩（Ar^{+}）</td><td>0.5145（绿光）
0.4880（青光）</td><td></td><td></td><td>光盘刻录存储</td></tr>
</table>

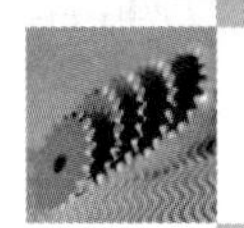

（1）固体激光器　固体激光器一般采用光激励，能量转化环节多，光的激励能量大部分转化为热能，所以效率低。为了避免固体介质过热，固体激光器通常采用脉冲工作方式，并用合适的冷却装置，较少采用连续工作方式。由于晶体缺陷和温度引起的光学不均匀性，固体激光器不宜获得单模而倾向于多模输出。

（2）气体激光器　气体激光器采用电激励，因其效率高、寿命长、连续输出功率大，广泛应用于切割、焊接、热处理等加工。常用于材料加工的气体激光器有二氧化碳激光器、氩离子激光器等。

6.2　激光加工工艺

激光自其诞生以来，已对人类产生了巨大的影响。其应用已深入到人类生活的方方面面，比如检测、监测、制造业、医学、航天等，如图6-2所示。作为一种先进的制造技术，激光加工对提高产品质量、劳动生产率和自动化程度，无污染加工，减少材料消耗等起到越来越重要的作用，对国民经济的发展也起到了很大的推动作用。

6.2.1　激光打孔

在零件上开个小孔是件很常见的事，但是，如果要求在坚硬的材料上，比如在硬质合金上打大量从0.1mm到几微米直径的小孔，用普通的机械加工方法几乎无法完成，即使能够做到，加工成本也会很高。现有的机械加工技术在材料上打微型小孔是采用每分钟数万转或几十万转的高速旋转小钻头加工的，用这个办法一般只能加工孔径大于0.25mm的小孔。在今天的工业生产中往往要求加工直径比这还小的孔，比如在电子工业生产中，多层印刷电路板的生产，就要求在板上钻成多个直径为0.1～0.3mm的小孔，如图6-3所示。显然，采用刚才说的钻头来加工，遇到的困难就比较大，加工质量不容易保证，加工成本也会很高。早在20世纪60年代后，科学家在实验室就用激光在钢质刀片上打出微孔，经过近30年的改进和发展，如今用激光在材料上打微小直径的小孔已无困难，而且加工质量好。打出的小孔孔壁规整，没有毛刺。打孔速度又很快，大约千分之一秒的时间就可以打出一个孔。

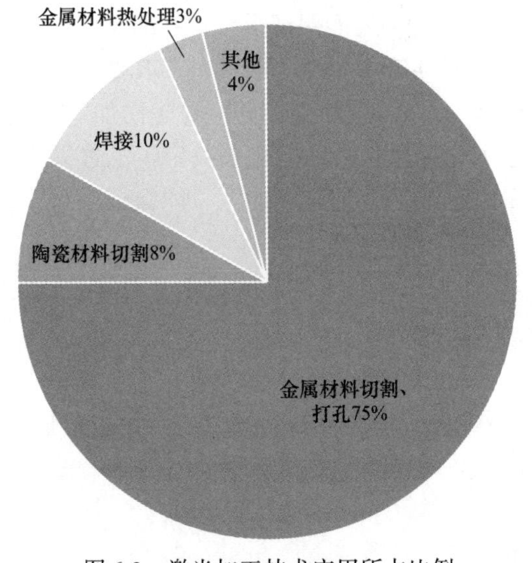

图6-2　激光加工技术应用所占比例

图6-3　多层电路板上打孔

1. 激光打孔工艺

激光束是一种在时间上和空间上高度集中的光子流束，其发散角极小，聚焦性能良好。如图6-4所示，采用光学聚焦系统，可以将激光束会聚到微米量级的极小范围内，其功率密度可高达10^8 ~ 10^{15} W/cm^2。当这种微细的高能激光束照射工件上时，可使得照射区内的温度瞬时上升到10 000℃以上，从而引起被照射区内的材料瞬时熔化并大量汽化蒸发，气压急剧上升，高速气流猛烈向外喷射，在照射点上立即形成一个小凹坑。随着激光能量的不断输入，凹坑内的汽化程度加剧，蒸气量急剧增多，气压骤然上升，对凹坑的四周产生强烈的冲击波作用，致使高压蒸气带着溶液，从凹坑底部高速向外喷射，在工件上迅速打出一个具有一定锥度的小孔来。

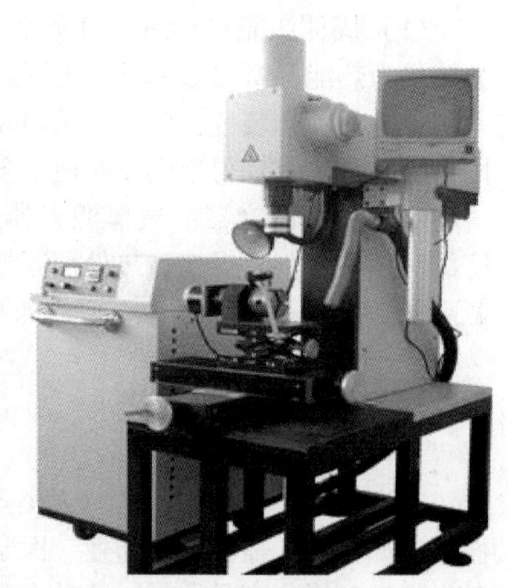

图6-4 激光打孔机

激光有很好的相干性，用光学系统可以把它聚焦成直径很微小的光点（小于1μm），这相当于用来钻孔的“微型钻头”。其次，激光的亮度很高，在聚焦的焦点上的激光能量密度会很高，普通一台激光器输出的激光，产生的能量就可以高达10^9J/cm^2，足可以让材料发生熔化并汽化，在材料上留下一个小孔，和用钻头钻出来的一样。

怎样用好激光“钻头”，激光科学工作者也做了许多研究工作。他们发现，用每秒发射许多个光脉冲（通常称为高重复率激光脉冲）做“钻头”，打出来的小孔质量比用单个光脉冲，或每秒时间内少数几个光脉冲打出来的孔好。道理大概是这样：在用每秒一个光脉冲或少数几个脉冲打孔时，对每个光脉冲的激光能量要求比较高，材料才能被加热至熔化而打出孔。但是，融熔了的材料没有办法充分汽化，却把在它附近的材料加热和使它们汽化，结果，被打出来的小孔在形状上就不规整。如果使用的是高重复率激光器输出的光脉冲，这时每个光脉冲平均的能量并不很高，但功率却不低。于是每个激光脉冲在材料上形成的融熔体不多，主要是发生汽化，打出的小孔形状就规整得多了。

用激光在材料上钻孔，特别是在打大量同样的小孔时，还能保证多个小孔的尺寸形状统一，而且钻孔速度快，生产率高。所以，除在电子工业生产中用激光打孔外，其他许多工业生产部门都在采用，比如喷雾器罐和瓶子颈部都有一个用来控制压缩物质（比如除臭剂、油料或者其他液体）的流量，阀门使用的性能就由喷雾器上这只小孔来决定了。这只小孔的直径为10 ~ 40μm，用其他机械加工方法不那么好加工，用激光来加工，能保证质量，每小时还可以打40 000个小孔。

2. 激光打孔特点

激光打孔与传统打孔工艺相比，具有以下优点。

1）激光打孔速度快、效率高。

2）激光打孔可获得较大的深径比。

3）激光打孔可在硬、脆、软等各种材料上孔。

4）激光打孔工具无损耗。

5）激光打孔适合于数量多、高密度的群孔加工。

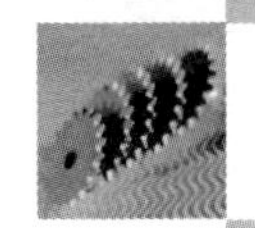

6）用激光可在难加工材料倾斜面上加工小孔。

6.2.2 激光切割

激光切割原理与激光打孔原理基本相同，不同之处在于激光切割时激光束与工件间需要相对移动，最终使材料形成很窄的切缝。激光源一般用二氧化碳激光束，工作功率为500～2500W。该功率的水平比许多家用电暖气所需要的功率还低，但是，通过透镜和反射镜，激光束聚集在很小的区域。能量的高度集中能够进行迅速局部加热，使不锈钢蒸发。此外，由于能量非常集中，所以造成的变形很小或没有变形。利用激光可以非常准确地切割复杂形状的坯料，所切割的坯料不必再做进一步的处理。

1. 激光切割分类

（1）汽化切割　工件在激光作用下被快速加热至沸点，部分材料化为蒸汽逸去，部分材料为喷出物，从切割缝底部吹走。这种切割是无融化材料的切割方式。

（2）熔化切割　激光将工件加热至熔化状态，与光束同轴的氩、氦、氮等辅助气流将熔化材料从切缝中吹掉。

（3）氧助熔化切割　金属被激光迅速加热至燃点以上，与氧发生剧烈的氧化反应（即燃烧），放出大量的热，又加热下一层金属，金属被继续氧化，并借助气体压力将氧化物从切缝中吹掉。

熔化切割一般使用惰性气体，如果代之以氧气或其他活性气体，材料在激光束的照射下被点燃，与氧气发生激烈的化学反应而产生另一热源，称为氧助熔化切割。具体描述如下。

1）材料表面在激光束的照射下很快被加热到燃点温度，随之与氧气发生激烈的燃烧反应，放出大量热量。在此热量的作用下，材料内部形成充满蒸汽的小孔，而小孔的周围为熔融的金属壁所包围。

2）燃烧物质转移成熔渣控制氧和金属的燃烧速度，同时氧气扩散，通过熔渣到达点火前沿的快慢也对燃烧速度有很大的影响。氧气流速越高，燃烧反应和去除熔渣的速度也越快。当然，氧气流速不是越高越好，因为流速过快会导致切缝出口处反应产物即金属氧化物的快速冷却，这对切割质量也是不利的。

3）氧助熔化切割过程存在着两个热源，即激光照射能和氧与金属化学反应产生的热能。据估计，切割钢时，氧化反应放出的热量要占到切割所需全部能量的60%左右。很明显，与惰性气体比较，使用氧作为辅助气体可获得较高的切割速度。

4）在拥有两个热源的氧助熔化切割过程中，如果氧的燃烧速度高于激光束的移动速度，割缝显得宽而粗糙。如果激光束移动的速度比氧的燃烧速度快，则所得切缝狭而光滑。

2. 激光切割技术的应用与特点

激光切割时，喷射惰性气体流，吹除切口熔化金属，可使切口光洁平直；喷射氧气流可提高切割速度。激光切割的切口细窄，尺寸精确，表面光洁，质量优于任何其他热切割方法。几乎所有的金属材料都可以用激光切割，包括厚度从几微米的箔片至几十毫米的板材。

激光切割设备投资很高，主要用于12mm以下各种厚度的不锈钢、钛和钛合金、难熔金属和贵重金属的精密切割，也可用于塑料、木材、布匹、石墨和陶瓷等非金属材料的切割，如木材加工业已用激光切割胶合板和刨花板，服装行业用以大量裁剪衣料。另外，激光切割还适合于某些特殊用途，如宝石轴承打孔、外科医生用激光作为手术刀等。

激光切割设备可切割4mm以下的不锈钢，在激光束中加氧气可切割8～10mm厚的不锈钢，但加氧切割后会在切割面形成薄薄的氧化膜。激光切割的最大厚度可增加到16mm，但切割部件的尺寸误差较大。

激光切割技术比其他方法的明显优点有以下几点。

1）切割质量好。切口宽度窄、切口表面质量好，切缝一般不需要再加工即可焊接。

2）切割速度快。例如，采用2kW激光功率，8mm厚的碳钢切割速度为1.6m/min；2mm厚的不锈钢切割速度为3.5m/min，热影响区小，变形极小。

3）清洁、安全、无污染，大大改善了操作人员的工作环境。

激光切割技术在工业生产中得到了越来越多的应用，国外正研究开发更高切割速度和更厚钢板的切割技术与装置。为了满足工业生产对质量和生产率越来越高的要求，必须重视解决各种关键技术及执行质量标准，以使这一新技术在中国获得更广泛的应用。

6.2.3 激光焊接

20世纪80年代中期，激光焊接作为新技术在欧洲、美国和日本得到了广泛的关注。1985年德国蒂森钢铁公司与德国大众汽车公司合作，在Audi100车身上成功采用了全球第一块激光拼焊板。20世纪90年代，欧洲、北美和日本各大汽车生产厂开始在车身制造中大规模使用激光拼焊板技术。目前，无论实验室还是汽车制造厂的实践经验，均证明了拼焊板可以成功地应用于汽车车身的制造中。

激光焊接是采用激光能源，将若干不同材质、不同厚度、不同涂层的钢材、不锈钢材和铝合金材等进行自动拼合和焊接而形成一块整体板材、型材和夹芯板等，以满足零部件对材料性能的不同要求，以求用最轻的重量、最优结构和最佳性能实现装备轻量化。在欧美等发达国家，激光焊接不仅在交通运输装备制造业中被使用，还在建筑业、桥梁、家电板材焊接生产、轧钢线钢板焊接（连续轧制中的钢板连接）等领域中被大量使用。

激光焊接采用偏光镜反射激光产生的光束，并使其集中在聚焦装置中产生巨大能量的光束，如果焦点靠近工件，工件就会在几毫秒内熔化和蒸发，这一效应可用于焊接工艺。高功率CO_2及高功率YAG激光器的出现，开辟了激光焊接的新领域。

1. 激光焊接的特点

激光焊接有许多优点，突出的在于高熔点金属或两种不同金属的焊接，其焊接光斑小，热形变小，还可对透明外壳内的部件进行焊接，适于实现自动化。具体如下。

1）可将入热量降到最低的需要量，热影响区金相变化范围小，且因热传导所导致的变形也最少。

2）不需要使用电极，没有电极污染或受损的顾虑，并且因不属于接触式焊接过程，机具的耗损及变形也可降至最低。

3）激光束可聚焦在很小的区域，可焊接小型且间隔相近的部件。

4）易于以自动化进行高速焊接，也可以数位或电脑控制。

激光焊接的不足之处在于：

1）焊件位置需非常精确，务必在激光束的聚焦范围内。

2）能量转换效率太低，通常低于10%。

3）焊道快速凝固，可能有气孔及脆化的现象。

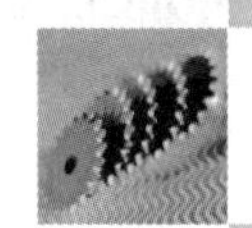

4）设备昂贵。

2. 激光焊接的应用

（1）制造业应用　激光拼焊（Tailored Bland Laser Welding）技术在国外轿车制造中得到广泛的应用。据统计，2000 年全球范围内剪裁坯板激光拼焊生产线超过 100 条，年产轿车构件拼焊坯板 7000 万件，并继续以较高速度增长。日本还在世界上首次成功开发了将 YAG 激光焊用于核反应堆中蒸气发生器细管的维修等技术。

（2）粉末冶金领域　随着科学技术的不断发展，许多工业技术上对材料的特殊要求，应用冶铸方法制造已不能满足需要。由于粉末冶金材料具有特殊的性能和制造优点，在某些领域如汽车、飞机、工具、刀具制造业中正在取代传统的冶铸材料。随着粉末冶金材料的日益发展，它与其他零件的连接问题显得日益突出，使粉末冶金材料的应用受到了限制。在 20 世纪 80 年代初期，激光焊接以其独特的优点进入粉末冶金材料加工领域，为粉末冶金材料的应用开辟了新的前景，例如采用钎焊的方法焊接金刚石，结合强度低，热影响区宽，特别是不能适应高温及强度要求高而引起钎料熔化脱落，而采用激光焊接则可以提高焊接强度以及耐高温性能。

（3）汽车工业　20 世纪 80 年代后期，千瓦级激光成功应用于工业生产，而今激光焊接生产线已大规模出现在汽车制造业，成为汽车制造业突出的成就之一。德国奥迪、奔驰、大众等汽车制造厂早在 20 世纪 80 年代就率先采用激光焊接车顶、车身和侧框等。20 世纪 90 年代，美国通用、福特和克莱斯勒公司竞相将激光焊接引入汽车制造，尽管其起步较晚，但发展很快。日本的日产、本田和丰田汽车公司在制造车身覆盖件中都使用了激光焊接和切割工艺。

高强钢激光焊接装配件因其性能优良，在汽车车身制造中使用得越来越多。根据美国金属市场统计，至 2002 年底，激光焊接钢结构的消耗将达到 70 000t，比 1998 年增加 3 倍。根据汽车工业批量大、自动化程度高的特点，激光焊接设备向大功率、多路式方向发展。在工艺方面，美国 Sandia 国家实验室与 PrattWitney 联合进行在激光焊接过程中添加粉末金属和金属丝的研究。德国不来梅应用光束技术大学在激光焊接铝合金车身骨架方面进行了大量的研究，认为在焊缝中添加填充余属有助于消除热裂纹，提高焊接速度，解决公差问题，开发的生产线已在奔驰公司的工厂投入生产。

（4）电子工业　激光焊接在电子工业中，特别是微电子工业中得到了广泛的应用。由于激光焊接热影响区小，加热集中迅速，热应力低，因而正在集成电路和半导体器件壳体的封装中，显示出其独特的优越性。在真空器件研制中，激光焊接也得到了应用，例如，传感器或温控器中的弹性薄壁波纹片其厚度在 0.05～0.1mm，采用传统焊接方法难以完成加工，采用 TIG 焊容易焊穿，等离子稳定性差，而采用激光焊接效果很好，得到广泛的应用。

6.2.4　激光表面热处理

激光加工技术是近几十年来迅速发展起来的一门高新技术，它是以高密度能源为中心，快速、局部地对机械零部件进行特种加工与处理，能够完成普通机械加工无法解决的一系列问题，尤其在零部件的表面处理方面成效更为显著。激光表面处理是使用激光束进行加热，使工件表面迅速熔化一定深度的薄层，同时采用真空蒸镀、电镀和离子注入等方法把合金元素涂覆于工件表面，在激光照射下使其与基体金属充分融合，冷凝后在零件表面获得厚度为

10~1000μm 具有特殊性能的合金层，冷却速度相当于激冷淬火。

激光表面优化处理技术是利用高能激光对金属、合金、陶瓷和复合材料或零部件进行表面优化处理，从而提高材料和零部件的抗磨损、抗疲劳、耐腐蚀、防氧化等性能，延长其使用寿命，是近二十年来发展起来的一种新兴的材料表面处理技术。

1. 激光表面处理工艺

激光表面处理工艺主要有激光相变硬化、激光熔凝及激光表面冲击 3 种类型。

（1）激光相变硬化　激光相变硬化也称激光淬火处理。在高能激光束的作用下，一定深度的表层和基体形成很高的温度梯度，当激光离开后，由于基体材料的快速传热作用而使表层急冷，形成高硬度的马氏体组织。该技术对材料整体热影响很小，零件变形极小，可作为最后处理工序，而无须后续加工。

激光相变硬化的应用对象可为铸铁、碳钢、合金钢及固熔强化的铝合金、钛合金等。处理后，不仅使材料或零件保持整体韧性和抗冲击性，还可得到高硬度、高耐磨的表层。激光相变硬化技术在目前各类激光表面优化处理中技术最成熟、应用最广泛，如发动机缸体、缸套、曲轴、凸轮轴、挺杆和缸盖等汽车上的许多零部件，如连接件、齿环、花键套等机床电磁离合器零件；冲模、铆压模具、各类轴承和齿轮、导轨、块规、刀具、量具；石油抽油泵泵筒；轧钢用冷、热轧辊；各类主轴、丝杠，机用、手用钢锯条等都可利用激光相变硬化技术提高使用寿命，效果显著。

（2）激光熔凝　激光熔凝处理是利用高能量密度的激光束扫描金属材料表层使其快速熔化，从而造成熔化表层和基体之间很大的温度梯度，待激光扫过后，熔化表层快速冷却而凝固，形成极细的亚稳相和过饱和相以至非晶相组织。这样既可减少金属表层的微孔和裂纹，提高其耐蚀性，又可提高表层的硬度和强度，特别对铸造零件和焊缝的改性非常有效。例如，汽车发动机的铸铁凸轮轴和摩擦飞轮等经激光熔凝处理后，耐磨性和耐蚀性都有明显提高。

激光熔凝处理工艺简单、成熟、易于控制，被加工件的热影响区小，因而变形较小，但由于被加工件表面发生微熔，故平整表面的粗糙度值会有所增大，需增加精磨等后续加工工序。

（3）激光表面冲击　热处理是个很宽泛的概念，激光冲击可以说是热处理的一种形式。激光表面冲击是利用大功率短脉冲激光在极短时间内发出的冲击波对材料进行照射，将材料表面加热到汽化温度，突然汽化导致极高的压应力，使材料表面发生塑性形变，形成密集的错位、空位和空位团，从而改变材料表面的组织和力学性能。这是激光热处理的一种形式。

2. 激光表面处理特点

1）通过选择激光波长调节激光功率等手段，能灵活地对复杂形状工件或工件局部部位实施非接触性急热、急冷。该技术易控制处理范围，热影响区小，工件产生的残余应力及变形很小。

2）可在大气、真空及各种气氛中处理，制约条件少，并且不造成化学污染。

3）激光束能量集中，密度大，速度快，效率高，成本低。

4）激光表面处理尤其适用于大批量处理生产线，其成本比传统的表面热处理低。

3. 激光表面处理应用领域

随着激光技术的进一步发展和市场的不断扩大，激光表面处理技术将在所有制造领域内

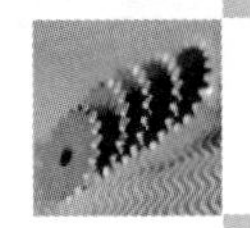

取代传统的机械制造，在国民经济和工业发展中起着日益重要的作用，并正显示出越来越广泛的工业应用前景。

激光热处理技术是近二十年来发展起来的一种新型材料表面处理技术，近些年来，大功率激光器和辅助设备的制造技术日益提高，各种表面处理技术日益成熟，使得激光热处理技术的工业应用和深入研究异常活跃。

1）激光热处理技术可以解决其他表面处理方法无法解决或不好解决的材料强化问题。经过激光处理后，铸层表层硬度可达60HRC以上，中碳钢、高碳钢和合金钢的表层硬度可达70HRC以上，从而提高其耐磨损、耐疲劳、耐腐蚀、防氧化等性能，延长其使用寿命。

2）激光在熔覆涂层方面的应用。激光熔覆又称激光包覆，是一种新的表面改性技术。它通过在基材表面添加熔覆材料，并利用高能密度的激光束使之与基材表面薄层一起熔凝，在基材表面形成与合金结合的填料熔覆层。

由于激光熔覆可将高熔点的材料熔覆在低熔点的基材表面，而且材料的成分不受通常的合金热力学条件的限制，因此，所采用的熔覆材料的范围是相当广泛的，包括镍基、钴基、铁基合金、碳化物复合合金材料以及陶瓷材料等，其中合金材料和碳化物复合材料的激光熔覆较为成熟，并已获得实际应用。又由于激光束的高能密度所产生的近似绝热的快速加热过程，使激光熔覆对基材的热影响较小，引起的变形也较小。控制激光的输入能量，还可以将基材的稀释作用限制在极低的程度（一般为2%～8%），从而又保持了原熔覆材料的优异性能，因此该技术以提高材料表面的耐磨、耐蚀等性能为目的，主要用于大型贵重零件磨损后的修复及增强制造的零件性能。

6.2.5 激光雕刻

激光雕刻加工是以数控技术为基础，激光为加工媒介，使加工材料在激光照射下瞬间的熔化和气化的物理变性，达到加工的目的。激光雕刻加工的特点是与材料表面没有接触，不受机械运动影响，表面不会变形，一般无须固定，并且不受材料的弹性、柔韧影响，方便对软质材料进行加工。同时，激光雕刻加工的加工精度高，速度快，应用领域广泛。

激光雕刻常见方式有：激光雕刻、激光打标、玻璃（水晶）内雕等。

激光雕刻常见材质有以下几种。

1）非金属材料加工（CO_2激光）：有机玻璃、木材、布料、塑料、印刷用胶皮版、双色板、玻璃、合成水晶、纸板、密度板、大理石等。

2）金属材料加工（YAG激光）：常见金属材料。

1. 激光雕刻工艺过程

使用激光雕刻过程非常简单，如同使用计算机和打印机在纸张上打印一样。不同之处在于，打印机是将墨粉涂到纸张上，而激光雕刻是将激光射到木制品、塑料板、金属板、石材等几乎所有的材料之上。

点阵雕刻酷似高清晰度的点阵打印。激光头左右摆动，每次雕刻出一条由一系列点组成的一条线，然后激光头同时上下移动雕刻出多条线，最后构成整版的图像或文字。扫描的图形、文字及矢量化图文都可使用点阵雕刻。

雕刻速度指的是激光头移动的速度，通常用IPS（英寸/秒）表示，高速度带来高生产率。速度也用于控制切割的深度，对于特定的激光强度，速度越慢，切割或雕刻的深度就越大。用户可利用雕刻机面板调节速度，也可利用计算机的打印驱动程序进行调节。在1%～100%的范围内，调整幅度是1%。

雕刻强度指射到于材料表面激光的强度。对于特定的雕刻速度，强度越大，切割或雕刻的深度就越大。用户可利用雕刻机面板调节强度。强度越大，相当于速度也越大，切割的深度也越深。

2. 激光雕刻特点

1）范围广泛。二氧化碳激光几乎可对任何非金属材料进行雕刻，并且价格低廉。

2）安全可靠。采用非接触式加工，不会对材料造成机械挤压或机械应力。没有“刀痕”，不伤害加工件的表面，不会使材料变形。

3）精确细致。加工精度可达到0.02mm。

4）高速快捷。可立即根据计算机输出的图样进行高速雕刻。

5）成本低廉。不受加工数量的限制，对于小批量加工服务，激光雕刻更加便宜。

复　习　题

1. 选择题

(1) 目前国际上最先进、最流行的玻璃内雕刻加工技术是采用（　　）的加工。

A. 等离子束　　B. 电火花　　C. 电子束　　D. 激光

(2) 采用激光技术加工下列材料时，效率最低的是（　　）。

A. 金刚石　　B. 铝合金　　C. 有机玻璃　　D. 陶瓷

2. 判断题

激光加工是利用激光器发射出来的具有高方向性和亮度的激光束进行加工。（　　）

3. 简答题

(1) 激光切割加工的分类情况如何？

(2) 激光焊接加工的优点有哪些？

(3) 激光表面处理的应用领域有哪些？

第 7 章　等离子体加工技术

学习目标

❖了解等离子体的产生及等离子体加工技术的发展趋势。
❖掌握等离子体加工的特点及分类。
❖理解等离子体加工技术的应用领域及工艺过程。

等离子体加工又称等离子弧加工（Plasma Arc Machining，PAM），是利用电弧放电产生的等离子体高速火焰流，使工件材料熔化、蒸发、汽化，并带离基体，使工件材料改性或涂覆、焊接、切割等的加工方法。

7.1　等离子弧及其发生器

7.1.1　等离子弧的产生

一般电弧焊所产生的电弧，因不受外界的约束，故也称之为自由电弧。自由电弧的温度不高，一般平均只有 6 000 ~ 8 000℃。通常，提高弧柱的温度是通过增大电弧功率的方法来实现的。对自由电弧的弧柱进行强迫“压缩”，从而使能量更加集中，弧柱中气体充分电离，这样的电弧称为等离子弧。等离子弧不同于一般的电弧，又称压缩电弧。

等离子弧是一种经过压缩而形成的能量密度大（能量密度可达 $10^5 \sim 10^6$ W/cm^2）、温度高（弧柱中心温度 18 000 ~ 24 000℃）、焰流速度大（可达 300m/s 以上）的电弧。它的产生主要靠以下 3 种压缩作用。

1. 机械压缩

利用水冷喷嘴的孔道限制弧柱直径来提高电弧的能量密度、温度和流速。

2. 热压缩

由于水冷喷嘴温度较低，从而在喷嘴内壁建立起了一层冷气膜，迫使弧柱导电断面进一步减少，电流密度进一步提高。

3. 磁压缩

弧柱电流本身产生的磁场对弧柱有压缩作用，且电流密度越大，磁收缩作用越强。

7.1.2　等离子弧发生器

如图 7-1 所示为磁稳空气载体等离子弧发生器，由线圈、阴极和阳极等组成。其中阴极材料采用高电导率的金属材料或非金属材料制成，阳极由高电导率、高导热率及耐氧化的金属材料制成，它们均采用水冷方式，以承受电弧的高温冲击。

在钨极和工件之间加上一个较高的电压并经过高频振荡器的激发，即可使气体电离形成电弧。电弧在通过特殊孔型的喷嘴时，受到了机械压缩，截面积变小。另外，当电弧通过用水冷却的特种喷嘴时，因受到外部不断送来的冷气流及导热性很好的水冷喷嘴孔道壁的冷却作用，使电弧柱外围气体受到了强烈冷却，温度降低，导电截面缩小，产生热收缩效应，电弧进一步被压缩，使得电弧电流只能从弧柱中心通过，这时的电弧电流密度急剧增加。由于电弧内带电粒子运动产生磁场的电磁力，使带电粒子之间相互吸引，也就是电磁收缩效应，结果使电弧再进一步被压缩，这样被压缩后的电弧能量将高度集中，温度也达到极高的程度（10 000 ~20 000℃），弧柱内的气体得到了高度的电离。当压缩效应的作用与电弧内部的热扩散达到平衡后，这时的电弧便变成为稳定的等离子弧。

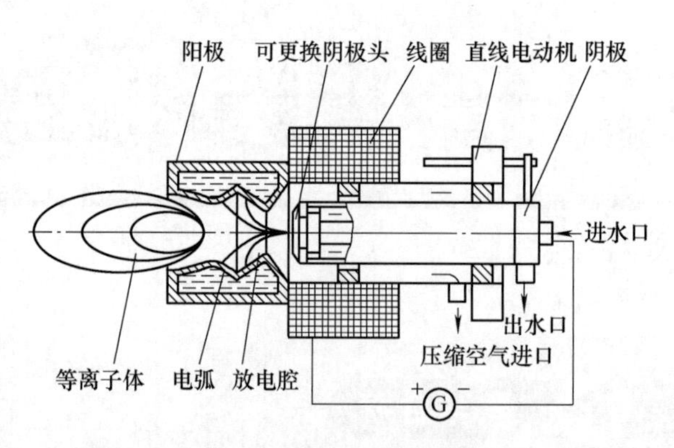

图 7-1 等离子弧发生器

1. 压缩空气系统

压缩空气是等离子电弧的介质。等离子电弧形成后，通过线圈形成的强磁场作用压缩成为压缩电弧，需要压缩空气以一定的流速吹出，阳极才能形成可利用的电弧。因此，等离子点火系统需要配备压缩空气系统，对压缩空气的要求是洁净而且压力稳定。

2. 冷却水系统

等离子电弧形成后，弧柱温度一般在5000 ~30 000℃范围内，因此等离子弧发生器的阴极和阳极必须通过水冷的方式来进行冷却，否则很快会被烧毁。为此，需要保证冷却水不低于0. 3MPa 的压力。另外，冷却水温度不能高于30℃，否则冷却效果差。为减少冷却水对阳极和阴极的腐蚀，要采用电厂的除盐化学水。

7.2 等离子弧加工的特点和种类

7.2.1 等离子弧加工的主要特点

1）能量密度大，对焊件加热集中，熔透能力强，可采用比钨极氩弧焊高得多的焊接速度进行焊接。

2）生产中使用的等离子弧，其弧柱中心温度可达 18 000 ~24 000℃，比普通焊接电弧高出很多。

3）焰流速度大，可达 300m/s 以上，被广泛应用于焊接、喷涂、堆焊以及金属和非金属的切割。

等离子弧与钨极氩弧相比具有下列特点。

1）电弧能量集中，温度高。

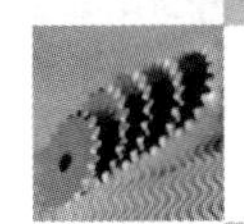

2）电弧挺直性好。钨极氩弧的扩散角约为45°，呈圆锥形，而等离子弧的扩散角仅5°左右，其弧长的变化对工件上的加热面积和电流密度影响比较小。

3）等离子弧的稳定性高。

微束等离子弧在电流小于1A以下时仍有较好的稳定性。

7.2.2 等离子弧的种类

等离子弧按电源连接方式可分为非转移型、转移型和联合型三种形式。

1. 非转移型等离子弧

非转移型等离子弧钨极接电源负端，喷嘴接电源正端，等离子弧体产生在钨极与喷嘴之间，在等离子气流压送下，弧焰从喷嘴中喷出，形成等离子焰，可切割非金属材料。

2. 转移型等离子弧

转移型等离子弧钨极接电源负端，工件接电源正端，等离子弧产生于钨极与工件之间，转移弧难以直接形成，必须先引燃非转移弧，然后才能过渡到转移弧，主要用于金属的焊接与切割。

3. 联合型等离子弧

联合型等离子弧工作时转移弧和非转移弧同时存在，主要用于微束等离子弧焊接和粉末堆焊。

7.2.3 等离子弧的应用

等离子弧的应用越来越广泛，具体形式包括以下3种。

（1）等离子弧切割　用等离子弧作为热源，借助高速热离子气体熔化和吹除熔化金属而形成切口的热切割。

（2）等离子弧焊接　借助于水冷喷嘴对电弧的拘束作用，从而获得较高能量密度的等离子弧焊接的方法。

（3）等离子弧喷涂　用等离子弧进行工件表面喷涂耐高温、耐磨损、耐腐蚀的高熔点金属或非金属涂层，还可以作为金属表面热处理的热源。

7.3 等离子弧切割

等离子弧切割是利用极细而高温的等离子弧，使局部金属迅速熔化，再用气流把熔化的金属吹走的切割方法。等离子弧切割由于切割效率高、损耗低、适用范围广等优点已广泛应用于各类工程建设、制造等行业。

等离子弧切割过程不是依靠氧化反应来切割金属的，而且靠电弧本身的热量来熔化被切割金属，并通过高速气流排除熔渣。它比氧燃气火焰切割的适用性更广，可以对各种材料进行下料，切割出不同直径的圆形工件，也可以借助仿形和数控装置结合起来进行各种曲线形零件的切割。它还具有切割速度快、切口处变形小的特点。

在工业生产中，金属热切割一般有气割、等离子弧切割和激光切割等。其中等离子弧切割与气割相比，其切割范围更广、效率更高。精细等离子弧切割技术在材料的切割表面质量方面已接近了激光切割的质量，但成本却远低于激光切割。因此，等离子弧切割自20世纪50年代中期在美国研制成功以来，得到迅速发展。随着计算机及数字控制技术的迅速发展，数控切割也得以蓬勃发展，并在改善加工精度、节约材料、提高劳动生产率等方面显示出巨大优势。这促使等离子弧切割技术从手工或半自动逐步向数控方向发展，并成为数控切割技术发展的主要方向之一。

7.3.1 起弧方式

等离子弧切割一般有两种起弧方式。

1）接触式起弧方式。如图7-2所示，把与电极针绝缘的喷嘴贴在工件（连接切割电源正端）上，然后把高频高压电流加到连接电源负端的电极针（钨针）上，使极针喷出电弧，电弧在电压、气压、磁场等作用下形成等离子弧，通过大电流维持等离子弧稳定燃烧，然后稍抬高喷嘴（避免炽热的工件损坏喷嘴），开始切割。这种起弧方式多适用于小电流小功率的切割机。

2）转移弧式（维弧式）起弧方式。如图7-3所示，把电源正端通过一定的电阻和继电器开关连接到喷嘴上，使得电极针与喷嘴间形成电弧（由于有电阻限流，电弧较小），然后把喷嘴靠近直接连接电源负端的工件上，电极针与工件间便形成能量更大的电弧，电弧被压缩后形成等离子弧，而喷嘴与电源正端的连接被断开，开始切割。转移弧式切割方式可以避免电弧在气压的作用下偏离喷嘴中心而损坏喷嘴。此种方式适用于大功率切割机。

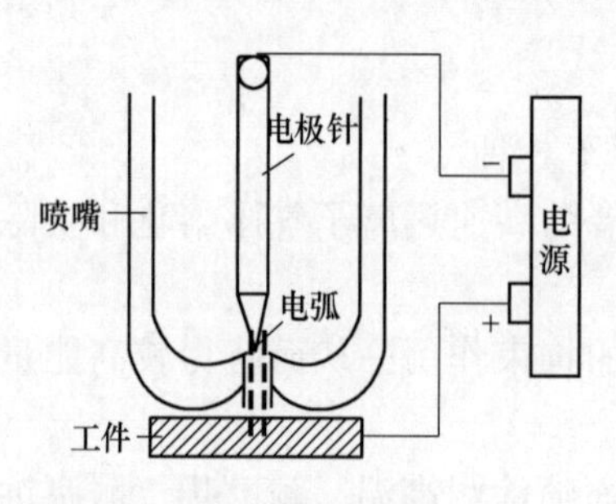

图7-2 接触式起弧原理

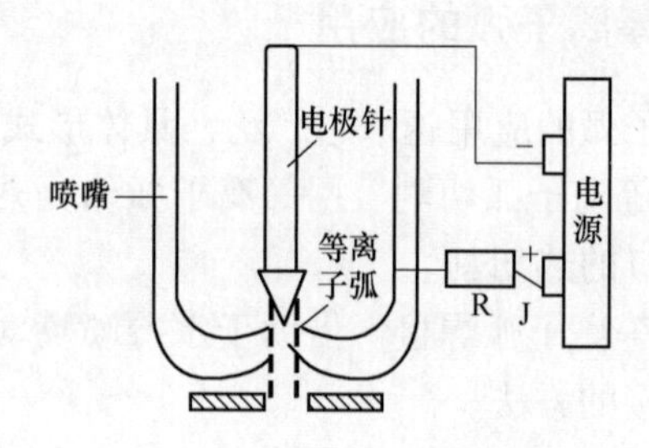

图7-3 维弧式起弧原理

7.3.2 切割的种类

等离子弧切割分为3种，具体如下。

1. 普通等离子弧切割

根据所使用的工作气体，普通等离子弧切割主要分为氩等离子弧切割、氧等离子弧切割和空气等离子弧切割等几类。其切割电流一般在100 A以下，切割厚度小于30 mm。

2. 再约束等离子弧切割

根据等离子弧的再约束方式，主要分为水再压缩等离子弧切割和磁场再约束等离子弧切割等。由于等离子弧受到再次压缩，其电流密度和切割弧的能量进一步集中，从而提高了切割速度和加工质量。

3. 精细等离子弧切割

精细等离子弧的电流密度很高，通常是普通等离子弧电流密度的数倍，由于引进了诸如旋转磁场等技术，其电弧的稳定性也得以提高，因此其切割精度相当高。国外的精细等离子弧切割表面质量已达激光切割的下限，而其成本只有激光切割的1/3。

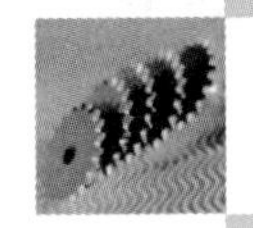

7.3.3 切割工艺及特点

等离子弧切割适合于所有金属材料和部分非金属材料，是切割不锈钢、铝及铝合金、铜及铜合金等有色金属的有效方法，最大切割厚度可达到180～200mm，目前常用于切割厚度35mm以下的低碳钢和低合金结构钢。

1. 气体的选择

等离子弧切割的工作气体既是等离子弧的导电介质，同时还要排除切口中的熔融金属，因此对等离子弧的切割特性以及切割质量和速度有明显的影响。等离子弧切割在生产中通常使用的离子气体有N_2、Ar、N_2+H_2、N_2+Ar，也有的用压缩空气、氧气、水蒸气或水作为产生等离子弧的介质。气体的种类决定切割时的弧压，弧压越高切割功率越大，切割速度及切割厚度都相应提高。但弧压越高，要求切割电源的空载电压也越高，否则难以引弧或电弧在切割过程中容易熄灭。

等离子弧切割常用气体的选择见表7-1。

表7-1 等离子弧切割常用气体的选择

工件厚度/mm	气体种类及体积分数	空载电压/V	切割电压/V
≤120	N_2	250～350	150～200
≤150	N_2+Ar（$N_2$60%～80%）	200～350	120～200
≤200	N_2+H_2（$N_2$50%～80%）	300～500	180～300
≤200	$Ar+H_2$（$H_2$35%）	250～500	150～300

N_2是一种广泛采用的切割离子气，其热压缩效应比较强，携带性好，动能大，价廉易得。但N_2用作离子气时，由于其引弧性和稳弧性较差，需要有较高的空载电压，一般在165V以上。

工业上用纯氩作为切割气体，只需要用较低的空载电压（70～90V），但切割厚度仅在30mm以下，且由于氩气费用较高，不经济，所以一般不常使用。N_2、H_2和Ar任意两种气体混合使用，比任何一种单一气体使用时效果都好，因为它们可以相互取长补短，各自发挥其特长。其中尤以$Ar+H_2$及N_2+H_2混合气体的切口质量和切割效果最好。切割较大厚度时，可用N_2+H_2混合气体。几种常用等离子弧切割法的适用材料和实用切割厚度见表7-2。

表7-2 几种常用等离子弧切割法的适用材料和实用切割厚度

切割方法	适用性			实用切割厚度/mm
	不锈钢	铝及铝合金	碳素钢、低合金钢	
$Ar+H_2$等离子弧	好	好	差（一般不选用）	不锈钢：4～150 铝及铝合金：5～85
N_2等离子弧	好	一般	差（一般不选用）	0.5～100
N_2—水再压缩等离子弧	好	好	一般	不锈钢、铝合金：1～100 低碳钢：6～50
O_2—水再压缩等离子弧	一般	差（一般不选用）	好	6～25.4
空气等离子弧	一般	一般	好	低碳钢、低合金钢：0.1～30 铝、铜：0.1～50
O_2等离子弧	一般	一般	好	低碳钢、低合金钢：0.5～32 不锈钢、铝合金：0.5～50

注：切割低碳钢以O_2等离子弧、O_2—水再压缩等离子弧切割法最为适宜。

采用上述气体时应注意以下事项。

1）N_2中常含有氧气等杂质，随气体纯度的降低，钨极的烧损增加，会引起工艺参数的变化，使切割质量降低；钨极与工件之间的距离增大，容易产生双弧，烧坏喷嘴，致使切割过程中断。故N_2的纯度应在99.5%以上。

2）用H_2作为切割气体时，一般是使非转移弧在纯N_2或纯Ar中激发，等到转移型弧激发产生后3~6s，再开始供应H_2为好，否则非转移型弧将不易引燃，影响切割的顺利进行。

3）H_2是一种易燃气体，与空气混合后很易爆炸，所以储存H_2的钢瓶应专用，严禁用装O_2的气瓶来改装。另外，通H_2的管路、接头和阀门等一定不能漏气。切割结束时，应先关闭H_2。

2. 切割工艺参数

等离子弧切割的工艺参数包括切割电流、切割电压、切割速度、气体流量以及喷嘴距工件的高度。

（1）切割电流　电流和电压决定了等离子弧的功率，随等离子弧功率的提高，切割速度和切割厚度均可相应增加。一般依据板厚及切割速度选择切割电流。提供切割设备的厂家都会向用户说明某一电流等级的切割设备能够切割板材的最大厚度。

对于已确定厚度的板材，切割电流越大，切割速度越快。但切割电流过大，易烧损电极和喷嘴，且易产生双弧，因此对一定的电极和喷嘴有一定合适的电流。切割电流也影响切割速度和割口宽度，切割电流增大会使弧柱变粗，致使切口变宽，易形成V形割口。

（2）切割电压　虽然可以通过提高电流增加切割厚度及切割速度，但单纯增加电流会使弧柱变粗，切口加宽，所以切割大厚度工件时，提高切割电压的效果更好。空载电压高时，易于引弧。可以通过增加气体流量和改变气体成分来提高切割电压，但一般切割电压超过空载电压的2/3后，电弧就不稳定，容易熄弧。因此，为了提高切割电压，必须选用空载电压较高的电源，所以等离子弧切割电源的空载电压不得低于150V，是一般切割电压的两倍。

（3）切割速度　切割速度是切割过程中割炬与工件间的相对移动速度，是切割生产率高低的主要指标。切割速度对切割质量有较大影响，合适的切割速度是切口表面平直的重要条件。在切割功率不变的情况下，提高切割速度会使切口表面粗糙、不平直，切口底部熔瘤增多，清理较困难，同时热影响区及切口宽度也增加。

切割速度决定于材质板厚、切割电流、气体种类及流量、喷嘴结构和合适的后拖量等。在同样的功率下，增加切割速度将导致切口变斜。切割时割炬应垂直于工件表面，但有时为了有利于排除熔渣，也可稍带一定的后倾角，一般情况下倾斜角不大于3°是允许的。所以，为提高生产率，应在保证切透的前提下尽可能选用大的切割速度。

（4）气体流量　气体流量要与喷嘴孔径相适应。气体流量大，利于压缩电弧，使等离子弧的能量更为集中，提高了工作电压，有利于提高切割速度和及时吹除熔化金属。但当气体流量过大时，会因冷却气流从电弧中带走过多的热量，反而使切割能力下降，电弧燃烧不稳定，甚至使切割过程无法正常进行。

适当地增大气体流量，可加强电弧的热压缩效应，使等离子弧更加集中，同时由于气体流量的增加，切割电压也会随之增加，这对提高切割能力和切割质量是有利的。

（5）喷嘴距工件的高度　喷嘴到工件表面间的距离增加时，电弧电压升高，即电弧的

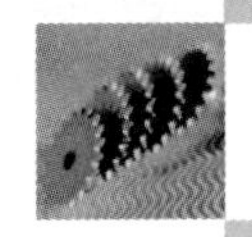

有效功率提高，等离子弧柱显露在空间的长度将增加，弧柱散失在空间的能量增加，结果导致有效热量减少，对熔融金属的吹力减弱，引起切口下部熔瘤增多，切割质量明显变坏，同时还增加了出现双弧的可能性；当喷嘴到工件的距离过小时，喷嘴与工件间易短路而烧坏喷嘴，破坏切割过程的正常进行。在电极内缩量一定（通常为2～4mm）时，喷嘴距离工件的高度一般为6～8mm，空气等离子弧切割和水—再压缩等离子弧切割的喷嘴距离工件高度可略小于6～8mm。除了正常切割外，空气等离子弧切割时还可以将喷嘴与工件接触，即喷嘴贴着工件表面滑动，这种切割方式称为接触切割或笔式切割，切割厚度约为正常切割时的一半。

3. 等离子弧切割的特点

1）可切割任何金属材料。

2）可切割各种非金属材料。

3）切割速度快，生产率高。

4）切割质量高。

7.4　等离子弧焊接与喷涂

7.4.1　等离子弧焊接

等离子弧焊接是利用等离子弧作为热源的焊接方法。气体由电弧加热产生离解，在高速通过水冷喷嘴时受到压缩，增大能量密度和离解度，形成等离子弧。等离子弧的稳定性、发热量和温度都高于一般电弧，因而具有较大的熔透力和焊接速度。形成等离子弧的气体和它周围的保护气体一般用氩。根据各种工件的材料性质，也有使用氦或氩氦、氩氢等混合气体的。

等离子弧有两种工作方式：一种是“非转移弧”，电弧在钨极与喷嘴之间燃烧，主要用于等离子弧喷镀或加热非导电材料；另一种是“转移弧”，电弧由辅助电极高频引弧后，电弧燃烧在钨极与工件之间，用于焊接。形成焊缝的方式有熔透式和穿孔式两种。前一种形式的等离子弧只熔透母材，形成焊接熔池，多用于0.8～3mm厚的板材焊接；后一种形式的等离子弧只熔穿板材，形成钥匙孔形的熔池，多用于3～12mm厚的板材焊接。此外，还有小电流的微束等离子弧焊，特别适合于0.02～1.5mm的薄板焊接。等离子弧焊接属于高质量焊接方法，焊缝的深宽比大，热影响区窄，工件变形小，可焊材料种类多。特别是脉冲电流等离子弧焊和熔化极等离子弧焊的发展，更扩大了等离子弧焊接的使用范围。

等离子弧焊接是在尖头的钨电极和工件之间形成的。通过在焊炬中安置电极，能将等离子弧从保护气体的气囊中分离出来，随后推动等离子通过孔型良好的铜喷管将弧压缩。通过改变孔的直径和等离子气流速度，可以实现三种操作方式。

7.4.2　等离子弧喷涂

1. 等离子弧喷涂的主要特点

1）零件无变形，不改变基体金属的热处理性质。因此，对一些高强度钢材以及薄壁零件和细长零件可以实施喷涂。

2）涂层的种类多。等离子焰流的温度高，可以将各种喷涂材料加热到熔融状态，因而可使用等离子弧喷涂的材料非常广泛，从而也可以得到多种性能的喷涂层。

3）工艺稳定，涂层质量高。在等离子弧喷涂中，熔融状态粒子的飞行速度可达180～480m/s，远比氧－乙炔焰粉末喷涂时的粒子飞行速度（45～70m/s）高。等离子弧喷涂层与基体金属的法向结合强度通常为40～70MPa，而氧－乙炔焰粉末喷涂一般为5～10MPa。此外，等离子弧喷涂还与其他喷涂方法一样，具有零件尺寸不受限制，基体材质广泛，加工余量少，可用喷涂强化普通基材零件表面等优点。

2. 等离子弧喷涂的工艺参数

等离子喷涂的工艺参数主要指基体的预热温度、喷涂距离、气体的选择、电参数的选择和喷枪移动距离的选择。

1）预热的目的是去除工件水分，促使表面活性有利于粉末对基体的浸润，也提高涂层与基体的结合力而减少层间的应力。一般的预热温度为250～340℃。

2）喷嘴端面与基体表面的距离即喷涂距离对喷涂效果有显著的影响。当选短的距离时，基体表面的温度急剧升高，造成基体表面弹回而影响到粉末的沉积效率。当喷涂距离过短时，粉末微粒容易凝固，降低了粉末的沉积效率，影响到涂层的质量。当喷涂陶瓷粉末时，喷涂距离以50～100mm为宜。

3）电离气体一般选用N_2气或Ar气，它们是用于压缩电弧并发生电离的气体。工作气体流量不宜过大，过大时容易造成等离子弧出现过冷现象，使粉末熔化不均匀，涂层组织疏松，气孔率增加。但工作气流过小时，容易烧坏喷嘴和阴极。等离子弧喷涂时常用的工作流量为30～50L/min。送粉气体流量的选择一定要与工作气体的流量相适应，避免出现相互干扰的现象。若两者之间匹配不当，将会造成堵塞喷嘴的现象，严重时还会烧坏喷嘴和阴极。一般送粉气体的流量为6～14L/min。

4）电功率的选择受到喷枪结构、工作气体的种类和流量、粉末材料的粒度等多种因素的影响，一般常用的功率为20～35kW，其中有30%～40%的功率被冷却水带走。电功率一定时，应尽可能地选用高电压和低电流，既可以避免喷嘴和阴极出现烧损现象，同时也可减少热量损失，提高热效率。

复习题

1. 判断题

（1）等离子体加工是利用过热的电离气体流束去除工作材料的一种加工方法。（ ）

（2）等离子能量高度集中，电流密度、等离子体电弧的温度都很高。（ ）

（3）等离子体焰流不可以控制。（ ）

2. 简答题

（1）简述等离子弧的三种产生方式。

（2）简述等离子弧的主要特点。

（3）简述等离子弧的应用形式。

（4）简述等离子弧切割的特点。

附录　部分复习题参考答案

第2章

1．填空题

（1）脉冲放电；电腐蚀

（2）电离；放电；金属熔化或气化；电蚀物抛离放电区

（3）0.01μm；*Ra*0.63μm

（4）极性效应；负极性效应；正极性效应；正极性效应

（5）二次放电

2．选择题

（1）B　（2）A　（3）A　（4）A　（5）A

第3章

1．填空题

（1）正；负

（2）走丝机构；机床本体；脉冲电源；工作液循环系统；数控进给系统

（3）正极；负极；正极性

（4）钼丝；铜丝；钨丝；钼丝

（5）2～10mm；钻孔；拐角

（6）悬臂支撑；两端支撑；桥是支撑；板式支撑

2．判断题

（1）×　（2）√　（3）×　（4）×

3．选择题

（1）A　（2）B　（3）A

第4章

1．填空题

（1）阳极溶解；电解成形；电解磨削；电解抛光

（2）高；精度不高的型腔

（3）机床本体；电源；电解液

（4）直流电压；阴；阳

（5）电化学腐蚀；较大

（6）电解加工；磨削

2．判断题

（1）√　（2）√　（3）×

第5章

1. 判断题

(1) √　(2) √　(3) ×　(4) √　(5) ×　(6) √　(7) ×　(8) √　(9) √　(10) ×

2. 选择题

(1) D　(2) D　(3) D　(4) B

3. 填空题

(1) 计算机科学；CAD 技术；材料科学；激光技术

(2) 前处理；分层叠加成型；后处理

(3) 水溶材料；热熔材料

第6章

1. 选择题

(1) D　(2) B

2. 判断题

第7章

1. 判断题

(1) √　(2) √　(3) ×

参考文献

[1] 王瑞金．特种加工技术［M］．北京：机械工业出版社，2011.
[2] 周旭光．特种加工技术［M］．2 版．西安：西安电子科技大学出版社，2011.
[3] 赵万生．特种加工技术［M］．北京：高等教育出版社，2001.
[4] 单岩，夏天．数控线切割加工［M］．北京：机械工业出版社，2004.
[5] 邱建忠，等．CAXA 线切割 V2 实例教程［M］．北京：北京航空航天大学出版社，2002.
[6] 徐峰．数控线切割加工技能实训教程［M］．北京：国防工业出版社，2006.
[7] 刘虹．数控设备与编程［M］．北京：机械工业出版社，2002.
[8] 李云程．模具制造技术［M］．2 版. 北京：机械工业出版社，2014.
[9] 张学仁．数控电火花线切割加工技术［M］．哈尔滨：哈尔滨工业大学出版社，2004.
[10] 伍端阳．数控电火花加工现场应用技术精讲［M］．北京：机械工业出版社，2009.
[11] 周晖．数控电火花加工工艺与技巧［M］．北京：化学工业出版社，2009.
[12] 单岩．数控电火花加工［M］．北京：机械工业出版社，2009.
[13] 郭洁民．模具电火花线切割技术问答［M］．北京：化学工业出版社，2009.
[14] 刘明．模具制造工艺学［M］．北京：机械工业出版社，2008.